DEUTSCHE FLUGABWEHR

1870 – 1945

WAFFEN – MUNITION – PRODUKTION – EINSÄTZE

Wolfgang Fleischer

Motor
buch
Verlag

Einbandgestaltung: Sven Rauert

Bildnachweis: Ballo (1), Eiermann (11), Fleischer (278), Lausch (2), Liebscher (2), Hensel (1), Maiwald (1)

Eine Haftung des Autors oder des Verlages und seiner Beauftragten für Personen-, Sach- und Vermögensschäden ist ausgeschlossen.

ISBN: 978-3-613-04822-5

1. Auflage 2026

Sie finden uns im Internet unter www.motorbuch-verlag.de

Lektorat: Joachim Kuch
Innengestaltung: Gold Rose Publishing Ltd., 70188 Stuttgart
Druck und Bindung: Conzella, 85609 Aschheim-Dornach
Printed in Germany

Inhalt

Kapitel 1:

VORWORT

Erfahrungen sind durch wiederholte Wahrnehmung erworbene Kenntnisse, Fertigkeiten und Verhaltensweisen. Wie verhält es sich mit dem Schatz historischer Erfahrungen? Welchen Wert besitzt im konkreten Fall die Militärgeschichte? Es ist kein Geheimnis, dass die Politik sich viel zu oft, tagespolitisch motiviert, solcherart gewonnener Erkenntnis verweigert. Sie richtet damit erheblichen Schaden an, besonders im militärischen Bereich. Die Folgen: es fehlen Konzepte, Personal und Material. Aus dieser aktuellen Perspektive macht es Sinn, sich mit der bodengestützten Luftabwehr der deutschen Streitkräfte bis zum Ende des Zweiten Weltkrieges zu beschäftigen.

In den Konflikten und Kriegen der Gegenwart dominiert der Kampf um die Luftherrschaft. Vergeltungsschläge mit Kampfflugzeugen, ferngelenkten Raketen und Marschflugkörpern, ferngesteuerten Drohnen für Aufklärung und Kampf, ja ganzen Drohnenschwärmen sind täglich wahrnehmbare Realität geworden. Ziele sind die gegnerischen Streitkräfte und die Wirtschaft, insbesondere deren energetische Grundlagen. Das zeigt der Krieg zwischen Russland und der Ukraine. Er vermittelt eine Vorstellung von dem mittlerweile erreichten Stand der Zerstörungskraft neuer Kampfmittel des Luftkrieges.

Die Anfänge der neuen Vernichtungstechnologie reichen weit zurück. 1848/1849, während des Aufstandes in Oberitalien, belagerten österreichische Truppen die Lagunenstadt Venedig. Der österreichische Feldmarschall-Leutnant Franz Freiherr von Uchatius, Artilleriefachmann, Waffentechniker und Erfinder, regte den Einsatz von über 100 Ballon-Abwurfbomben an – nach heutiger Lesart als Unmanned Combat Aerial Vehicles (UCAV) klassifiziert. In Deutschland beschäftigte man sich 1918 mit unbemannten, ferngesteuerten Flugzeugen, in England 1939. 1984 wurde ein Verkehrsflugzeug ferngesteuert zum Absturz gebracht. Die Nutzung der Fortschritte in Wissenschaft und Technik verleiht der Bedrohung aus der Luft eine neue Qualität und stellt die Abwehr vor vergleichbare Herausforderungen.

Der Einsatz neuer Waffen ist von alters her mit der Erwartung verbunden, militärische Überlegenheit zu erringen. Man hoffte auf Wunder. Verwendet man den Begriff »Wunderwaffen« im engeren Sinne, begibt man sich in die Abgründe propagandistischer Finsternis. Stellen wir die Frage konkret: War die 8,8-cm-Flak eine solche »Wunderwaffe«? Bei Ausbruch des Zweiten Weltkrieges gab es davon 2600, zum Ende waren es etwa 10.000. Ihre Zahl und der gigantische Munitionsverbrauch haben nicht geholfen, die Luftherrschaft alliierter Bomberströme am Himmel über Deutschland zu brechen. Ihre Verwendung zur Panzerabwehr muss man als teure Behelfslösung bewerten, mit deren Hilfe Versäumnisse auf diesem Feld der Kriegsführung kaschiert werden sollten.

In den Jahren unmittelbar nach dem Zweiten Weltkrieg haben sich die Protagonisten der Flakartillerie der Aufgabe gestellt, ihre Erfahrungen in Aufsätzen und Fachbüchern, in der Zeit des Kalten Krieges nutzbar zu machen. Dazu gehörten Hans-Adalbert Koch, Otto Wilhelm von Renz, aber auch Albert Kesselring. In der jüngeren Vergangenheit waren es u.a. Hans Boog und Karl-Heinz Hummel, die sich dieses Themas angenommen haben.

Autor und Verlag hoffen mit der vorliegenden Publikation einen Beitrag dafür zu leisten, Militärtechnikgeschichte als Teil der Problemlösung an den Schnittstellen militärischer Zerstörungstechnologien wahrzunehmen.

Wolfgang Fleischer **Freital, April 2025**

Kapitel 2:

AUFGABEN DER FLAKARTILLERIE IN DER LUFTVERTEIDIGUNG

2.1. Angriff aus der Luft und bodengestützte Abwehr

Die Flakartillerie lässt sich als bodengestützte, mit der aktiven Luftverteidigung beauftragte Truppe charakterisieren. Sie war aus der Feldartillerie hervorgegangen und mit Flugzeugabwehrgeschützen ausgestattet. Ihr Hauptgegner waren Kampfflugzeuge. Diese hatten sich während des Ersten Weltkrieges von einem mit Skepsis bewerteten Hilfsmittel der militärischen Führung zu einer taktischen Hilfswaffe zur Unterstützung der Kämpfe an Land und zu Wasser entwickelt. Zum Kriegsende gab es erste Ansätze zu einer selbständigen, von Heer und Flotte unabhängigen Luftflotte. Ihr Wesen beruhte auf ihrer Schnelligkeit, der großen Reichweite, ihrer Steig- und Manövrierfähigkeit sowie der Möglichkeit, große Bombenlasten zu tragen. Zu den Zielen gehörten die gegnerischen Streitkräfte am Boden mit ihren militärischen und wirtschaftlichen Kraftquellen. Die Empfindlichkeit gegen Luftangriffe bestimmten

- die geografische Lage des Landes,
- die Bevölkerungsdichte,
- Zahl und Lage der großen Städte und
- Art und Verteilung der Rohstoffquellen und der lebenswichtigen Industrie.

Insbesondere die Wirtschaft erwies sich gegenüber der Bedrohung aus der Luft als besonders kompliziertes und empfindliches Gebilde, zumal Bombenangriffe auch bei ungünstiger Witterung und bei Nacht geflogen werden konnten. Ihre Abwehr bedurfte großer Anstrengungen.

Die Luftarmee ist das »kriegsentscheidende Instrument«. Diese Auffassung vertrat der französische General Paul-François-Maurice Armengaud 1924. Guiulio Douhet, ein italienischer General, war in seinem 1921 veröffentlichten Werk »Il domino dell'aria« (deutsch »Die Luftherrschaft«) schon einen Schritt weiter. Mit der strategischen Offensive der Luftstreitkräfte, insbesondere ihrer schweren Bomber, gegen große Städte und deren Zivilbevölkerung sollten das Herz des Gegners getroffen und die Kriegsentscheidung erzwungen werden. Deutschland im Zentrum Europas war nach der Niederlage im Ersten Weltkrieg seiner Luftwaffe und der Luftabwehr beraubt. Die angrenzenden Staaten mit ihren starken Luftstreitkräften wurden als Bedrohung wahrgenommen. Das verlieh dem Aufbau einer starken Flakartillerie einen hohen Stellenwert. Grundlagen dafür hatte man im Rahmen der geheimen Rüstungsaktivitäten in den 1920er Jahren geschaffen. Erkenntnisse aus dem Krieg flossen in diese Arbeit ein.

Ab 1928 standen Versuchsgeschütze (Kaliber 2 cm) für Erprobungszwecke zur Verfügung. 1933 wurden die ersten 8,8-cm-Flak an die »F-Lankwitz«, eine als Fahrtruppe getarnte Lehr- und Versuchstruppe der Flak, ausgeliefert. Im Winter 1933/1934 gliederte sie sich in vier Batterien, die als 1. bis 3. für die Ausbildung an der 2-cm-, 3,7-cm-, 7,5-cm- und 8,8-cm-Flak, die 4. mit 150-cm-Flakscheinwerfern und Ringtrichter-Richtungshörer ausgestattet waren. Die 8,8-cm-Flak wird das Standardgeschütz der Flakartillerie, für die ab 1935 die Luftwaffe zuständig war. Im

Abgeschossener Voisin-Doppeldecker. Er gehörte nach 1914 zu den ersten französischen Bombern. Mit einer Geschwindigkeit von 100 km/h (28 m/s), 3500 m Gipfelhöhe und einer Bombenlast von maximal 80 kg zeigte er eher bescheidene Leistungen. Zum Ende des Ersten Weltkrieges gab es bereits Bomber mit einer Höchstgeschwindigkeit von 165 km/h (46 m/s), die Bomben mit einem Gesamtgewicht zwischen 900 und 3000 kg tragen konnten.

September 1939 standen 2600 8,8-cm-Flak der Modelle 18, 36 und 37 zur Verfügung. Nach dem Lieferprogramm vom 13. Dezember 1938 sollten zwischen 1939 und 1942 8200 Geschütze dieses Kalibers geliefert werden, obwohl sich deren Leistungsgrenzen bereits andeuteten. Um ein Kampfflugzeug, das mit 100 m/s (360 km/h) in 5000 m Höhe unterwegs war, wirkungsvoll beschießen zu können, musste das Geschoss die Entfernung bis zum Ziel in fünf bis zehn Sekunden überwinden. Das war noch möglich. Bei einem viermotorigen Bomber wie der Boeing B-17, deren Fertigung 1937/1938 anlief, wurde das ein Problem. Sie erreichte 130 m/s (466 km/h) und eine Gipfelhöhe von über 10.000 m.

Die sich abzeichnende Überlegenheit der Luftkampfmittel blieb den Zeitgenossen nicht verborgen. Wie sah die Antwort der Luftverteidigung aus? Sie blieb sehr traditionell, der artilleristischen Luftzielbekämpfung verpflichtet. Angestrebt wurde die Vergrößerung des Kalibers und der Geschossmasse bei gleichzeitiger Steigerung der Anfangsgeschwindigkeit und Schusshöhe. Bereits Ende 1933 hatte die Industrie den Auftrag erhalten, die 10,5-cm-S.K. C/33 der Reichsmarine so zu modifizieren, dass auch zukünftig die Schlagkraft der bodengestützten Flakartillerie gewährleistet werden konnte (10,5-cm-Flak 38 und 39). Man ging noch einen Schritt weiter. 1936 veranlasste die Amtsgruppe für Flakentwicklung (GL/Flak E) die Konstruktion von 12,8-cm- und 15-cm-Geschützen. Der Kampf zwischen Angriff und Abwehr im Luftkrieg sollte sich im Verlauf des Zweiten Weltkrieges weiter zuspitzen.

2.2. Komplizierter geht es nicht

Ein Flugzeug abzuschießen war schwierig. Wie wollte man den winzigen Punkt treffen, der in vielen 1000 m Höhe mit hoher Geschwindigkeit im unendlichen Raum dahinzog, oder wenigstens die explodierenden Geschosse (Sprengpunkte) dicht am Ziel platzieren? Im Gegensatz zur Erdartillerie, die nur nach der Entfernung und der Seite zu rechnen hatte, musste Flugzeugabwehrartillerie noch den Raum als dritte Dimension berücksichtigen. Erschwerend wirkte die hohe Geschwindigkeit des Luftzieles. Die Lage der Sprengpunkte konnte zur Verbesserung des Flakschießens nicht herangezogen werden, weil sich die Werte des Ziels im Sekundentakt veränderten. Vorausgesetzt, der Weg des Flugzeuges führt geradlinig am Standort des Beobachters vorbei, waren das in vier Sekunden 420 m (Stand 1936). Das Schießen der Flak beruhte deshalb nicht auf bloßer Beobach-

Deutschland nach Unterzeichnung des Versailler Vertrages vom 28. Juni 1919. Zeitgenössische Postkarte, um 1930.

8,8-cm-Flak 18 der Fahrabteilung Dresden, die am 1. April 1935 als Flakabteilung 4 von der Luftwaffe übernommen worden ist. Als Zugmittel fand ein mittlerer Flakkraftwagen Verwendung.

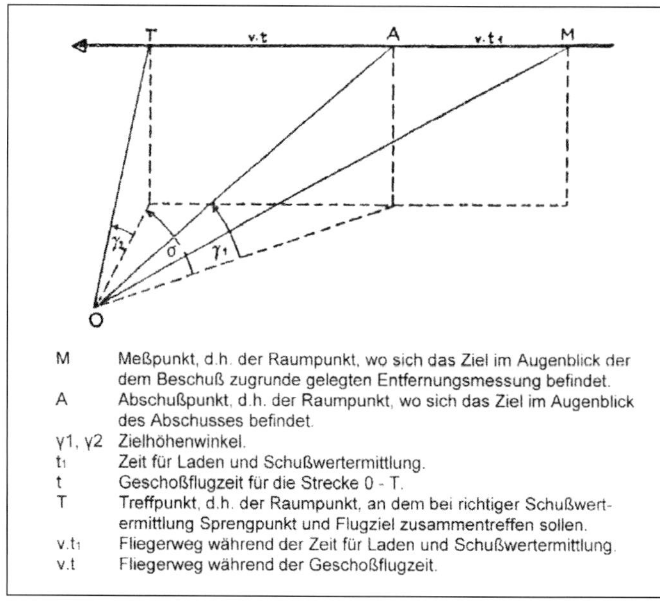

Faktoren, die das Schießen der Flakartillerie gegen Luftziele entscheidend beeinflussten.

tung, sondern auf ununterbrochener Messung der Entfernung zum Ziel und der Ermittlung der darauf aufbauenden Schusswerte für die Geschütze.

Damit nicht genug. Bei jeder Entfernungsmessung veränderte sich der Winkel zwischen dem Standpunkt des Entfernungsmessgerätes und dem Weg des Zieles. Auf geringe Entfernungen änderten sich Höhen- und Seitenwinkel so schnell, dass die Geräte nicht mehr mit der erforderlichen Genauigkeit nachgerichtet werden konnten. Es gab weitere Werte, die berücksichtigt werden mussten. So waren die Granaten beim Schießen auf Ziele in größerer Höhe länger unterwegs. Einfluss auf die Treffgenauigkeit hatten weiterhin die Wetterlage, die Temperatur und die Luftdichte, nicht zu vergessen die Abnutzung der Geschützrohre. Das alles beeinflusste den Vorhaltewert, der berechnet werden musste, ebenso die Tempierung der Zeitzünder. Es war unverzichtbar, diese Arbeiten ohne zeitliche Verzögerung auszuführen, nicht von der Fehlerquelle Mensch, sondern von einer Rechenmaschine, dem Kommandogerät. So ermittelte Werte wurden auf elektrischem Weg an die Geschütze der Flakbatterien weitergeleitet.

Das Schießen der Flakartillerie am Tag war schon kompliziert und an viele Geräte gebunden. Bei Nacht mussten weitere Probleme gelöst werden. Um die zum Schießen notwendigen Werte ermitteln zu können, ergab sich die Notwendigkeit, die Luftziele mit starken Scheinwerfern anzuleuchten. Doch aus welcher Richtung kamen diese? Dafür waren Ringtrichter-Richtungshörer zuständig. Ihnen blieb nicht viel Zeit. Der Schall breitete sich mit 300 m/s aus, die Flugzeuge bewegten sich mit 90-130 m/s. Waren die für das Kommandogerät notwendigen Werte ermittelt, lief die Luftzielbekämpfung wie am Tage ab. Eine wesentliche Verbesserung brachten Funkmessgeräte, die ab 1941 als Zielsuch- und Flakzielgeräte zur Verfügung standen. Zu den für das Flakschießen unverzichtbaren Geräten kamen im Interesse einer effektiven Luftverteidigung Mittel zur Tarnung und Täuschung sowie Sperrmittel.

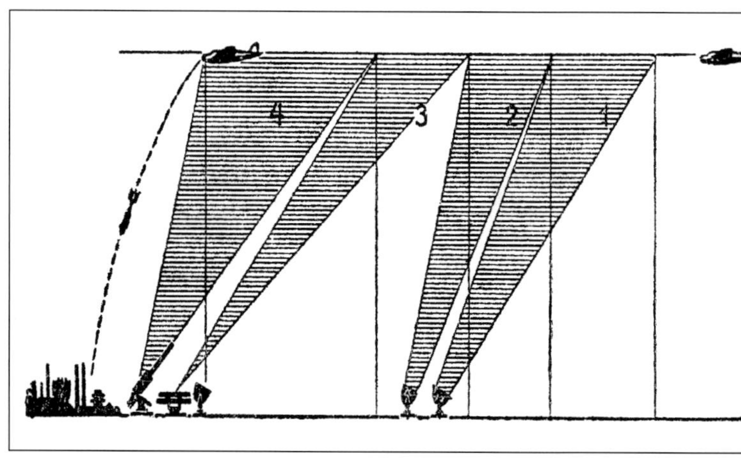

Querschnitt durch eine Flakzone:
Raum 1: Das Flugzeug wird vom Ringtrichter-Richtungshörer aufgefasst.
Raum 2: Das Flugzeug wird vom Scheinwerfer aufgefasst.
Raum 3: Während das Flugzeug den Raum 3 durchfliegt, werden vom Kommandogerät die Schusswerte ermittelt und an die Geschütze der Batterie weitergegeben.
Raum 4: Die Flak bekämpft das Flugzeug.

Das Beobachtungs-Fernrohr D.F. 10x8 ist ursprünglich als Scheinwerfer-Richtungsweiser (»Flakglas«) bezeichnet worden. Es wurde ab 1935 hergestellt.

Das Kommandogerät 40 löste 1940 das Modell 36 in den schweren Flakbatterien ab. Mit seiner Hilfe wurden die Seiten- und Höhenrichtung der Geschütze und die bis zum Treffpunkt benötigte Flugzeit der Geschosse ermittelt, der Kommando- und Ladeverzug, die Korrekturen für den Wind, die Luftdichte und die Rohrabnutzung eingerechnet. Zur Bedienung gehörten drei Mann (Kommandogerät 36: 13 Mann). Im August 1944 gab es 252 Kommandogeräte 36 und 2220 vom Nachfolgemodell.

Mitte der 1930er Jahre wurde das Kommandohilfsgerät eingeführt. In der Feuerstellung stand es abgesetzt vom Entfernungsmessgerät und übermittelte die Werte für die Seiten- und Höhenrichtung der Geschütze sowie die Zündereinstellung. Für August 1944 ist der Bestand mit 785 Geräten angegeben. Im Hintergrund ist das Entfernungsmessgerät 4 m Em (R) 40 zu sehen. Es handelt sich dabei um einen Raumbild-Entfernungsmesser mit einem Messbereich von 1200-10.000 m und 20-32facher Vergrößerung.

Zu einer Flakscheinwerferbatterie (mot) einer Flakabteilung gehörten neun Flakscheinwerfer, neun Maschinensätze (110 V / 24 kW) und sechs Ringtrichter-Richtungshörer. Im August 1944 belief sich der Bestand an Flakscheinwerfern 150 cm (im Bild) auf 7321 Geräte, davon 1636 in ortsfester Aufstellung. Ab Oktober 1943 löste der Flakscheinwerfer 200 cm dieses Modell ab.

Der Maschinensatz 110 V / 24 kW war für die Flakscheinwerferbatterien (150 cm) zuständig. Zu einer Einheit gehörten neun Geräte.

Voraussetzung für das Anleuchten der Luftziele bei Nacht war der Ringtrichter-Richtungshörer mit Verzugsrechner. Zu einer Flakscheinwerferbatterie (150 cm) gehörten sechs Geräte. Unter günstigen Wetterbedingungen konnten Reichweiten bis 12.000 m erreicht werden. Im August 1944 befanden sich noch 5559 Horchgeräte im Einsatz.

Scheinanlagen, Scheinsignalraketen und Bodensprühgeräte (im Bild) waren Teil der bodengebundenen Flugabwehr. Damit konnte man eine Zersplitterung oder Abschwächung der Wirkung gegnerischer Luftangriffe erreichen.

Die Entwicklung von Funkmessgeräten für Schießzwecke war von der Flakentwicklungsstelle (Flak E 2) schon vor dem Krieg auf den Weg gebracht worden. Im Krieg wurde das FuMG 62 »Würzburg« (Reichweite 20.000-30.000 m) das Standardgerät der Flakartillerie. In Verbindung mit Flaktürmen fand das FuMG 65 »Würzburg-Riese« Verwendung. Ab April 1942 konnte ein Drittel der Flakbatterien damit ausgestattet werden. Die Zahl der Geräte reichte nicht aus.

Zum Luftsperrgerät zählten Drachen und Ballone, letztere in Luftsperrbatterien zusammengefasst. Sie konnten, verankert im Abstand von 400 m am Boden, in Höhen bis 3500 m Flugzeuge mit ihren herabhängenden Drähten zum Absturz bringen.

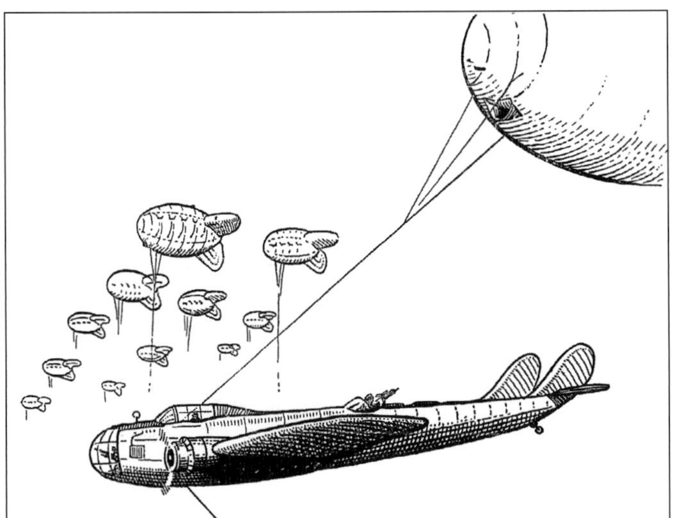

2.3. Zur Geschichte und Technik der Flakmunition

Das Thema ist ein weites Feld und schwer zu beackern. Die Munition musste den sich ständig den ändernden Bedingungen des bewaffneten Kampfes angepasst werden. Das ging schneller und war weniger aufwendig als die Aptierung oder Neukonstruktion von Waffensystemen. Zu den Folgen gehörte die Zunahme der Munitionsvielfalt. Das erschwerte die Versorgung, die Ausbildung und den Einsatz, letztlich auch die militärhistorische Aufarbeitung.

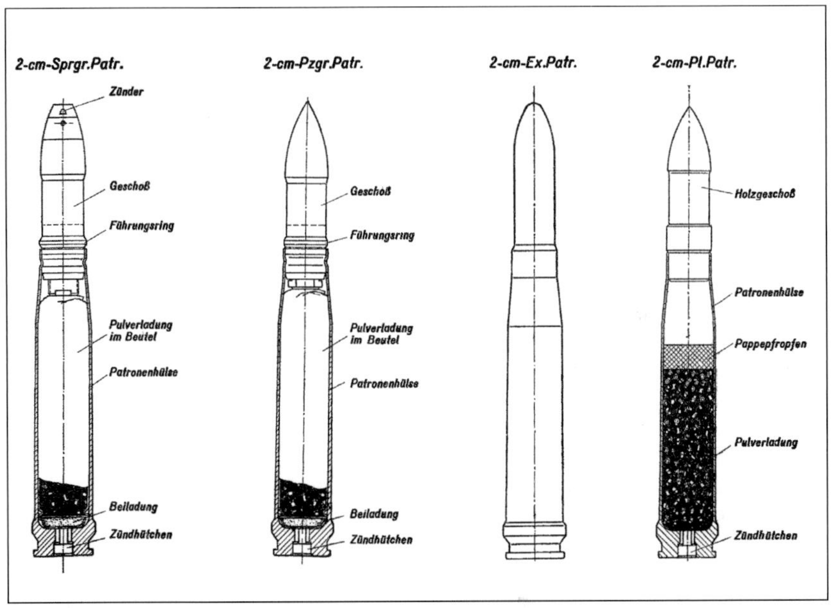

Die Munition der 2-cm-Flak 30 und 38, für den 2-cm-Flakvierling und die Gebirgsflak.

Von der Flakartillerie wurde grundsätzlich patronierte Munition verschossen – eine Voraussetzung für die geforderte hohe Feuergeschwindigkeit zur Bekämpfung von Luftzielen. Granatpatronen bestehen aus:

1. der Patronenhülse aus Messing oder Stahl mit dem Zündhütchen (beim Kaliber 2 cm), bei den größeren Kalibern mit der Zündschraube im Patronenboden. Die Hülse nimmt Treibladungspulver verschiedener Zusammensetzung auf.

2. dem Geschoß aus Walzstahl oder Gußstahl. Panzergranaten bestehen grundsätzlich aus Walzstahl. Sprenggranaten zeichneten die schlanke Form aus. Sie nahmen die Sprengladung aus Füllpulver Fp 02, Fp 60/40 und anderer Zusammensetzung auf. Zum Ende des Zweiten Weltkrieges kamen noch Brandschrapnells mit Brandkörpern (Barium-Nitratfüllung) und einer Ausstoßladung (Schwarzpulver, zuletzt Fp 02) hinzu.

3. dem Zünder. Beim Verschuss gegen ungepanzerte Bodenziele fanden Aufschlagzünder mit einstellbarer Zündverzögerung (AZ 23/28) Verwendung. Panzergranaten erhielten Aufschlagzünder mit eingebauter Zündverzögerung im Boden des Geschosses. Zeitzünder-Sprenggranaten für den Beschuss von

Luftzielen. Die ermittelte Geschossflugzeit vom Geschütz zum Ziel musste vor dem Abschuss mit der Zünderstellmaschine, notfalls mit dem Zünderstellschlüssel, eingestellt werden. Je nach Antriebseinrichtung unterschied man

a. Zeitzünder mit Federantrieb (z.B. Zt.Z S/30[1])
b. Zeitzünder mit Fliehgewichtsantrieb (z.B. Zt.Z S/30 FC[1])
c. Doppelzünder mit Aufschlag- und Zeitzünderfunktion (z.B. Dopp.Z S/30 und S/60[1]).

4. der Lichtspurhülse. Es gab sie in den Farben gelb, grün und rot. Ihre Verwendung erfolgte in Geschossen bis zum Kaliber 5 cm. Die Zündung besorgte die Treibladung der Granatpatrone beim Abschuss. Bei 2-cm-Sprenggranaten L'Spur war die abbrennende Lichtspur mit einer Zerlegeeinrichtung (Zerlegergrenze) verbunden.

Für die Zeitzündergehäuse wurde viel Aluminium (früher Messing) benötigt, ein Sparmaterial mit größter Bedeutung für die Flugzeugrüstung. Es gab große Bemühungen, Aluminium durch andere Werkstoffe zu ersetzen. Das gelang aber nicht im gewünschten Umfang.

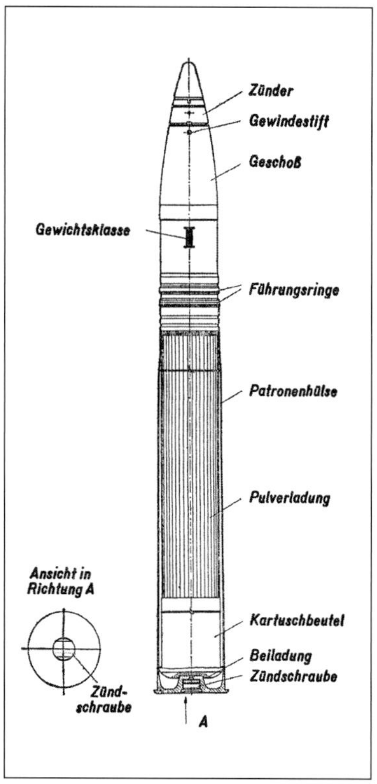

Bestandteile einer 8,8-cm-Sprenggranatpatrone mit Zeitzünder S/30.

Die Munitionsfrage – ein kompliziertes Problem – begleitete den Weg der Flakwaffe von Anbeginn. Bei Ausbruch des Ersten Weltkrieges standen zur Luftzielbekämpfung die Geschosse der Feldartillerie zur Verfügung. Favorisiert wurden Bodenkammerschrapnells, welche den Erwartungen nicht gerecht werden konnten, insbesondere nachdem die Bleikugeln durch leichtere Stahlkugeln ersetzt werden mussten. Ihr Streukegel von 15 Grad blieb zu gering und ließ Sprengpunkte seitlich oder hinter dem Luftziel wirkungslos verpuffen. Infolge des Luftwiderstandes sanken die Geschwindigkeit der Schrapnellkugeln und ihre Durchschlagleistung rapide ab. Sprenggranaten wie die Feldkanonengranate 96 (0,19 kg Sprengstoff) und die Kanonengranate 15 (0,38 kg Sprengstoff) erzeugten mit ihrem scharfen Knall beim Zerplatzen eine höhere moralische, mit den zackigen, sägeartigen Splittern auch eine größere materielle Wirkung. Wichtig waren die Splitter über 10 g Gewicht. Eine 8,8-cm-Flakgranate mit 0,775 kg Sprengstoff zerlegte sich in 865 Splitter mit unter 10 g und 188 Splitter mit über 10 g Gewicht. Sprenggranaten verdrängten die Schrapnells. Geschosse mit ballistisch vorteilhafter Form führten zu unzulässiger Streuung. Die Entwicklung von Sondergeschossen für die Flak kam bis 1918 nicht zum Abschluss. Versuche hatte es genug gegeben, u.a. mit Brandschrapnells (42 Brandkörper und 84 Füllstücke), Brandgeschossen mit 41 Brandpfeilen, Leucht- und Farbrauchgranaten. Für die 2-cm-Flak standen Vollgeschosse, für die 3,7-cm-Flak Vollgeschosse mit Lichtspur zur Verfügung.

Die Zünder für die Munition der Flakartillerie wurden von der Feldartillerie übernommen. Diese Doppelzünder zeigten beim Schießen in großen Höhen viele Versager in ihrer Funktion als Zeitzünder, wirkten beim Auftreffen auf dem Boden als Aufschlagzünder und richteten dort Schaden an. Man behalf sich mit dem Ausbau der Aufschlagzünderfunktion.

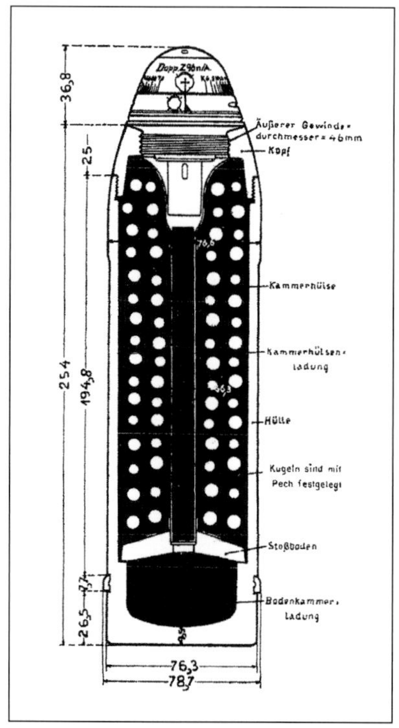

Bodenkammerschrapnell mit Doppelzünder 96 n.A. für die 7,7-cm-Feldkanone 96 n.A., Behelfsflak und Kraftwagengeschütze.

Ab 1917 standen mechanische Zeitzünder zur Verfügung, allerdings nur für Munition der Kaliber 8, 8,8 und 10,5 cm. Hersteller waren die Firmen Junghans und Thiel.

Probleme bereiteten weiterhin die Führungsbänder der Geschosse, die Hülsen und das Treibladungspulver. Das aggressive Treibladungspulver beschleunigte die Ausbrennung des Ladungsraumes und förderte die Beschädigung der Züge und Felder, was zu einer größeren Streuung des Flakfeuers führte. Um Pulver zu sparen, wurde spezielle Sperrfeuermunition mit verminderter Treibladung eingeführt. Mit ihr lag die Schusshöhe um 1000-2000 m niedriger. Die Schussfolge bei der Bekämpfung von Luftzielen war hoch, was sich auf die Lebensdauer der Rohre negativ auswirkte. Die Grenze lag bei 3000-4000 Schuss. Zum Vergleich: eine 10,5-cm-Feldhaubitze der Feldartillerie erreichte über 10.000 Schuss. Die in den 1920er Jahren ausgewerteten Kriegs-

[1] maximale Laufzeit des Zeitzünders in Sekunden

erfahrungen beeinflussten die Entwicklung der Flakmunition in allen Bereichen. So gehörten Sprenggranaten mit Aufschlagzünder und Lichtspur fortan zur Standardausstattung der 2-cm-Flak. Diese gab es später für zur Flugabwehr aptierte Flugzeugbordwaffen auch im Kaliber 13 cm und 15 cm.

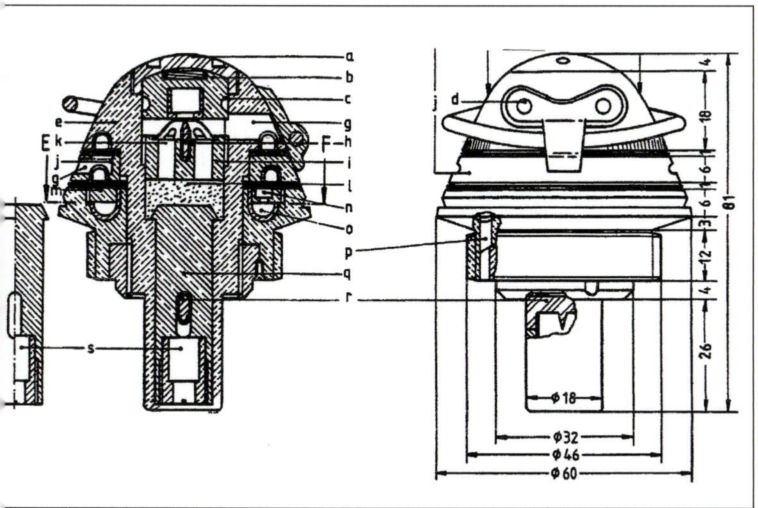

Doppelzünder 96 n.A. mit pyrotechnischer Zeitzündung (Skaleneinteilung 4-50). Die Genauigkeit der Zeitgebung hing vom regelmäßigen Abbrennen des feuchtigkeitsempfindlichen Pulversatzes ab.

Beim mechanischen Zeitzünder wurde der Pulververbrennsatz durch ein Uhrwerk aus Metall ersetzt, welches eine bedeutend regelmäßigere Zeitgebung zuließ (Tempierbereich beim Zt.Z S/30 zwischen 1,5 und 29,5 Sekunden).

In der Zeit des Zweiten Weltkrieges waren Veränderungen auf dem Gebiet der Flakmunition angesichts des extrem ansteigenden Verbrauches auf die Einsparung von Rohstoffen und auf die Verminderung des Fertigungsaufwandes ausgerichtet. So traten an die Stelle der Messinghülsen für die 8,8-cm-Flak 18, 36 und 37 sowie für die 10,5-cm-Flak 38 und 39 Stahlhülsen (Kenn-Nr. 6347 St. bzw. 6342 St.). Erfolge brachte auch die Umstellung der Treibladungen auf Röhrenpulver K. Die Rohrlebensdauer erhöhte sich von 2000-2500 auf 6000 Schuss bei der 8,8-cm-Flak 18, 36 und 37 und von 1500 auf 3500 Schuss bei der 10,5-cm-Flak 38 und 39.

Der Grundaufbau der Granaten aller Kaliber der Flakartillerie blieb erhalten. Änderungen ergaben sich bei den laborierten Sprengladungen. Von den zahlreich in Vorschlag gebrachten Sondergeschossen[2] erlangten lediglich 8,8-cm- und 12,8-cm-Brandschrapnells einige Bedeutung. Die Idee war Ende 1943 wieder aufgegriffen, aber erst 1944 im Truppenversuch getestet worden – mit Erfolg[3]. Im Dezember 1944 veranlasste die Flakinspektion, weitere 25.000 Schuss in Auftrag zu geben. Aus dem Ersten Weltkrieg war der hohe Fertigungsaufwand für diese Geschoßart bekannt. Das grenzte in diesem fortgeschrittenen Stadium des Zweiten Weltkrieges die von Brandschrapnells erwarteten Abschusserfolge ein.

Aufmerksamkeit erregten weiterhin Treibspiegel-Sprenggranaten und Pfeilgeschosse für die Flak. Bei einer V_0 von über 1300 m/s waren Schusshöhen bis zu 20.000 m möglich. Dem standen die höhere Rohrabnutzung und das verminderte Geschoss- und Sprengstoffgewicht gegenüber. Die Grundprobleme der bodengestützten deutschen Flugabwehr ließen sich damit nicht lösen.

Realistischer und wirkungsvoller stellte sich die 1944 in Angriff genommene Umstellung der Zeit- auf Doppelzünder dar. Auslöser waren Beobachtungen, dass Bomber unterhalb der eingestellten Zünderlaufzeit – also in geringerer Höhe – getroffen und beschädigt wurden, ihren Flug aber fortsetzen konnten. Dafür war der Zeitzünder demoliert und funktionierte nicht mehr. Mit der Doppelfunktion als Zeit- und Aufschlagzünder hätte der Volltreffer zum Abschluss geführt. Die zum Kriegsende begonnene Umarbeitung mehrerer Millionen Zeitzünder überforderte allerdings die Industrie. Vielleicht konnten auch deshalb so richtungsweisende Entwicklungsvorhaben wie der elektrische Flakzünder nicht mehr umgesetzt werden.

[2] Dazu gehörten u.a. Fallschirmgranaten mit ausstoßbaren Drähten und Sprengladungen, mit Spiralfedern an Fallschirmen, Kurzzeit-Luftsperren mit herabhängenden Drähten, weiterhin Granaten mit einer Graphitstaublaborierung sowie aus Diskusscheiben zusammengesetzte Splitter-Spreng-geschosse.

[3] Die Vorlage dafür lieferten vermutlich die Pläne, den Munitionsbestand der 15-cm-Flak mit einem Brandschrapnell aufzubessern.

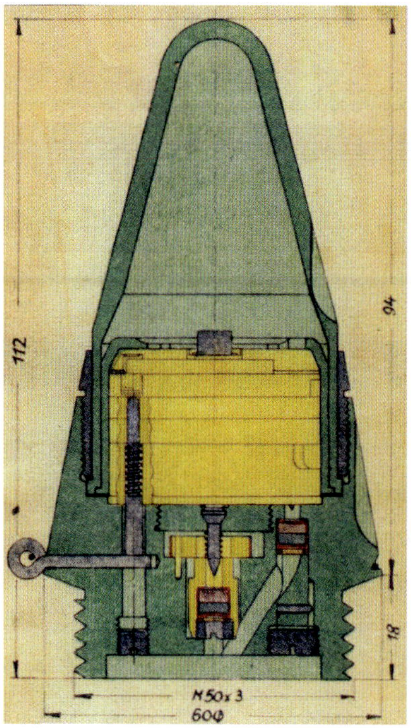

Links: Prinzipdarstellung eines Zeitzünders mit Uhrwerk und Aufschlagfunktion (Doppelzünder). Schnittzeichnung.

Rechts: 8,8-cm-Brandschrapnell mit Zeitzünder S/30. Als Ausstoßladung verwendete man ursprünglich Schwarzpulver. Daran mangelte es zum Kriegsende, weshalb man dazu überging, brisante Sprengstoffgemische zu laborieren.

2.4. Auftrag, Gliederung und Taktik der Falkartillerie

»Aufgaben der Flakartillerie sind die Behinderung feindlicher und der Schutz der eigenen Luftstreitkräfte, sowie die Abwehr von Hoch-, Tief- und Sturzangriffen bei Tag und Nacht«.[4] Leichte Flakbatterien sollten Tiefangriffe oder die gegnerische Luftaufklärung in niedrigen Höhen abwehren. Dabei gehörte die Bekämpfung von Sturzkampfbombern zweifelsohne zu den anspruchsvollsten Aufgaben. Sie begannen ihre Angriffe in großer Höhe, stürzten mit hoher Geschwindigkeit fast senkrecht in Richtung Boden.

Leichte Flakbatterien (mit Geschützen der Kaliber 2 cm, 2,5 cm, 3,7 cm und 4 cm) gliederten sich in drei Züge mit Geschützstaffeln mit zusammen zwölf 2-cm- oder neun 3,7-cm-Flak. Dazu kam eine Scheinwerferstaffel mit vier Flakscheinwerfern (60 cm). Schwere Flakbatterien (mit Geschützen der Kaliber 8,8 cm, 10,5 cm und 12,8 cm) waren die Hauptträger der flakartilleristischen Bekämpfung von Flugzielen. Ursprünglich gehörten zu einer Batterie vier 8,8-cm-Geschütze, die in gemischten Abteilungen (1. bis 5. Batterie und eine Scheinwerferbatterie) zusammengefasst waren.

[4] Schilffahrt, Ludwig / Sachs, Günther: Der Unterführer der Flakartillerie. Berlin 1937, S. 20.

Zu ihrer Ausstattung zählten:
- 12 8,8-cm-Flak 18,
- 12 2-cm-Flak 30 oder 38,
- 6 3,7-cm-Flak 18 oder 36,
- 4 Flakscheinwerfer (60 cm),
- 9 Flakscheinwerfer (150 cm) und
- 3 Ringtrichter-Richtungshörer

Dazu trat im Regimentsverband eine II. (leichte) Abteilung, deren 6. bis 8. Batterien über 2-cm-Flak verfügten. 1938 gab es grundlegende Veränderungen. Die beiden Abteilungen des Regimentes besaßen 12 8,8-cm- und 24 2-cm- oder 3,7-cm-Geschütze. In der III. (Scheinwerfer-) Abteilung waren 24 Flakscheinwerfer (150 cm) und 18 Ringtrichter-Richtungshörer konzentriert. Teil der Stabsbatterien der Abteilungen waren ein Flakmess- und Auswertezug, ein Nachrichtenzug und ein Wettertrupp. Luftsperrabteilungen zeigten ebenfalls eine Unterteilung in drei Batterien. Eine abweichende Gliederung besaßen leichte Flak- und Festungs-Flakabteilungen. Abgesehen von den zuletzt genannten Verbänden war die Flak motorisiert oder auf Selbstfahrlafetten beweglich und so befähigt, den Luftschutz der am Boden operierenden Heeresverbände zu übernehmen. Regimenter und Abteilungen fasste man in Flakdivisionen und -brigaden zusammen. Im Heimatkriegsgebiet erhielten sie die Bezeichnung Flakgruppen bzw. Flakuntergruppen und trugen die Hauptlast in der bodengebundenen Abwehr alliierter Bomberströme. Sie unterstanden den Kommandierenden Generälen der Flakkorps oder den Befehlshabern der Luftgaue.

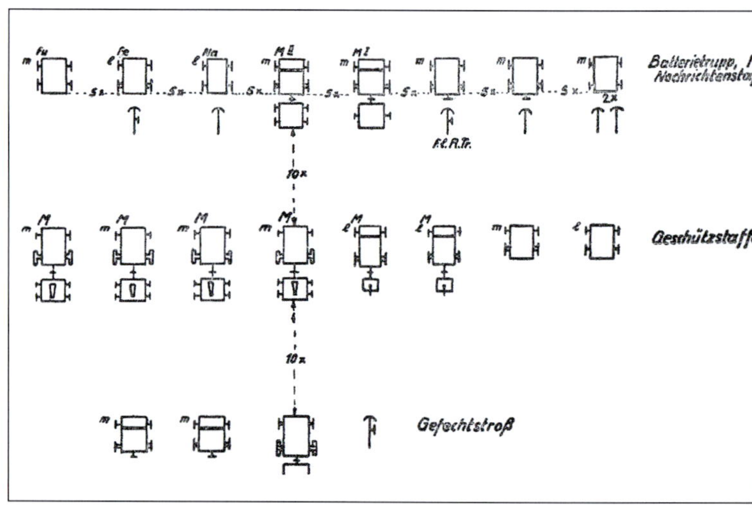

Aufmarschierte schwere Flakbatterie (mot) mit vier 8,8-cm-Flak 18 und zwei 2-cm-Flak 30. Stand um 1937.

Die Zusammensetzung der Flak- bzw. Flakuntergruppen wich voneinander ab. Sie wurde von den lokalen Gegebenheiten, dem Schutzauftrag und den personellen wie materiellen Ressourcen bestimmt. Ursprünglich verfügten die Batterien – auch

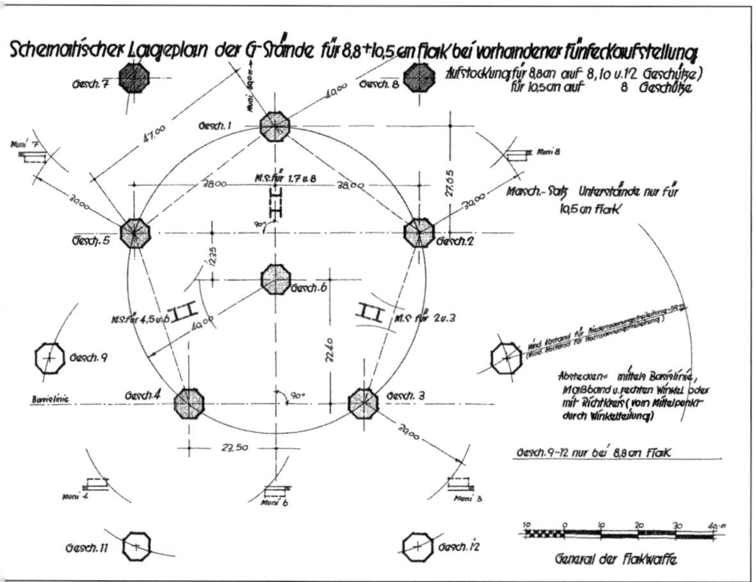

teilmotorisierte – über vier schwere Flakgeschütze. Diese Zahl wurde zuerst auf sechs, nach Herausgabe der Richtlinien für die Aufstockung der Einzelbatterien schwere Flak und der Einzel-, Doppel- und Großbatterien vom Oktober 1944 auf acht, zehn oder zwölf, zuletzt 24 Geschütze erhöht. Hauptgründe dafür waren die Feuerkonzentration sowie die Einsparung von Geräten und Personal. Über Nachteile dieser organisatorischen Veränderungen wird an anderer Stelle berichtet.

Eine typische Gliederung zeigt die Flakbrigade XXI (Nürnberg). Zum Großverband gehörten:

- die Flakgruppe Nürnberg (Stab / Flakregiment 93) mit sechs schweren und zwei leichten Flakabteilungen sowie einer Flak-Transportkompanie,
- die Flakgruppe Schweinfurt (Stab / Flakregiment 179) mit sechs schweren und zwei leichten Flakabteilungen sowie einer Nebelkompanie und
- die Flakgruppe Regensburg (Stab / Flakregiment 71) mit drei schweren und einer leichten Flakabteilungen. Dazu kamen drei Flakscheinwerferabteilungen.

Im Raum Halle / Merseburg, der für die Treibstoffversorgung der deutschen Streitkräfte größte Bedeutung besaß, waren etwa 1000 Flakgeschütze konzentriert worden. Sie gehörten zur Flakgruppe Halle / Leuna (Stab / Flakregiment 33). Sie war der 14. Flakdivision (Leipzig) unterstellt. Von ihren sechs schweren Abteilungen waren fünf – die 132 (o), die 145 (E), die 406 (o), die 433 (o) sowie die 540 (o) – mit 8,8-cm-, 10,5-cm- und 12,8-cm-Flak ausgestattet. Dazu kam die ortsfest aufgestellte Luftsperrabteilung 132 (o).

Feuereinheit der Flakartillerie blieb, unabhängig von der Zahl der Geschütze, die Batterie. Sie stand auf einer definierten Fläche, in Geschützständen, ständig in Verbindung zu einem Kommandogerät. Angestrebt wurde, den Luftgegner unter schärfster Zusammenfassung der Feuerkraft vor dem Bombenabwurf zu treffen. Die drei schweren Batterien einer Flakabteilung konnten in 60 Sekunden 180 Schuss abgeben (Stand 1939), hielten aber die Schussfolge nicht lange durch. Wegen der sich verändernden Luftlage war das auch nicht nötig – die Flugzeuge verließen den Schussbereich sehr schnell. Bereitete die Feuerleitung Probleme, schoss man Sperrfeuer, im Nahbereich mit stark verkürzter Zünderlaufzeit, um sich der zunehmenden Direktangriffe alliierter Flieger zu erwehren. Das war wenig wirkungsvoll, im Grunde Munitionsvergeudung.

In der im Oktober 1936 erstmals veröffentlichten Schrift »Unsere Flakartillerie« hatte der damalige Oberstleutnant im

Als Zugmittel für die in Fahrstellung 6861 kg schwere 8,8-cm-Flak 18 (8,8-cm-Flak 36 und 37: 7200 kg) fanden ursprünglich mittlere Flakkraftwagen Verwendung. An ihre Stelle traten mittlere Zugkraftwagen 8 t (Sd.Kfz. 7).

**8,8-cm-Sprenggranatpatrone mit Zeitzünder S/30 werden für den Einsatz vorbereitet. Sie kamen auf dem Nachschubweg, zu je drei Stück in Patronenkörben verpackt, in die Batteriestellung.
Das Gewicht eines gefüllten Korbes lag bei 54,3 kg. Um sie lagern zu können, verfügte jeder Geschützstand in den vier Ecken über einen Munitionsverschlag.**

Flakhelfer vor einem Geschützstand mit 8,8-cm-Flak 36. Auf Grund einer Anordnung vom 26. Januar 1943 konnten die Schüler der mittleren und höheren Schulen mit vollendetem 15. Lebensjahr eingezogen werden. Sie versahen ihren Dienst in Flakeinheiten. Die unmittelbar vor dem Geschützstand gelagerten Patronenkörbe vermitteln eine Vorstellung vom Munitionsverbrauch.

Generalstab, Wolfgang Pickert[5], die Truppe wie folgt charakterisiert: »Neuzeitliche Flakartillerie ist im hohen Grade beweglich. Ihre Ausstattung mit modernen Kraftfahrzeugen ermöglicht auch Fahren auf schlechten Wegen und kurze Strecken querfeldein, ebenso aber auch große Straßengeschwindigkeit über lange Strecken. Hierdurch wird ein beweglicher, oft wechselnder und den Luftgegner immer wieder überraschender Einsatz möglich«. Von diesem Grundsatz musste man sich im Kriege verabschieden. Es mangelte an Zugmaschinen, Last- und Personenkraftwagen, Geräten und Personal. Im Heimatkriegsgebiet sah man bei der Luftwaffe die Lösung in ortsfester Aufstellung. Nach einem Vorschlag aus dem Ministerium für Rüstung und Kriegsproduktion sollten ab September 1942 75% der 8,8-cm-Flak und 100% der 10,5-cm-Flak ortsfest versockelt werden. Das war mit gravierenden Nachteilen verbunden. Ortsfeste Flakstellungen ließen sich schnell aufklären und konnten umflogen werden.

Für die notwendige Verlegung von Geschützen oder ihren Transport in Werkstätten wurden Flaktransportbatterien und -abteilungen sowie Eisenbahntransportbatterien aufgestellt. Zum Ende des Krieges gewann der bespannte Zug mit Ochsen und Pferden an Bedeutung. Am 26. November 1944 wurde für die Fahrbarmachung ortsfest aufgestellter 8,8-cm-Flak 37 (o) eine Anleitung für das Aufsetzen der Geschütze auf Behelfslafettenkreuze bekanntgegeben. Der Zweck: die s c h n e l l e Bildung von Flakschwerpunkten.

Im Frühjahr 1945 machten sich die Flakgruppen mit ihren vielen Geschützen und ihr Einsatz als weitreichende Artillerie und zur Panzerabwehr bei den Alliierten unangenehm bemerkbar. Ihre ortsfeste Aufstellung nach luftkriegstaktischen Gesichtspunkten erschwerte allerdings die Verwendung gegen Bodenziele.

2.5. Erfahrungen zur Wirksamkeit bodengebundener Flugabwehr

»Im Luftkrieg der Zukunft wird die Flakartillerie das entscheidende Element der Luftverteidigung sein.« So hatte es Generaloberst Günther Rüdel, General der Flakartillerie und Chef der Luftabwehr, im Geleitwort zum Band 9 »Der Unterführer der Flakartillerie« der Reihe »Der Dienst in der Luftwaffe« formuliert. Im Zweiten Weltkrieg fand diese Überbewertung keine Bestätigung. Sie steht aber am Anfang einer beeindruckenden Entwicklung, welche die materiellen und personellen Ressourcen Deutschlands bis an die Grenzen beansprucht hat. Selbst in der Luftwaffenführung gab es dazu keine einheitliche Meinung. Auch Hitler hat wiederholt zugunsten der Flakwaffe Stellung bezogen.

Bei Kriegsbeginn im September 1939 standen 9300 Flak, davon 2630 schwere, zur Verfügung. Ihre Zahl stieg bis zum Fe-

[5] Wolfgang Pickert befehligte im Sommer 1944 das III. Flakkorps (mot) in der Normandie.

Feuerstellung einer ortsfesten 8,8-cm-Flakbatterie vor und während des Kampfes gegen anfliegende Bomber der 8. USAAF. Aufnahme aus dem Jahr 1944.

bruar 1945 auf insgesamt 31.569, wovon 12.179 das Kaliber 8,8 cm, 10,5 cm und 12,8 cm besaßen. Die Zahl der zu ihrer Bedienung benötigten Soldaten und Hilfskräfte ist für 1944 mit 1,12 Millionen angegeben.

1943 war im Luftkrieg gegen Deutschland das Jahr der Wende. Die Effizienz der alliierten Luftangriffe, vor allem bei Nacht, hatte innerhalb von knapp zwei Jahren eine erschreckende Entwicklung vollzogen. Das soll nachfolgend am Beispiel einiger Angriffe auf Hamburg dargestellt werden.

Angriffe auf Hamburg 1943			
Datum	Zahl der Bomber [1]	davon Totalverluste [2]	abgeworfene Bombenlast
30.11.-01.12.1941	84 von 129 gestarteten	13	138 t
30.01.-31.01.1943	92 von 148 gestarteten	5	315 t
24.07.-25.07.1943 [3]	740 von 791 gestarteten	12	2300 t
29.07.-30.07.1943 [3]	726 von ? gestartet	28	227 t

[1] zum Teil abweichende Angaben in Quellen und Literatur
[2] Abschüsse sind den Nachtjägern und der Flak zugeschrieben
[3] während der Operation »Gomorrha« (Tarnname für die schweren Bombenangriffe der Alliierten auf Hamburg zwischen 24.07. und 29.07.1943)

Auf deutscher Seite war man sich sehr schnell darüber im Klaren, dass die Alliierten sich einer neuen Technik und Taktik bedienten. Sie warfen beim Anflug große Mengen von Aluminiumstreifen, »Windows« (deutsch als »Düppelstörung« bezeichnet), ab. Damit hat man die deutschen Funkmessgeräte außer Kraft gesetzt. Im Vergleich zu früheren Angriffen wurden in Hamburg innerhalb einer Woche von mehreren hundert Bombern insgesamt etwa 3000 t Brand- und Sprengbomben abgeworfen. Sie verursachten weiträumige Brände, lösten Feuerstürme aus. Am Tage wiederholten Bomber der 8. USAAF die Angriffe, um die Löscharbeiten zu stören. Im Zentrum der Hansestadt herrschten apokalyptische Zustände, 30.482 Menschen kamen ums Leben, 277.330 Wohnungen waren zerstört. Albert Speer erinnerte sich: »Hamburg hat mich auf das Höchste alarmiert«. Auf einer Sitzung am 29. Juli 1943 sagte er: »Wenn die Fliegerangriffe im jetzigen Ausmaß weitergehen, sind wir nach zwölf Wochen einer Menge von Fragen enthoben«.

Wie sollte die Luftabwehr darauf reagieren? Mit einer noch stärkeren Massierung von Flugabwehrgeschützen? Die Zahl der in die Reichsluftverteidigung integrierten Flakbatterien war von

Flakfeuer in der Nacht. In den Einflugschneisen alliierter Bomber gehörte dieses Bild zu den täglichen Wahrnehmungen der Deutschen.

1850 im Juni 1943 auf 2184 im Juli 1944 gestiegen. Die Zahlen widerspiegeln diese Verstärkung nicht. Von den 46.800 Abschüssen der Luftwaffe – ermittelt für die gesamte Kriegsdauer – ent-

1942 abgeschossener englischer Bomber Vickers »Wellington«. Typisch für dieses Flugzeug, von dem ab 1938 11.461 Stück geliefert worden sind, ist die Duralumin-Bauweise mit Stoffbespannung. Es war 402 km/h (112 m/s) schnell, erreichte über 9000 m Gipfelhöhe und konnte 2700 kg Bomben tragen.

Ein US-amerikanischer Bomber Consolidated B-24 »Liberator« bricht nach einem Flak-Volltreffer auseinander. Bis 1945 wurden 18.188 Stück hergestellt. Das Flugzeug erreichte maximal 487 km/h (135 m/s) und eine Gipfelhöhe von 9750 m. Die höchstmögliche Bombenlast ist mit 5800 kg angegeben.

fielen fast 13.000 auf die Flak. Erst 1944 registrierten die Amerikaner ein auffälliges Absinken der Zahl ihrer von feindlichen Jägern abgeschossenen Bomber. Im Mai / Juni 1944 übertrafen die Totalverluste durch Flakfeuer (286 Maschinen) erstmals die in

Zu den bekanntesten alliierten Bombern gehörte die Boeing B-17 »Flying Fortress« der Ausführungen E (Dreiseitenriss), F und G (Foto). Insgesamt verließen über 12.700 Maschinen die Werkhallen. Eine B-17 G erreichte maximal 480 km/h (133 m/s) und eine Dienstgipfelhöhe von 11.400 m. Je nach Entfernung zum Ziel konnten bis zu 7850 kg Bomben mitgeführt werden.

den Luftkämpfen mit deutschen Jägern verloren gegangenen Bomber (239 Maschinen). Unverändert hoch blieb der Anteil der von der Flak verursachten Schäden. Sie standen im Verhältnis 7920 zu 269. Mit welchem ungeheuren Munitionsaufwand das erkauft worden ist, zeigen die 1944 durchschnittlich benötigten Schusszahlen:

– 2,0-cm-Flak:	11.628.440
– 3,7-cm-Flak:	931.900
– 8,8-cm-Flak:	1.749.300
– 10,5-cm-Flak:	199.800
– 12,8-cm-Flak:	73.700

Vor dem Krieg war man auf Grund der Schießergebnisse auf Flak-Schießplätzen der Meinung, mit 47 Schuss einen Ab-

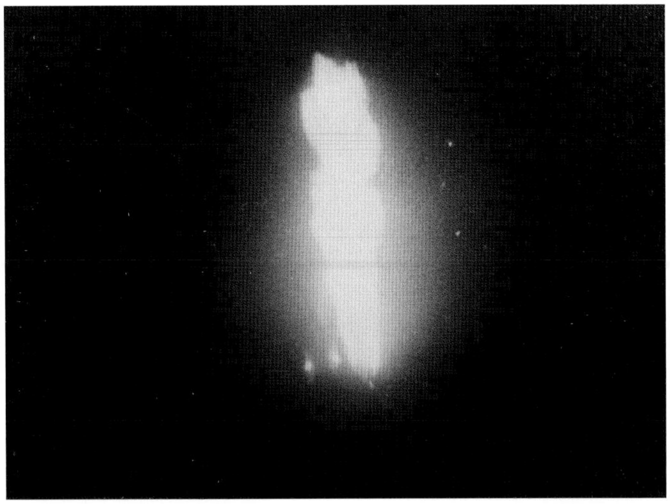

Aufschlag eines abgeschossenen alliierten Kampfflugzeuges. Aufnahme aus dem Jahr 1943.

Brennende Industrieanlage nach einem Tagangriff der 8. USAAAF. Aufnahme aus dem Jahr 1944.

schuss zu erzielen. Als Grundlage dafür galt die Annahme, mit der Munition der 8,8-cm-Flak noch bei einer Schussablage von 30 m einen Flugzeugabsturz herbeiführen zu können. Diese überaus optimistische Erwartungshaltung fand im Krieg keine Bestätigung. Tatsächlich waren es 5-10 m. Konkret benötigte man Ende 1943 für einen Flugzeugabschuss 6500 Schuss leichte und 4000 Schuss schwere Flakmunition. 1944 waren es je nach Kaliber, Geschützmodell und verwendeten Zündern im Durchschnitt zwischen 2000 und 16.000 Schuss. In einer Denkschrift über die Luftkriegsführung vom 9. Oktober 1944 war darüber berichtet worden, dass den Tag- und Nachtjägern 2% der eingeflogenen Feindflugzeuge zum Opfer gefallen sind. Auf die vielen tausend Geschütze der Reichsluftverteidigung entfiel nur 1%. So ließen sich die an Zahl und Stärke zunehmenden Luftangriffe – und die damit verbundenen schweren Zerstörungen im Reichsgebiet – nicht aufhalten.

Aufschlagstelle eines Kampfflugzeuges. Aufnahme aus dem Jahr 1943.

Allerdings hatte die Flakartillerie noch eine andere Wirkung, die in der Diskussion zum Thema kaum Beachtung findet. Mit dem Flakfeuer zwang man die Angreifer in eine größere Höhe (über 5000 m), welche Dichte und Treffgenauigkeit der Bombenwürfe nachteilig beeinflusste. Gelang das nicht, hatte das tragische Folgen. Ein Beispiel dafür ist die Zerstörung Dresdens in der Nacht vom 13. zum 14. Februar 1945. Der Flakschutz war schwach: 84 schwere und 45 leichte Flak. Das ermöglichte den Zielmarkierungsflugzeugen vom Typ Mosquito, ihre Aufträge mit hoher Präzision in 280-1000 m Höhe zu erledigen. Die Anflughöhe der Bomber konnte auf 3400-5400 m herabgesetzt werden.

Die Geschichte der deutschen Flakartillerie zeigt, dass sie mit ihrem technischen und taktischen Können einen Beitrag zum Luftkrieg geleistet hat. Dazu äußerte sich 1953 Generalfeldmarschall a.D. Albert Kesselring: »Nicht zu rütteln ist aber an der Erkenntnis, daß sich kein energischer Angreifer in der Luft auf Dauer durch defensive Flak abhalten läßt.«

Und was ist mit den Fla-Raketen? Schon bald nach Kriegsbeginn hatte man erkannt, dass sich die Flieger dem Flakfeuer mit immer höherer Geschwindigkeit in größere Höhen entziehen konnten. Die Antwort lag in der Entwicklung und Beschaffung ferngelenkter Fla-Raketen. Auf diesem Gebiet wurde vieles auf den Weg gebracht, zerfaserte aber – ohne den nötigen Nachdruck betrieben – an den unterschiedlichen Ansichten teils gegeneinander arbeitender Führungsstellen. So blieb es bei der Dominanz traditioneller Artillerietechnik – ein aus der Geschichte der Militärtechnik bekanntes Phänomen an den Schnittstellen militärischer Zerstörungstechnologien.

Zerstörte Bahnhofsanlagen in Rheine, Frühjahr1945. Sie waren als Teil der wichtigen Bahnverbindung von Berlin über nach Hannover in die Niederlande Ziel der alliierten Bomberoffensive und mit einem »Teppich« aus Bomben belegt worden.

Zerstörte Wohngebäude im Hamburger Stadtteil Elmsbüttel nach dem Angriff englischer Bomber in der Nacht vom 30. November zum 1. Dezember 1941.

Von vielen Flakraketenprojekten gab es nur Zeichnungen, Modelle und Prototypen. Das Projekt »Wasserfall« erreichte das Versuchsstadium, welches mit wechselhaftem Erfolg ab 8. Januar 1944 lief. Am 6. Februar 1945 sind alle Entwicklungen außer dem »Wasserfall« W 10 gestrichen worden. Die zu erwartenden Leistungen in der Luftzielbekämpfung rechtfertigten diese Aufmerksamkeit. Eine Serienfertigung in Bleicherrode kam nicht mehr zustande.

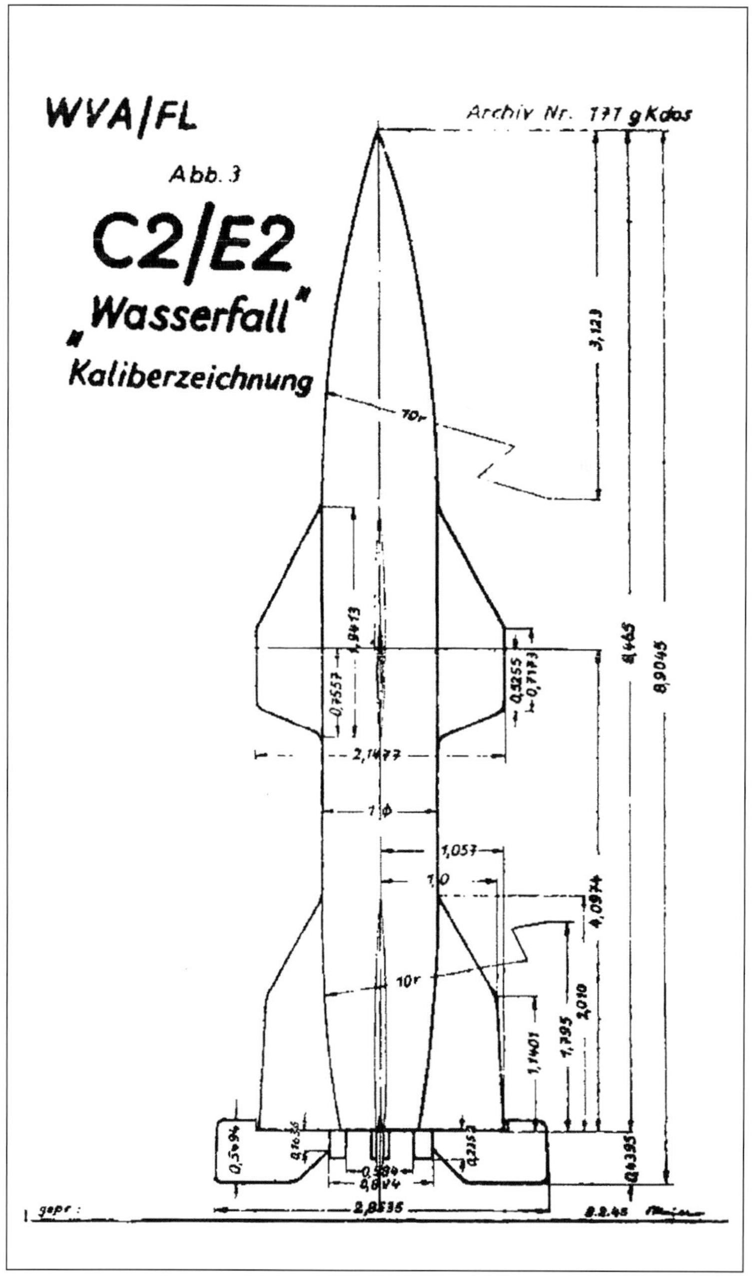

Kapitel 3:

AUF DEM WEG NACH OBEN – DIE DEUTSCHE BALLON- UND FLUGZEUGABWEHR BIS ZUM ANFANG DER 1930ER JAHRE

Aus artilleristischer Perspektive ergab sich während des Deutsch-Französischen Krieges 1870/1871 erstmals die Aufgabe, Luftfahrzeuge abzuwehren. Den Franzosen gelang es im belagerten Paris regelmäßig, mit Freiballonen über den Ring der Belagerungstruppen hinweg Verbindung zu ihren in Mittelfrankreich operierenden Truppen herzustellen. Das sollte verhindert, wenigstens aber gestört werden. Die Firma Krupp reagierte unverzüglich und lieferte bis Ende 1870 fünf 3,7-cm-Ballonabwehrkanonen auf zweiachsigem Plattformwagen. Mit ihrer Hilfe soll es gelungen sein, am 12. November 1870 den Ballon »Daguerre« abzuschießen.

Nach dem siegreichen Ende des Krieges erlosch das Interesse des Militärs an den Sondergeschützen, bis Anfang des 20. Jahrhunderts die ersten Luftschiffe und Flugzeuge für öffentliches Aufsehen sorgten. Die Option, sie für militärische Zwecke zu nutzen, nahm von da an immer klarere Konturen an. Für die Bekämpfung von Luftfahrzeugen von der Erde aus waren nach dem damaligen Stand der Technik nur die Geschütze der Artillerie befähigt. Deshalb wandte sich das Allgemeine Kriegsdepartement des Kriegsministeriums am 29. Januar 1906 an die Königliche Artillerie-Prüfungskommission (A.P.K.): »Dem Vernehmen nach beschaffen die Franzosen Motorballons in solcher

1870/1871 waren 66 Freiballons aus dem belagerten Paris aufgelassen worden. Nachdem die Deutschen ihren Belagerungsring mit von den Krupp'schen Artilleriewerkstätten gelieferten 3,7-cm-BAK auf Plattformwagen verstärkt hatten, fanden Balloneinsätze nur noch nachts statt.

Die 3,7-cm-BAK Nr. 4. Die Lieferung umfasste fünf Geschütze, weitere 19 hatte das Unternehmen angeboten. Bemerkenswert: die Lafettierung auf einem Sockel gestattete einen seitlichen Richtbereich von 36° und einen Höhenrichtbereich von -30/+85°.

Rheinmetall stellte 1908 eine 5-cm-BAK L/30 auf Lastkraftwagen Ehrhardt (4x2) vor. Mit fünf Mann Besatzung wog das Fahrzeug 2,8 t. Die Feuergeschwindigkeit des Geschützes ist mit 15 Schuss/min angegeben, die Schusshöhe mit 3720 m.

Zahl, daß mit ihrer Verwendung für Aufklärungszwecke auch im Bewegungskrieg gerechnet werden muß. Die Ballons haben eine eigene Fahrgeschwindigkeit von etwa 10 m in der Sekunde und eine Steighöhe bis zu 1200 m. Ihre Bekämpfung muß ins Auge gefaßt werden. Die Königliche Artillerie-Prüfungskommission wird um Äußerung ersucht, welche Geschütze der Feldartillerie und der Fußartillerie für diesen Zweck geeignet erscheinen ...«. Die Antwort der Kommission ließ nicht lange auf sich warten! Sie lag schon im April des Jahres vor. Darin forderte man Sondergeschütze. Krupp und Rheinmetall konnten sehr schnell reagieren und stellten Ballonabwehrkanonen mit dem Kaliber 5 cm und 6,5 cm vor. Das Kriegsministerium und der Generalstab wollten allerdings keine Sondergeschütze und beharrten trotz negativer Ergebnisse bei den zwischen 1907 und 1910 durchgeführten Versuchsschießen auf die Verwendung pferdebespannter Feldgeschütze zur Abwehr von Luftfahrzeugen, die mittlerweile mit Bomben direkt in die Kämpfe am Boden eingreifen konnten.

Im Oktober 1910 gab das Kriegsministerium in Absprache mit der A.P.K. Richtlinien für die Entwicklung von Ballonabwehrkanonen heraus:

1. Sie sollten das Kaliber der 7,7-cm-Feldkanone 96 n.A. haben und zum Verschuss auf Luftfahrzeuge eingerichtet sein.
2. Sie sollten auf Feldlafetten mit der sechsspännigen Bespannung der Geschütze der reitenden Artillerie beweglich gemacht werden.
3. Die Geschütze sollten mit einer Vorrichtung ausgestattet sein, die ein schnelles Verschieben der Rohre nach der Seite und der Höhe ermöglichte.

Ein veraltetes Konzept, auf das die Industrie wiederum schnell Antworten fand. Bei Krupp legte man das Rohr der 7,7-cm-Feldkanone 96 n.A. in die Lafette der 6,5-cm-Ballonabwehrkanone L/35 von 1910, bei Rheinmetall verwendete man dafür die Lafette der 10,5-cm-Feldhaubitze 98/09 auf einer Raduntерlage. Die Schwenkbarkeit nach der Seite genügte nicht. Beide Unternehmen stellten überdies Ballonabwehrkanonen auf Kraftwagen vor.

Das Kriegsministerium ließ sich nicht überzeugen. Fragen der Instandhaltung der noch nicht ausgereiften Kraftfahrzeug-

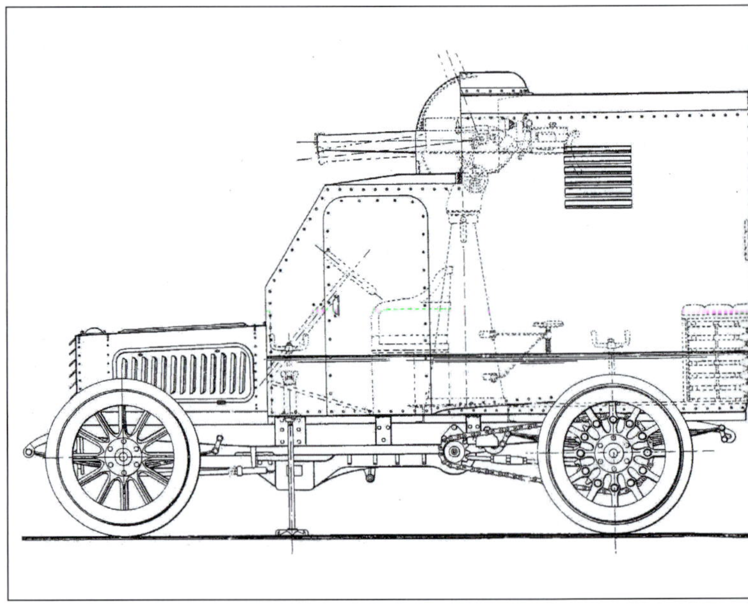

Die 5-cm-BAK L/30 von Rheinmetall gab es auch auf einer gepanzerten Ausführung des Ehrhardt-Lastkraftwagens. Er wog mit Besatzung und Munition 3,2 t. Gerichtet wurde mittels Schulterstütze. Allerdings war der seitliche Richtbereich auf 60° begrenzt.

technik und ihrer Versorgung mit Betriebsstoffen in den pferdebespannt beweglich gemachten Divisionen waren nicht geklärt.

Im Oktober 1912 wurde an der Artillerieschule Jüterbog mit der Ausbildung im Schießen gegen Luftziele begonnen. Im April 1914 forderte der Generalstab für den Mobilmachungsfall die Ausstattung jedes der acht Armeekorps mit zwei Ballonabwehrkanonen auf Kraftwagen; jede Division sollte eine pferdebespannte Batterie mit 7,7-cm-Ballonabwehrkanonen erhalten. Mitte 1914 standen entsprechende Versuchsgeschütze bereit. Sie besaßen in Fahrstellung umlegbare Sockelgeschütze und waren sehr schwer. Die Zeit bis zur Herstellung der Feuerbereitschaft lag mit 5 min zu hoch. Schließlich konnte man sich im August 1914 dazu durchringen, zehn 7,7-cm-Ballonabwehrkanonen auf Kraftwagen und 100 dieser Geschütze auf pferdebespannter Sockellafette zu bestellen. Die Auslieferung lief ab August des folgenden Jahres mit je zehn Stück im Monat an.

Der Bestand an Ballonabwehrkanonen bei Ausbruch des Ersten Weltkrieges war kläglich:

- sechs 7,7-cm-Ballonabwehrkanonen L/27 auf Kraftwagen,
- zwei 7,7-cm-Ballonabwehrkanonen auf pferdebespannter Sockellafette,
- zehn verschiedene 7,7-cm-Ballonabwehrkanonen älterer Bauart einschließlich der Versuchsgeräte aus den Jahren 1910 bis 1914.

1908 brachte Krupp ein zur Luftzielbekämpfung geeignetes 6,5-cm-Geschütz L/35 heraus, dessen Räderlafette mit abschwenkbaren Rädern einen seitlichen Richtbereich von 360° um den Sporn ermöglichte. Die Feinrichtung nahm der Richtkanonier durch eine Verschiebung auf der Lafettenachse vor. Das 6,5-cm-Brandgeschoss mit Aufschlagzünder und Lichtspur (V_0 620 m/s) erreichte eine maximale Schusshöhe von 5200 m.

6,5-cm-BAK L/35 (Krupp) in Transportstellung, auf Lastkraftwagen Daimler (4x4) verlastet.

Um den Bestand zu erhöhen, beschlagnahmte das Kriegsministerium alle für den Export vorgesehenen Ballonabwehrkanonen und kaufte die bei den Firmen lagernden Versuchsgeräte auf. Im Oktober 1914 verfügte das Heer über insgesamt 36 Ballonabwehrkanonen verschiedener Bauart. Das war für den Luftschutz völlig unzureichend. Jetzt zahlten sich die zwischen 1908 und 1914 durchgeführten Versuche mit Geschützen der Feld- und der Fußartillerie aus. Die Truppe verstärkte die Abwehr von Luftfahrzeugen, indem sie 7,7-cm-Feldkanonen 96 n.A., 10,5-cm-Feldhaubitzen 98/09 und 10-cm-Kanonen 04 bzw. 14 auf Sockel setzte. Es entstand eine Vielzahl von Behelfslafetten und Sockeln, auch für die schon betagte 9-cm-Feldkanone 73/91. Für die 7,7-cm-Feldkanonen 96 n.A. waren das die Koebe-Protze und der Schnetzler-Sockel, für die 9-cm-Feldkanone 73/91 die Systeme Plett, Wohlgemuth, Schaafhausen und Metz.

Rheinmetall lieferte im Sommer 1915 auf Anordnung des Kriegsministeriums vier 5-cm-Kanonen L/40, die sich für die Luftzielbekämpfung als ungeeignet erwiesen. Bis Mitte April 1915 erhöhte sich der Bestand an Ballonabwehrkanonen auf 198 Stück. Inzwischen waren diese Geschütze in »Flugzeugabwehrkanonen« umbenannt worden. Flugzeuge waren auf Grund der Häufigkeit ihres Auftretens ihre Hauptziele geworden. Das Kriegsministerium hatte sofort nach Ausbruch des Krieges den Umfang der Aufträge für Kraftwagengeschütze erhöht. Daran beteiligt waren Krupp und Rheinmetall. Beide Unternehmen erhielten am 15. Oktober 1915 den Auftrag, je 32 pferdebespannte 7,7-cm-Sockel-Flak L/35 zu liefern. Konstruktiv entsprachen sie der 7,7-cm-Sockel-Flak L/27, erreichten aber dank eines längeren Rohres eine V_0 von 510 m/s und eine Schusshöhe von 4750 m (7,7-cm-Sockel-Flak L/27: V_0 487 m/s, Schusshöhe 4000 m).

Krupp und Rheinmetall leisteten überdies durch die Abänderung erbeuteter französischer, russischer und später auch italienischer Geschütze einen wichtigen Beitrag zur Verstärkung der Luftabwehr (vgl. Kapitel 7).

Am 26. August 1916 übernahm die 3. Oberste Heeresleitung unter Generalfeldmarschall Paul von Hindenburg die Amtsgeschäfte. Zu den zahlreichen von ihr auf den Weg gebrachten Maßnahmen zur Neuorganisation des Heeres und der Kriegswirtschaft zählte die Leistungssteigerung bei der Luftabwehr. Um das zu erreichen wurden neue Geschütze in Auftrag gegeben, ebenso dazugehörige Ausrüstung wie Flak-Scheinwerfer, Kommando- und Entfernungs-Messgeräte. Die bisher betriebene zweigeteilte Unterstellung der Flak hatte sich als nachteilig erwiesen. Sie wurde aus den Divisionen herausgelöst und als Armeetruppe einheitlich geführt, ausgebildet und ausgerüstet.

Entsprechend dem größeren Einfluss der Luftstreitkräfte auf das Kampfgeschehen wurden am 8. Oktober 1916 alle Luftkampf- und Luftabwehrmittel des Heeres im Felde und in der Heimat unter dem Kommandierenden General der Luftstreitkräfte zusammengefasst. Der Inspekteur der Flugabwehrkanonen trat unter sein Kommando.

Krupp stellte 1910 eine 7,5-cm-Feldkanone L/30 mit abschwenkbaren Rädern vor. Sie ermöglichten bei der Verwendung gegen Luftziele einen seitlichen Schwenkbereich von 360°. Das Geschütz fand beim Kaisermanöver als Versuchsgerät Verwendung.

Der Generalstab hatte bereits 1915 Flugzeugabwehrgeschütze mit größerer Leistungsfähigkeit gefordert. Im Dezember 1916 stellte die Industrie die Ergebnisse ihrer Arbeit vor. Krupp und Rheinmetall lieferten je zwei 8-cm-Flak L/45, 8,8-cm-Flak L/45 und 10,5-cm-Flak L/35, Rheinmetall außerdem zwei 10,5-cm-Eisenbahn-Flak L/35. Die Geschütze mit dem Kaliber 8 cm zeigten Mängel und wurden nach der Lieferung von 78 Stück nicht mehr bestellt.

Anfang 1917 berichtete der Kommandierende General der Luftstreitkräfte, Ernst von Hoeppner, dem Kriegsministerium über Erfahrungen bei der Verwendung von Flugabwehrgeschützen. Hinsichtlich der angestrebten Ausrüstung des Feldheeres zeichneten sich folgende Entwicklungen ab:

1. **kleinkalibrige Flak** mit hoher Feuergeschwindigkeit und Lichtspurgeschossen mit dem Kaliber 2 cm und 3,7 cm, auch 5-cm-Flak waren im Gespräch (vgl. Kapitel 4 und 5).
2. **mittelkalibrige Flak**
   a. 7,7-cm-Flak auf Kraftwagen. Ihre ballistischen Leistungen und die Geschosswirkung bedurften allerdings der Steigerung.
   b. 7,7-cm-Flak (pferdebespannt). Ihr großes Gewicht war nachteilig. Die Wirksamkeit reichte wegen der ungenügenden ballistischen Leistungen und Geschosswirkung nicht aus. Ihre Weiterfertigung hielt man nicht für notwendig.
3. **schwere Flak**
   a. 8,8-cm-Flak für den Kraftzug. Sie sollte das Hauptkampfgeschütz der Flugabwehr werden.
   b. 10,5-cm-Flak in ortsfester Aufstellung sowie auf Eisenbahnwagen (vgl. Kapitel 8 bis 10).

6,5-cm-BAK L/35 (Rheinmetall) auf Ehrhardt-Plattformwagen (4x4). Das 6,2 t schwere Fahrzeug mit fünf Mann Besatzung wurde während der Kaisermanöver 1910 taktisch erprobt. Mit dem Geschütz (Schwenkbereich 360°, -5°/+75°) konnten Schrapnells mit einem Gewicht von 4,1 kg Gewicht, weiterhin Sprenggranaten mit Doppelzünder verschossen werden. Bei einer V_0 von 670 m/s ergab sich eine maximale Schusshöhe von 7900 m.

Die 7,1-cm-BAK L/30 (Krupp) auf Kraftwagen erreichte maximal 40 km/h. Das Gewicht ist mit 7,31 t angegeben. Auf der Sockellafette ergab sich ein Richtbereich von 360° nach der Seite und 0°/+75° nach der Höhe. Mit der 5 kg schweren Brandgranate (V_0 650 m/s) wurde eine Schusshöhe von 6500 m erreicht.

Im Verlaufe einer Besprechung im Großen Hauptquartier am 11. September 1917 wurde seitens des Kriegsministeriums der Vorschlag gemacht, die Weiterentwicklung der 7,7-cm- Flak aufzugeben und an ihrer Stelle die leistungsmäßig weit überlegenen Rohre der russischen 7,62-cm-Feldkanone 02 zu nutzen. Allerdings erwiesen sich die bisher verwendeten Kraftwagen für dieses Geschütz als zu schwach. Geprüft werden sollte ihre Lafettierung auf dem Überlandwagen A 7 V.

Die Arbeiten an der ebenfalls vorgeschlagenen 7,62-cm-Gebirgsflak M.19 L/31,3 (Krupp) konnten bis zum November 1918 nicht mehr abgeschlossen werden.

Zum Kriegsende war die Flakwaffe auf 2558 Geschütze angewachsen, davon über 1400 aus erbeutetem Geschützmaterial hergestellt. Nach Rückgabe von etwa 600 als Flak verwendeten Feldgeschützen an die Feldartillerie setzte sich der Bestand aus 21 verschiedenen Modellen zusammen. Das erschwerte die Ausbildung, den Einsatz und den Nachschub.

Typen der Flugabwehrgeschütze im November 1918[1]

Lfd. Nr.	Geschütztyp	Anzahl (Stück)
1	3,7-cm-Revolverkanone	0
2	3,7-cm-Maschinen-Flak	216
3	3,7-cm-Sockel-Flak	150
4	5-cm-Flachbahnkanone	3
5	7,5-cm-Beuteflak, italienisch	4
6	7,62-cm-Flak, ortsfest, Rheinmetall	220
7	7,62-cm- und 7,7-cm-Flak, pferdebespannt, Rheinmetall	28
8	7,62-cm-Flak (russisch 00)	60
9	7,62-cm-Flak (russisch 02)	120
10	7,62-cm-Kraftwagen-Flak 17	50
11	7,62-cm-Flak, ortsfest, Krupp	48
12	Angekaufte sowie erbeutete belgische und russische Flak	43
13	7,7-cm-Versuchs-Flak	0
14	7,7-cm-Flak L/35, französisch	345
15	7,7-cm-Sockel-Flak L/35	68
16	7,7-cm-Flak mit dem Rohr der Feldkanone 96 n.A.	44
17	7,7-cm-Kraftwagen-Flak L/27	106
18	8-cm-Flak, Kraftzug	78
19	8,8-cm-Flak, Kraftzug	160
20	8,8-cm-Marine-Flak	38
21	9-cm-Behelfs-Flak mit dem Rohr der Feldkanone 73/91	614
22	10,5-cm-Flak, Kraftzug	6
23	10,5-cm-Flak, ortsfest	36
	Summe:	2558

[1] einschließlich der aus erbeutetem Material hergestellen Geschütze (vgl. Kapitel 7)

Auf Grundlage der Forderungen des Kriegsministeriums vom Oktober 1910, in denen wiederum bespannte Feldgeschütze zur Luftzielbekämpfung favorisiert wurden, stellten Krupp und Rheinmetall 7,7-cm-Geschütze in Radlafette vor. Bei Rheinmetall kombinierte man das Rohr der 7,7-cm-Feldkanone 96 n.A. mit der Lafette der 10,5-cm-Feldhaubitze 98/09 (Kanone in Haubitzlafette). Geschossen wurde von einer kreisförmigen Radunterlage. So ergab sich bei einem Höhenrichtbereich von über 45° ein Seitenrichtbereich von 360°.

Mit der 7,7-cm-BAK L/27 folgte Krupp 1911 den vom Kriegsministerium herausgegebenen Richtlinien für die Sondergeschütze. Zugrunde gelegt waren das Kaliber, das Rohr und die Munition der 7,7-cm-Feldkanone 96 n.A.

Bei den beiden pferdebespannten 7,7-cm-Sockel-BAK, die im August 1914 zur Verfügung standen, handelt es sich um Versuchsmodelle der Firmen Krupp und Rheinmetall. Das von Krupp wog in Fahrstellung 3085 kg, das von Rheinmetall (hier im Bild) 2825 kg. Die Feuergeschwindigkeit ist mit 20-25 Schuss/min angegeben, der Richtbereich mit 360° nach der Seite und -3°/+70° in der Höhe.

Links: Eine andere Variante der 7,7-cm-BAK L/27 von Krupp wog mit 100 Granatpatronen 7 t. Das Geschütz mit einem Seitenrichtbereich von 360° und einem Höhenrichtbereich von -5°/+75° erreichte mit 6,85 kg schweren Feldschrapnells (V_0 485 m/s) eine Schusshöhe von 4250 m.

Von den 7,7-cm-leichten Kraftwagen-Flak M.1914 L/27 gab es Ausführungen von Krupp und Rheinmetall. 1914 waren beide Unternehmen mit der Herstellung von zehn Stück beauftragt. Ihre Zahl erhöhte sich im Kriegsverlauf auf 106. Das Gewicht mit 80-PS-Motor, Geschütz und Munitionsvorrat lag zwischen 8,02 und 9,44 t. Die V_0 der Sprenggranate mit Doppelzünder (später Kopfzünder 11 (Flak)) von 465 m/s wurde zu dieser Zeit noch als ausreichend erachtet.

Die 7,7-cm-Feldkanone 96 n.A. als Behelfs-Flak. Das unzureichende Höhenrichtfeld (+15°) versuchte man durch das Aufsetzen auf Sockel unterschiedlicher Bauart bis auf 75° zu erweitern und dem Geschütz ein Seitenrichtfeld von 360° zu geben.

Rechte Seite: Der von der Belagerungswerkstatt Longuyon hergestellte Schnetzler-Sockel bot für die 7,7-cm-Feldkanone 96 n.A. eine brauchbare Schießunterlage zur Bekämpfung von Luftzielen. Die Fertigung war einfach, der Aufbau erforderte jedoch – ebenso wie der Stellungswechsel mit dem sechsrädrigen Fahrzeug (einschließlich Protze) – Zeit.

Die 7,7-cm-Feldkanone 96 n.A. war zu Beginn des Ersten Weltkrieges das wichtigste Geschütz der deutschen Feldartillerie. Sie konnte nicht unbegrenzt für Sonderaufgaben abgezweigt werden. Deshalb griff man auf veraltete 9-cm-Feldkanonen 73 und 73/91 zurück, Geschütze ohne Rohrrücklauf und mit einem starren Lafettensystem. Sie verschossen 7,2 kg schwere Granaten 14 mit einer V_0 von 464 m/s bis auf 4000 m Höhe. Die Feuergeschwindigkeit war gering – drei Schuss in der Minute. Über 600 Kanonen wurden behelfsmäßig als Flugzeugabwehrgeschütze auf Lafetten der Systeme Plett (Bild links), Wohlgemuth, Schnetzler (Bild oben), Schaafhaus und Metz aptiert (Bild links).

7,7-cm-Feldkanone 96 n.A. auf Koebe-Protze. Das Geschütz wurde in Feuerstellung an Stützarmen über der Protze gelagert. Die Sockelachse war mit einem Vorderarm mit der Protze verbunden, die auf einer kreisrunden Unterlage seitlich bewegt werden konnte. Das hört sich alles kompliziert an, hat sich aber als haltbar erwiesen und im Einsatz beim Schießen gegen Luftziele recht gut bewährt.

Die 7,7-cm-Flak L/35 auf Sockellafette von Krupp in Feuerstellung. Dank der Verlängerung des Rohres von 2080 mm (=L/27) auf 2710 mm (=L/35) konnte eine Leistungssteigerung erzielt werden. Sie hielt sich jedoch in Grenzen. Die Flugzeit des Geschosses – nun mit einer V_0 von 510 m/s unterwegs – auf ein sich in 3000 m Entfernung und 1000 m Höhe näherndes Luftziel verkürzte sich nur um 0,7 s. Das kriegsbedingt notwendige Festhalten an der Feldkanonen-Munition grenzte überdies die Geschoßwirkung ein.

Von den zu Kriegsbeginn zur Luftzielbekämpfung abgestellten Geschützen der Fußartillerie waren die 10-cm-Kanonen 04 und 14 wegen ihrer ballistischen Leistungen am ehesten als Behelfsflak geeignet. Die 10-cm-Kanone 04 verschoss 18,3 kg schwere Granaten mit einer V_0 von 580 m/s bis auf 5600 m Höhe. Als Erdkampfgeschütze konstruiert, besaßen sie nicht das für die neue Verwendung notwendige Höhen- und Seitenrichtfeld. Wurden sie auf Behelfssockel gesetzt, konnte es in der Höhe auf +47°, nach der Seite auf 360° gesteigert werden.

Dem Flak-Fertigungsprogramm für das Jahr 1919 waren enge Grenzen gesetzt, die von dem unverändert hohen Bedarf an Geschützen für die Feld- und Fußartillerie bestimmt wurden. Zur Bestellung gehörten:

- 360 8,8-cm-Flak Krupp, Kraftzug mit Artillerie-Kraftzugmaschinen Krupp-Daimler,
- 120 7,62-cm-Kraftwagen Krupp auf Daimler-Kraftwagen und
- 180 7,62-cm-Sockel-Flak für Pferdezug, davon 40 als Gebirgs-Flak.

Außerdem waren 120 Kraftwagen Daimler für die leichte Kraftwagen-Flak in Auftrag gegeben, die sowohl die 7,62-cm-Flak M.19 (Krupp) als auch die 7,7-cm-Flak M.14 aufnehmen konnte.

Der Waffenstillstand vom 11. November 1918 beendete den weiteren Ausbau der Flak-Waffe. Im Artikel 169 des Versailler Vertrages war festgelegt: »Binnen zwei Monaten nach Inkrafttreten des ... Vertrages sind die deutschen Waffen ... einschließlich jedes Flugabwehrgerätes ... den Regierungen der alliierten und assoziierten Hauptmächte zur Zerstörung oder Unbrauchbarmachung auszuliefern«. Später erlaubte man der Reichswehr für

Im Kriegsverlauf hat die Vervollkommnung der Flugtechnik ihre Abwehr immer schwieriger gemacht. 1914 erreichten Flugzeuge 25 m/s, 1916 waren es 50 m/s, die Flughöhe stieg von 2000 auf 5000, teilweise 7000 m. Die Abbildung zeigt die daraus resultierenden Probleme der Flakartillerie, wozu die große Trefferablage gehört. Neben der Erhöhung der ballistischen Leistungen und der Steigerung der Geschoßwirkung verbesserten Mess- und Kommandogeräte, Richtungshörer und Flakscheinwerfer die Position der Flugabwehr. Sie mussten allerdings erst kriegsbrauchbar gemacht werden. Trotzdem gelang es der deutschen Flak im Ersten Weltkrieg, 1590 Flugzeuge und zwei Luftschiffe abzuschießen. Der Munitionsverbrauch konnte von 11.585 Schuss (1914/1915) auf 5040 Schuss (1918) je Flugzeug vermindert werden.

Anfang 1917 waren bei der Firma Henschel 180 Einheiten des 7,62-cm-Kraftwagen-Flak M.1917 L/31,5 in Auftrag gegeben worden. Beteiligt an diesem Auftrag waren die Firmen Böhler (Rohr und Verschluss) und Erhardt (Kraftwagen 36/80 PS). Sie wurden ab September 1917 ausgeliefert. Es folgte das Modell M.1918 L/31,5. Bei Krupp arbeitete man an der 7,62-cm-Kraftwagen-Flak M.1919, die auch als Sockel-, ortsfeste und Gebirgs-Flak Verwendung finden sollte.

Die 8-cm-Flak L/45 (Krupp). Sie entstand als Folge der 1915 aufgestellten Forderungen zur Leistungssteigerung bei der Flakartillerie. Erste Versuchsmuster standen Ende 1916 zur Verfügung. Von dem 8-cm-Geschütz auf vierrädrigem Plattformwagen mit gefederten Achsen und seitlichen Auslegern wurden 78 Stück geliefert. Sie befriedigten in ballistischer Hinsicht (V_0 715 m/s, Schusshöhe 6450 m) nicht, weshalb man sich für die hinsichtlich ihrer Konstruktion vergleichbaren 8,8-cm-Flak L/45 entschieden hat. Sie wurden zu den Hauptkampfgeschützen der Flugabwehr bestimmt (vgl. Kapitel 8).

Das Reichsmarineamt stellte der Heeresverwaltung während des Krieges 38 8,8-cm-Flak L/45 (Marineflak) der Firma Krupp zur Verfügung, die an der Front und in der Heimat Verwendung fanden. Mit der 9,6 kg schweren Granate (V_0 750 m/s) wurde eine maximale Schusshöhe von 7500 m erreicht. In Feuerstellung ergab sich ein Gewicht von 6060 kg.

Heer und Marine zusammen 63 Flak, auch einige ortsfeste 8,8-cm- und 10,5-cm-Geschütze in den veralteten Forts von Königsberg in Ostpreußen. Jedem der sieben Artillerieregimenter des Reichsheeres wurde eine Batterie mit je vier Kraftwagengeschützen 14 zugestanden. Ihr Höhenrichtbereich wurde auf 42° begrenzt. Damit waren sie zur Flugzeugabwehr nicht mehr geeignet. Alle zur Luftzielbekämpfung benötigten Geräte hatte man den Batterien abgenommen.

Der Erwerb von Flugzeugabwehrgeschützen war limitiert. Alle zwei Jahre durfte eine 8,8-cm-, alle fünf Jahre eine 7,7-cm- und eine 10,5-cm-Flak beschafft werden. In der Praxis waren der Reichswehr die Hände gebunden. Umso intensiver wurde die theoretische Arbeit betrieben. Zwei Schwerpunkte kristallisierten sich heraus: die Auswertung von Weltkriegserfahrungen und der Entwicklungstrends im Ausland. Träger waren u.a. Zeitschriften wie »Heerestechnik«, »Militärwochenblatt«, »Wehrgedanken des Auslandes« (ab 1924) und »Der Kraftzug in Wirtschaft und Heer«. In der Oktoberausgabe der zuletzt genannten Zeitschrift beschäftigte sich ein namentlich nicht genannter Autor mit dem »Schutz motorisierter Verbände gegen Flieger« und wertete die im Ausland gebräuchliche Technik sowie die taktischen Grundsätze aus. So gesammelte Erfahrungen beeinflussten den Aufbau einer zukünftigen, modernen Flugabwehrtruppe. Damit beauftragt war die zahlenmäßig vergleichsweise starke Fahrtruppe, die 1928 im Zuge der Durchführung von Truppenversuchen erstmals wieder auf Luftziele geschossen hat. Anfang 1930 wurde ein eigener Lehrstab (Asta 3)[1] mit Lehrkommandos in Jüterbog und Döberitz gebildet.

Auf technischem Gebiet war die Umrohrung der 28 Kraftwagengeschütze 14 (Sd.Kfz. 1) vom Kaliber 7,7 cm auf 7,5 cm eine der vordringlich zu lösenden Aufgaben. Den Auftrag erhielt Rheinmetall. Am 24. Mai 1928 hatte das Heereswaffenamt dem Wehramt mitgeteilt, dass die ersten zwölf 7,5-cm-Rohre 1929 geliefert werden können. Laut Beschaffungsprogramm 1930 (Stand 13. Januar 1931) sollten als Ersatz 24 7,5-cm-Kraftwagengeschütze 19 (Sd.Kfz. 1) beschafft werden. Für das 16-Divisionen-Heer ergab sich ein Bedarf von 84 Geschützen.
Im Rahmen der Geheimen Rüstung für das Zukunftsheer lag ein Schwerpunkt auf der Entwicklung von Flugzeugabwehrgeschützen der Kaliber 2, 3,7, 7,5 und 8,8 cm. Die 7,5-cm-Flak L/60 mit Kippsockel, Kreuzlafette, fahrbar auf einachsigem Sonderanhänger blieb, wie das 7,5-cm-Geschütz L/60 mit Sockel, Kreuzlafette, auf zweiachsigem Sonderanhänger (Sd.Ah. 201), eine Episode. An ihre Stelle trat die 8,8-cm-Flak 18, die ab 1933/1934 ausgeliefert wurde. Um für die Ausbildung der Truppe dringend benötigtes Gerät verfügbar zu haben, wurden 7,5-cm-Kraftwagengeschütze 19 auf Sonderanhänger, mehrachsig (Sd.Ah. 201) gesetzt.

[1] ab 1937 die Inspektion der Flaktruppen

7,7-cm-Flak 14 L/27 (Krupp) auf Geschützkraftwagen KD 1 (Krupp-Daimler) (Sd.Kfz. 1). Um die Artillerieregimenter der sieben Reichswehr-Infanteriedivisionen mit den bewilligten Kraftwagengeschützen ausstatten zu können, wurden 28 7,7-cm-Flak mit einem auf 42° Höhenrichtfeld auf allradgetriebenen Krupp-Daimler-Zugmaschinen lafettiert. Ab 1929 sind die Geschütze auf das Kaliber 7,5-cm umgerohrt worden.

Die 10,5-cm-Eisenbahn-Flak L/35 von Rheinmetall ermöglichte eine schnelle Verlegung und Schwerpunktbildung. Die Feuerbereitschaft war hoch. Bei einer V_0 von 580 m/s konnten 18,3 kg schwere 10-cm-Granaten 15 bis auf 5800 m Steighöhe verschossen werden.

Für die 10,5-cm-Flak L/35 war ursprünglich die Verwendung im Kraftzug, in ortsfester Aufstellung und als Eisenbahn-Flak vorgesehen. Auf den Kraftzug musste man aus Gewichtsgründen (7200 kg!) verzichten. Hersteller der Geschütze waren Krupp und Rheinmetall; 1917 erhielt auch Henschel einen Auftrag.

7,5-cm-Flak L/60 (Rheinmetall) auf einachsigem Sonderanhänger in Fahrstellung. Ende August 1930 verkaufte Rheinmetall die Lizenzrechte für dieses Geschütz an Sowjetrussland. Die Rote Armee führte es im Sommer 1932 als 76,2-mm-Flak M.1931 ein.

Bei einem Teil der 28 Geschützkraftwagen handelte es sich um 7,7-cm-Flak 14 L/27 (Rheinmetall), erkennbar an dem unter dem Rohr angeordneten Bremsvorholer.

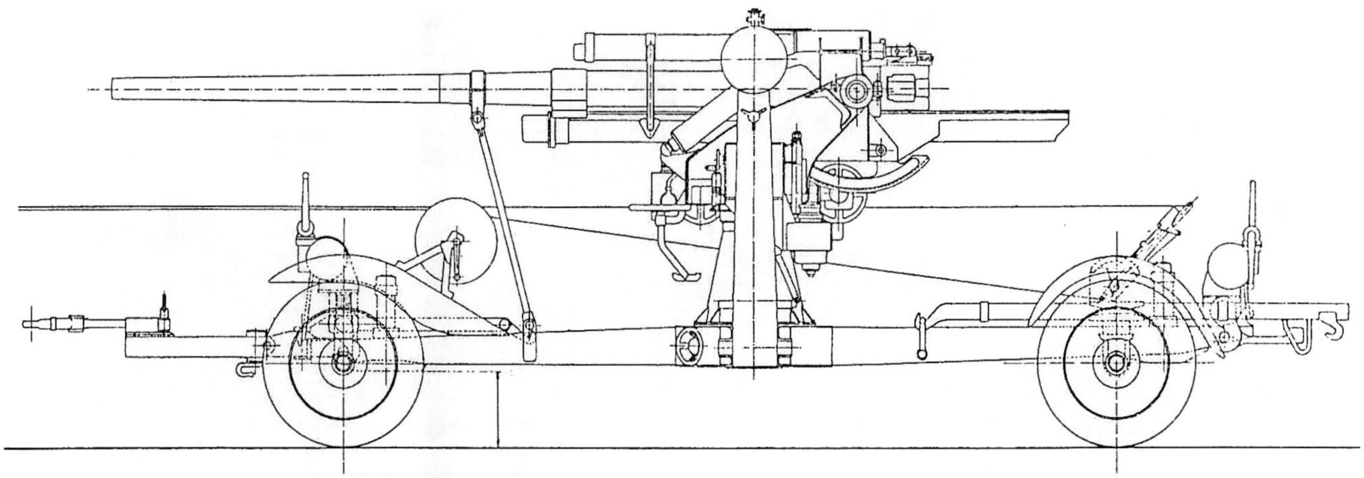

7,5-cm-Flak L/60 (Krupp) auf zwei einachsigen Fahrgestellen in Fahrstellung. Das Geschütz auf Sockellafette mit Kreuzbettung wog in Feuerstellung 3140, in Fahrstellung 5000 kg. Die Granatpatrone brachte es auf 11,6 kg, das Geschoß auf 6,5 kg. Bei einer V_0 von 850 m/s ergab sich eine maximale Schusshöhe von 11.300 m.

Die Reichswehr (100.00-Mann-Heer) verfügte über keine eigene Flaktruppe. Es gab viel Nachholbedarf, vor allem bei der Personalausbildung. Das neue Gerät war noch nicht verfügbar. Deshalb wurden Anfang der 1930er Jahre 7,5-cm-Flak L/27 (Rheinmetall) aus Altbeständen mit Kreuzlafetten auf Sonderanhängern, mehrachsig (Sd.Ah. 201) fahrbar gemacht. Sie erhielten zum Ausgleich des Vordergewichts von Rohr und Rohrwiege zwei Federausgleicher.

KAPITEL 4:

DIE 2-CM-FLUGZEUGABWEHR-KANONEN 30 UND 38

4.1. Entwicklung und Einsatz

Die ersten theoretischen und praktischen Ansätze zur Entwicklung von 2-cm-Flugzeugabwehrkanonen können bis in den Ersten Weltkrieg zurückverfolgt werden. Nach der Tankschlacht von Cambrai im Herbst 1917 wurde deutlich, dass sich aus dem massenhaften Einsatz von Kampfwagen – damals »Tanks« genannt – neue und ernsthafte Bedrohungen für die Infanterie des deutschen Heeres ergaben. Zur Abwehr gepanzerter Fahrzeuge konnte das schwere Maschinengewehr 08 eingesetzt werden, das mit der S.m.K.-Munition auf 200 m Entfernung höchstens 9 mm starke Panzerplatten zu durchschlagen vermochte. Die in die Defensive gedrängten deutschen Streitkräfte standen zu dieser Zeit vor einem weiteren Problem: insbesondere die zahlreichen Infanterie- und Schlachtflieger auf Seiten der Entente fügten den deutschen Infanterie- und Artillerieverbänden erheblichen Schaden zu. Sie waren den Angriffen aus der Luft schutzlos ausgeliefert. An die Waffentechnik wurde deshalb die Aufgabe gestellt, eine automatische Infanteriewaffe zu entwickeln, mit der Kampfwagen und Infanterie- bzw. Schlachtflieger gleichermaßen abgewehrt werden konnten. Einen entsprechenden Auftrag erhielt die Gewehrprüfungskommission im Oktober 1917 vom Kriegsministerium. An der Entwicklung des Tank- und Flieger- (TuF-) Maschinengewehrs, das ein Kaliber von 13 mm haben sollte, wurde mit Nachdruck gearbeitet. Maßgeblich beteiligt war neben der Rheinischen Metallwarenfabrik die Maschinenfabrik Augsburg-Nürnberg, die ein vergrößertes Maschinengewehr System Maxim in Vorschlag brachte. Vorgesehen war eine Lafette zur Bekämpfung von Boden- und Luftzielen. Im Juli 1918 konnte eine Musterwaffe vorgestellt werden, einen Monat später folgte der Auftrag über eine Versuchsserie von 50 Waffen. Auch eine 18-mm-Waffe soll noch im Gespräch gewesen sein. An die Front ist das TuF-Maschinengewehr nicht mehr gekommen. Das dieser Waffe zugrunde gelegte Konzept beeinflusste aber in der Zeit zwischen den beiden Weltkriegen nachhaltig die Auseinandersetzungen um die Entwicklung und Herstellung kleinkalibriger automatischer Flugzeugabwehrwaffen sowie ihre Verwendung im Truppendienst.

Schon sehr bald wurden Stimmen laut, welche die Wirkung eines 13-mm-Geschosses als zu gering einschätzten. Ausrei-

Eine Vorläufige Vorschrift »Die 2-cm-Kanone (Ehrhardt)« war im Februar 1918 herausgegeben worden. Die Verwendung des Rückstoßladers auf Sockellafette war zur Bekämpfung von Infanteriefliegern und zum Schutz von Fesselballons vorgesehen. Die Waffe wog 35 kg, das 5,4 kg schwere Magazin fasste 20 Granatpatronen. Bei einer V_0 von 520 m/s wurden Schussweiten bis 3000 m und Schusshöhen von 2000 m erreicht. Der Bestand an 2-cm-Maschinenkanonen ist für den November 1918 mit 131 Stück angegeben, wovon ein Teil aber 2-cm-Flugzeugkanonen (Becker) in Koebe-Drehgestellen waren.

In der militärischen Fachpresse der 1920er und 1930er Jahre, so in der »Artilleristischen Rundschau« und im »Militär-Wochenblatt«, nahm die Diskussion über die Nutzung großkalibriger Maschinenwaffen zur Panzer- und Flugzeugbekämpfung breiten Raum ein. Ihr Einsatz zur Panzerabwehr war umstritten. Dagegen schätzte man ihren Wert zur Abwehr tieffliegender Kampfflugzeuge außerordentlich hoch ein. Diese Verwendung bedingte allerdings Lafetten, deren Größe und Gewicht ihre Nutzung als Panzerabwehrwaffe der vordersten Linie ausschlossen. Vertreter der Infanterie, die ohnehin eine Überfrachtung mit Unterstützungswaffen beklagten, meldeten Bedenken an, die 2-cm-Vollautomaten mit einem Gewicht von bis zu 360 kg aus der vordersten Stellung gegen gepanzerte Ziele zur Wirkung bringen zu können. Das Bemühen, mit der Schaffung von Einheitswaffen

Die 2-cm-Flak 28 (Oerlikon) geht auf die 2-cm-Flugzeugkanone (Becker) aus dem Ersten Weltkrieg zurück und trat 1928 erstmals in der Reichswehr in Erscheinung. Sie wurde mit Dreibein- oder Sockellafette verwendet. Im Zweiten Weltkrieg wuchs ihr Bestand durch Übernahmen aus erbeuteten Beständen bis zum Oktober 1943 auf 881 Geschütze.

chende Waffenwirkung versprach dagegen eine 2-cm-Waffe. Erfahrungen dazu lagen vor. Ebenfalls zur Panzer- und Flugzeugbekämpfung waren zum Ende des Ersten Weltkrieges die 2-cm-Maschinenkanonen Becker und Erhardt (Rheinmetall) entwickelt worden. Unmittelbar nach der Vorführung auf dem Versuchsschießplatz Kummersdorf folgte eine Bestellung von fast 1000 Exemplaren in Maschinengewehr-Hilfslafette mit dem Dreifuß. 162 Stück kamen noch an die Front. Bei einem Geschossgewicht von 140 g ergab sich gegenüber den nur 52 g der 13-mm-Waffe für das Kaliber 2 cm eine wesentlich größere Geschosswirkung. Die Durchschlagleistung auf eine Entfernung von 300 m ist mit 13 mm Panzerstahl angegeben. 1918 verkaufte Becker das Patent seiner 2-cm-Kanone an die Schweizer Firma Oerlikon. Sie ist – zusammen mit der Erhardt-Kanone – Stammvater der 2-cm-Maschinenwaffen, die nach dem Ende des Ersten Weltkrieges entstanden sind.

Zu den Raritäten unter den leichten Geschützen der deutschen Flugzeugabwehr gehörte zweifelsohne das Maschinengewehr C/30 L in Sockellafette 30 L. Die Waffe war ursprünglich für den Einbau in Flugzeuge beschafft und erprobt worden, zeigte aber gegenüber dem 2-cm-MG FF (Oerlikon) erhebliche Nachteile. Deshalb beschloss man im Juni 1938, die 180 vorhandenen Flugzeug-Bordkanonen zu leichten Fla-Geschützen auf Sockellafette mit 100-Schuss-Trommelmagazin umzubauen.

Das 2-cm-Maschinengewehr C/30 in Feldlafette 34 mit 20-Schuss-Kastenmagazin war zunächst auf einem zweiachsigen Sonderanhänger fahrbar gemacht worden. Der Sockel mit Kreuzlafette und Blechplattform befriedigte nicht. Die Feuerhöhe war zu groß und zwang den Richtschützen beim Schießen in der obersten Winkelgruppe, eine unbequeme Hockstellung einzunehmen. 1933 nahm man erhebliche Veränderungen vor. 1934 wurde das Geschütz als 2-cm-Flugzeugabwehrkanone 30 eingeführt.

Die 2-cm-Flak 30 war auf einer absetzbaren Dreiecksbettung lafettiert und wurde auf dem Sonderanhänger 51 (einachsig) gefahren. In Fahrstellung wog sie 720 kg, wovon 180 kg auf den Anhänger und 63 kg auf die Waffe – einen vollautomatischen Rückstoßlader – entfielen.

In Feuerstellung wog die 2-cm-Flugzeugabwehrkanone 30 (ohne den 6 mm starken, 112 kg schweren Schutzschild) 463 kg. Die maximale Schussweite ist mit 4800 m, die maximale Schusshöhe mit 3700 m angegeben, die Zerlegergrenze mit 2200 m.

zur Panzer- und Flugzeugabwehr zu akzeptablen waffentechnischen, taktischen und organisatorischen Lösungen zu kommen, blieb ohne Erfolg. Trotzdem wurde das Thema weiter diskutiert.

Dass die Reichswehr unter Umgehung der von den Siegermächten des Ersten Weltkrieges auferlegten Rüstungsbeschränkungen an der Entwicklung von 2-cm-Maschinengewehren arbeitete, zeigt die Durchsicht diverser Rüstungsprogramme. Auch die Einfuhr entsprechender Waffen aus dem befreundeten oder neutralen Ausland war in Erwägung gezogen worden. So teilte das Reichswehr-Ministerium am 23. August 1928 mit, dass die Beschaffung des 2-cm-Maschinengewehr Oerlikon aus der Schweiz wegen mangelhafter Qualität der Munition nicht in Frage kommt. Ganz offensichtlich hat das Ministerium seine Auffassung zu dieser Frage später geändert, denn das Oerlikon-Geschütz ist unter der Bezeichnung »2-cm-Fliegerabwehrkanone 28« offiziell eingeführt worden. 1928 war die Entwicklung eines eigenen 2-cm-Maschinengewehrs bei der Firma Rheinmetall bereits in die Wege geleitet. Als Auftraggeber trat zunächst die Kriegsmarine in Erscheinung. Zur Einführung kam die Waffe als »2-cm-Fliegerabwehr-Maschinengewehr C/30«. Sie ist 1931 vom Heer erprobt worden. Dabei zeigte die Lafettierung erhebliche Mängel. Bis 1933 wurde das Geschütz in wesentlichen Teilen verbessert. Es stand ab 1934 als »2-cm-Fliegerabwehrkanone 30« auf dem einachsigen Sonderanhänger 51 zur Verfügung. Bedarfsträger war die im Aufbau befindliche Luftwaffe, die auch die Luftabwehr als ihre ureigenste Aufgabe verstand. In ihrem Rahmen wurde das 2-cm-Fliegerabwehr-Maschinengewehr 30, später die 2-cm-Fliegerabwehrkanone 30, in den leichten Flakbatterien (2 cm), den leichten Flakzügen (2 cm), den leichten Flakergänzungszügen (2 cm) und den leichten Flaktrupps (2 cm) der schweren Flakbatterien eingesetzt. Ihre Aufgabe war die Abwehr von Tiefangriffsflugzeugen in Höhen bis 2000 m.

Im Heer traf man die Waffe vorerst nur als 2-cm-Kampfwagen-Maschinengewehr 30 für den »Kleintraktor« und den

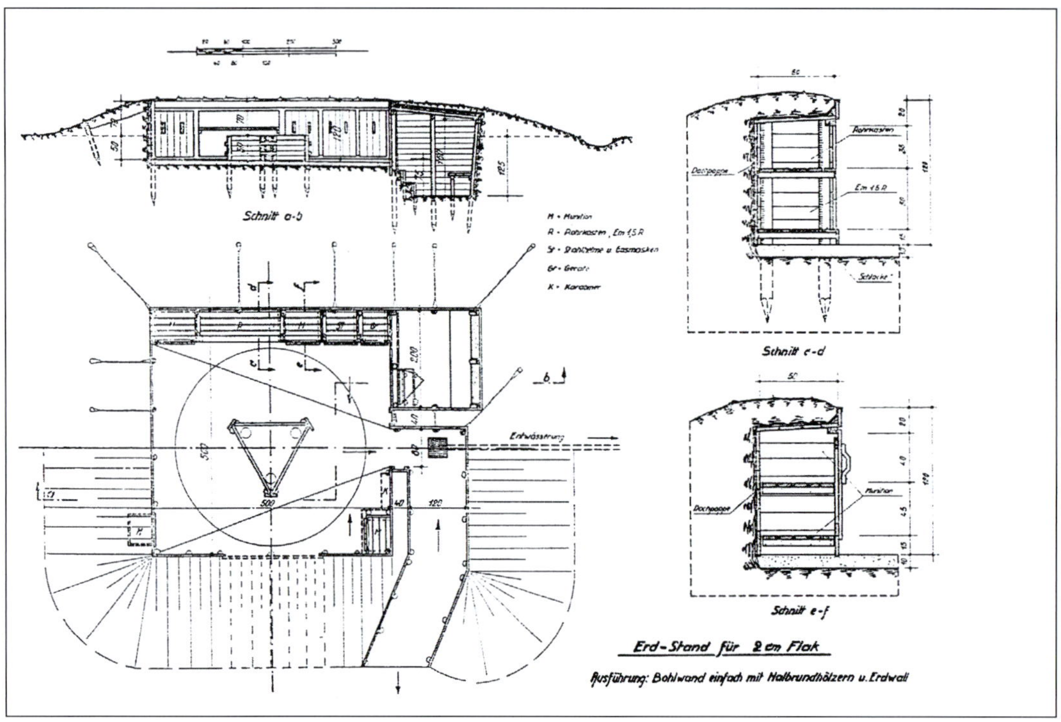

Die 2-cm-Flak 30 in Feuerstellung im Erdstand für 2-cm-Flak aus Bohlenwänden und mit Erdschutzwall. Derartige Stellungen erlangten im Kriegsverlauf im Rahmen der Reichsluftverteidigung größere Bedeutung. Anfangs verfügten die hier eingesetzten schweren Flak-Batterien mit sechs 8,8-cm-Geschützen über zwei 2-cm-Flak zur Tieffliegerabwehr.

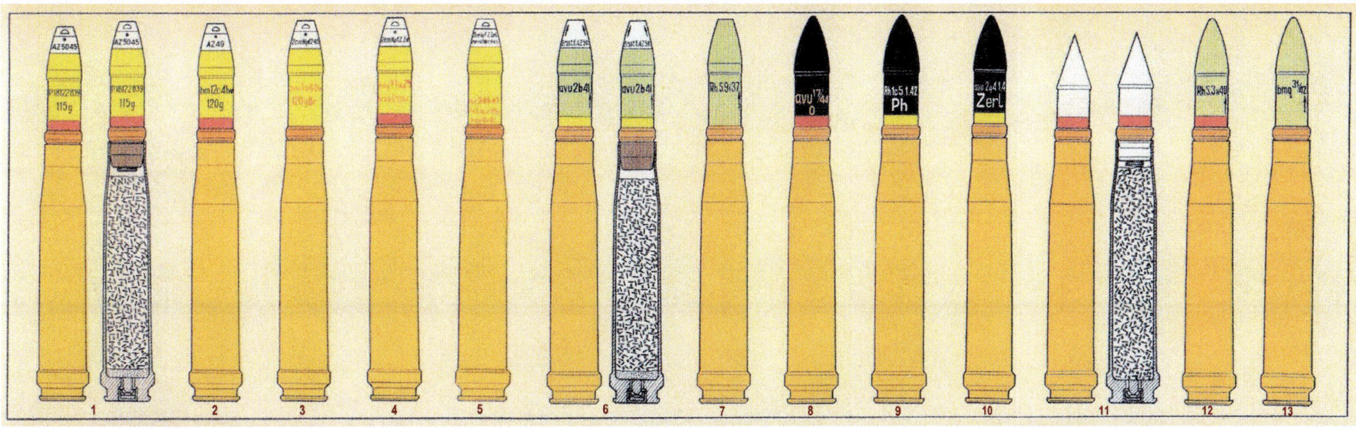

Für die 2-cm-Flak gab es eine umfangreiche Munitionspalette. Darunter befanden sich 2-cm-Sprenggranatpatronen mit Lichtspur und Zerleger, 2-cm-Brandsprenggranatpatronen mit Lichtspur und Zerleger, 2-cm-Brandsprenggranatpatronen ohne Lichtspur und mit Zerleger, 2-cm-Panzergranatpatronen mit Lichtspur mit und ohne Zerleger, 2-cm-Hartkern-Panzergranatpatronen sowie Patronen mit verschiedenen blind gefüllten Geschossen für die Ausbildung, außerdem Platzpatronen (mit Holzgeschossen). 1944 lag der durchschnittliche Munitionsverbrauch beim Kaliber 2 cm bei 8.567.700 Schuss.

LaS 100 an. Sie war bis auf die Teile, die dem Einbau und der Lafettierung dienten, mit der Marinewaffe und dem Fliegerabwehrgeschütz baugleich. Der Hauptunterschied zwischen der Panzerwaffe und der 2-cm-Fliegerabwehrkanone 30 bestand in der Rohrlänge. Das 2-cm-Kampfwagen-Maschinengewehr besaß ein um 300 mm kürzeres Rohr.

In der ersten Hälfte der 1930er Jahre kam man beim Heer zu der Erkenntnis, dass vor allem die motorisierten und gepanzerten Verbände, ebenso die Panzerabwehrtruppe, über eigene, unmittelbar auf dem Schlachtfeld zur Wirkung kommende Waffen zur Bekämpfung von Tiefangriffsflugzeugen verfügen mussten. Daher wurde mit dem Aufbau der ersten Heeresflakformationen begonnen. Bei Ausbruch des Zweiten Weltkrieges hatten die Divisionen der 1. Welle in ihren Panzerabwehrabteilungen

Ab 3. Februar 1940 wurden für die 2-cm-Flak 30 und die 2-cm-Kampfwagenkanone 30 an Stelle des 20-Schuss-Magazins 30 Magazine 38 ausgegeben. Für die Verwendung des Magazins 38 mussten an den Waffen allerdings vier Formänderungen vorgenommen werden. Am 1. Dezember 1942 hat man die 1. Munitionsausstattung für eine leichte Flak auf 1440 Schuss (960 Brandsprenggranatpatronen mit und ohne Lichtspur und 480 2-cm-Panzergranatpatronen mit Lichtspur und Zerleger) festgelegt.

2-cm-Flak 30 auf Sonderanhänger (einachsig) (Sd.Ah. 51) mit Schutzschild. Der 112 kg schwere Schild war im Frühjahr 1940 eingeführt worden. Er bot Bedienung und Geschütz im Erdkampf Schutz. Für den Einsatz zur Flugabwehr war er nicht vorgesehen, da die Richtgeschwindigkeit und die freie Sicht des Richtschützen nachteilig beeinflusst wurden.

eine 3. bzw. 4. (Fla-MG-) Kompanie, die mit 2-cm-Fliegerabwehrkanonen bewaffnet war. Während des Feldzuges in Polen im September 1939 kamen die ersten Heeres-Fla-Bataillone (mot.) mit 2-cm-Fliegerabwehrkanonen auf Selbstfahrlafette zum Einsatz. Diese Truppen erreichten bis zum Mai 1940 die Stärke von sechs Bataillonen. Damit verbunden war die Bereitstellung von Fliegerabwehrgeschützen für das Heer. Es war schon mit erheblichen Problemen verbunden, den wachsenden Bedarf der im raschen Ausbau befindlichen Flakartillerie der Luftwaffe zu befriedigen. Die vom Heer vorgebrachten Wünsche – wie auch die der SS-Verfügungstruppe – stießen deshalb unmittelbar vor Ausbruch des Zweiten Weltkrieges auf wenig Verständnis. Dabei war die Beschaffung der 2-cm-Fliegerabwehrkanone 30 bis Ende 1935 bereits ausgeweitet worden. An Stelle von 1200 Geschützen wurde bis zum 1. April 1937 die Auslieferung von 1500 Waffen dieses Kalibers in Aussicht gestellt. Bis zum 24. Mai 1938 stieg die Zahl der in Auftrag gegebenen Geschütze auf 7900, wovon bis zum 1. April des Jahres aber nur 2629 Stück ausgeliefert werden konnten. Erst bei einer Steigerung der monatlichen Fertigung von 250 Stück auf 600 (ab Januar 1939) konnte mit einer schnelleren Bedarfsdeckung gerechnet werden. Der Preis für eine 2-cm-Fliegerabwehrkanone 30 lag 1938 bei 8134,50 Reichsmark.

Die Erprobung der 2-cm-Fliegerabwehrkanone »im scharfen Schuss« erfolgte 1936-1939 während des Bürgerkrieges in Spanien. Bereits 1936 waren Geschütze dieses Typs mit einem Ausbildungskommando und im leichten Flaktrupp (2 cm) einer Flakbatterie unter Oberleutnant Aldinger nach Spanien gekommen. 1938 verfügte die »Legion Condor« über fünf schwere Flakbatterien (8,8 cm) und zwei leichte Flakbatterien (2 cm). Die 2-cm-Fliegerabwehrkanone 30 bewährte sich bei der Abwehr von Tiefangriffsflugzeugen ebenso wie bei der Bekämpfung von Bodenzielen. In den Berichten wurde die Spreng- und Splitterwirkung der mit einer hohen Kadenz verschossenen Sprenggranaten hervorgehoben, die eine große materielle sowie eine nachhaltige moralische Wirkung zur Folge hatte. Begrenzt blieb die Wirkung auf gepanzerte Ziele, wie sie in der Dienstvorschrift D 87 »Richtlinien für die Panzerabwehr aller Waffen« vom 2. Mai 1936 auch für die 2-cm-Fliegerabwehrkanonen gefordert war. Auf 500 m Entfernung konnte mit der 2-cm-Panzergranate

Voraussetzung für den erfolgreichen Einsatz der Flugzeugabwehr war ihre hohe Beweglichkeit. Als Zugmittel in den Flak-Batterien (2 cm) zu zwölf Geschützen fand in der Luftwaffe üblicherweise der leichte Flakkraftwagen (Kfz. 81) Verwendung. Die Batterien gliederten sich in vier Züge zu je drei 2-cm-Flak 30 oder 38.

Schwerer Einheits-PKW Auto Union / Horch Typ 1 a oder 1 b mit aufgesetzter 2-cm-Flak 30. Diese Selbstfahrlafette gehörte im Frühjahr 1941 zum Luftverteidigungskommando 10, das im April des Jahres in Rumänien im Einsatz gestanden hat.

Leichter Flakkraftwagen (Kfz. 81) als Selbstfahrlafette mit aufgesetzter 2-cm-Flak 30. Aufnahme von der Ostfront vom Sommer 1941.

2-cm-Flugzeugabwehrkanone 30 auf schwerem Einheits-PKW. Die Selbstfahrlafette ist eine bei der Truppe hergerichtete Behelfslösung. Aufnahme von der Ostfront aus dem Jahr 1942.

L'Spur m. Zerl. eine 14 mm starke Platte aus Panzerstahl durchschlagen werden.

Die 8. Abteilung im Generalstab des Heeres wertete die spanischen Erfahrungen dahingehend aus, dass kleinkalibrige, vollautomatische Geschütze zur Panzerabwehr nur bedingt auf Entfernungen unter 500 m brauchbar sind, Massenangriffe von Panzerwagen aber – wollte man sie mit Erfolg abwehren – bereits auf größere Entfernung ein wirksames Feuer der Panzerabwehrwaffen notwendig machten.

Positiv bewertete die Truppe die hohe Beweglichkeit des auf dem Sonderanhänger 51 hinter dem leichten Flakkraftwagen (Kfz. 81) gefahrenen Geschützes. Zu hoch war das Gewicht in Feuerstellung. Weiterhin wurde ein Schutzschild gefordert.

Bis zum 1. November 1937 sind 112 Stücke der 2-cm-Fliegerabwehrkanone nach Spanien geliefert worden. Hinzu gezählt werden müssen elf Fliegerabwehr-Maschinengewehre C/30 für die Marine der Nationalspanier.

Die Weiterentwicklung der 2-cm-Fliegerabwehrkanonen 30 ist schon Anfang der 1930er Jahre angeregt worden. Schwerpunkte der neuen militärischen Forderungen waren die Verminderung des Gewichtes in Feuerstellung, die Erhöhung der Anfangsgeschwindigkeit der Geschosse von 900 auf bis zu 1500 m/s und die Verdopplung der Feuergeschwindigkeit. Es ging vor allem darum, innerhalb kürzester Zeit ein Maximum an Geschoss- bzw. Sprengstoffmasse ins Ziel zu bringen. Da die Firma Rheinmetall mit anderen Waffenentwicklungen ausgelastet war, erhielten die Mauserwerke in Oberndorf 1934 einen entsprechenden Entwicklungsauftrag. Die Arbeiten an der Waffe wurden 1938 abgeschlossen. Das Gewicht der Waffe in Feuerstellung – ursprünglich 463 kg – betrug nun nur noch 412 kg. Die theoretische Feuergeschwindigkeit stieg von 280 Schuss/min (=32,2 kg Geschossmasse) auf 450 Schuss/min (=51,75 kg Geschossmasse). Beibehalten werden musste für den Rückstoßlader mit Zentralverriegelung die Munition, die wie bei der 2-cm-Fliegerabwehrkanone 30 aus 20-Schuss-Ansteckmagazinen zugeführt wurde. Eine Erhöhung der Angangsgeschwindigkeit ließ sich damit allerdings nicht erreichen.

Das Geschütz wurde gemäß einer Verordnung des Reichsministeriums der Luftfahrt, des Oberbefehlshabers der Luftwaffe und des Inspekteurs der Flakartillerie vom 5. Januar 1939 unter der Bezeichnung »2-cm-Fliegerabwehrkanone 38« eingeführt. Die ersten Vorschriften erschienen im Februar 1940. Vorteile waren die höhere Feuergeschwindigkeit, das schnellere Richten nach Seite und Höhe sowie ein verbessertes Visier (Flakvisier 38, Schwebedornvisier), das allerdings schwerer zu bedienen war. Bei der Truppe trat es teilweise an die Stelle der 2-cm-Fliegerabwehrkanone 30. 1940/41 sind 1223 2-cm-Fliegerabwehrkanonen 38 zur Auslieferung gekommen, 1943/44 waren es 5912 Stück. 1944 gelangten monatlich bis zu 170 Geschütze zur Truppe. Der Stückpreis ist mit 6500 RM angegeben. 1943 schloss die Firma Mauser mit Italien und 1944 mit Rumänien Lizenzverträge zur Fertigung der 2-cm-Fliegerabwehrkanone 38 ab. Zum Ende des Krieges wurden einige Geschütze zum Versand per U-Boot nach Japan ausgeliefert.

Als Abart der 2-cm-Fliegerabwehrkanone 38 kam Ende 1940 die Vierlings-Fliegerabwehrkanone 38 heraus. Sie war von der Firma Mauser ursprünglich zur Bestückung von Schiffen der Kriegsmarine entwickelt worden. Vier 2-cm-Geschütze wurden vertikal schwenkbar in einer Oberlafette zusammengefasst und konnten auf einer Dreiecksbettung horizontal gerichtet werden. Das in Feuerstellung 1514 kg schwere Geschütz ließ sich mit Hilfe des einachsigen Sonderanhängers 52 (Gewicht in Fahrstellung 2212 kg) fahren. Als Visiere standen das Flakvisier 40, das Linealvisier 21, das Schwebekreisvisier 30/38 und das Erdzielfernrohr 3x8 zur Verfügung. Wichtigstes Merkmal des Vierlingsgeschützes war die sehr hohe Feuerkraft, die theoretisch bei 1800 Schuss/min (=207 kg Geschossmasse) lag und praktisch bei 800 Schuss/min immerhin 103,5 kg Geschossmasse ins Ziel brachte. Das Schießen mit vier Waffen blieb im Einsatz allerdings die Ausnahme.

2-cm-Flak 30 auf leichtem Zugkraftwagen 1 t Demag D 6 (Sd.Kfz. 10/4) mit Sonderanhänger, einachsig (Sd.Ah. 51). Sie gehörten zur Ausstattung leichter Flakbatterien der Luftwaffe und der Fla-Kompanien des Heeres (zu je zwölf Geschützen). Ihre Aufgabe war – auf die Marschkolonnen verteilt – die Abwehr von Tieffliegerangriffen.

2-cm-Flak 30 auf leichtem Zugkraftwagen 1 t Demag D 7 (Sd.Kfz. 10/4). Am 8. Oktober 1940 war die 1. Munitionsausstattung einer 2-cm-Flak 30 (Sfl) auf 1800 Schuss festgesetzt. Davon befanden sich 240 in zwölf 20-Schuss-Magazinen in Behältern am Fahrzeug, 640 in 32 20-Schuss-Magazinen in Magazinkästen im einachsigen Sonderanhänger (Sd.Ah. 51), 20 in einem Magazin in einem Behälter auf der linken Seite des Munitions- und Zubehörkastens auf dem Anhänger und 900 beim Gefechtstross.

Die 2-cm-Flak 38 kam 1939, noch vor Ausbruch des Zweiten Weltkrieges, zur Truppe. Munition und Ballistik blieben gegenüber dem Vorgängermodell unverändert. Sie zeichnete sich durch eine höhere Feuergeschwindigkeit und das fertigungstechnisch bedingt geringere Gewicht aus. Die 2-cm-Flak 38 blieb bis zum Kriegsende 1945 das Standardgeschütz der leichten Flugabwehr in den drei Wehrmachtsteilen, der Waffen-SS und beim RAD.

Das Heer erhielt im Mai 1940 die ersten 15 Vierlings-Fliegerabwehrkanonen 38. Weitere 27 kamen bis zum Jahresende hinzu, 1941 waren es 320, 1942 599 und ab 1943 bis zum Kriegsende noch einmal 1179 Stück. Beim Heer wurden die Geschütze u.a. in den Flakzügen der Stabskompanien von Panzerregimentern verwendet. Heeres-Flak-Artillerieabteilungen führten in der 3. Batterie (3,7 cm) häufig einen Zug mit zwei Vierlingsgeschützen.

2-cm-Flak 38 auf der Unterlafette des Flakscheinwerfers 60 cm. Behelfslösung aus der Zeit Anfang 1945. Zur Aufnahme des Geschützes mussten auf der Lafette Distanzstücke aus Holz aufgeschraubt werden.

2-cm-Flak 38 auf Sonderanhänger, einachsig (Sd.Ah. 51) hinter einem Zugkraftwagen 1 t Demag D 7 (Sd.Kfz. 10/5). Das Geschütz wog in Fahrstellung 750 kg, in Feuerstellung 420 kg.

Die Luftwaffe, die im Dezember 1940 eine vorläufige Beschreibung der Lafetten (D. (Luft) T.1001) herausgab, verwendete die 2-cm-Vierlings-Fliegerabwehrkanone 38 in erheblich größeren Stückzahlen. Ende August 1944 ist der Bestand mit 3605 Geschützen ausgewiesen. Eingesetzt wurden sie u.a. in den Flakabteilungen der Flakregimenter und -divisionen sowie der Fallschirmjäger- und Luftwaffenfelddivisionen. Üblich war es, drei Vierlingsgeschütze in einem Zug zusammenzufassen und diesen einer Flakbatterie (2 cm) oder (3,7 cm) anzugliedern. Jeder Flakvierling kostete etwa 20.000 Reichsmark.

Der Bedarf der Fallschirmjägerverbände der Luftwaffe und der Gebirgsverbände des Heeres konnte mit den bereits eingeführten 2-cm-Fliegerabwehrkanonen 30 und 38 nicht zufriedenstellend abgesichert werden. Sie benötigten für die Abwehr von Tiefangriffsflugzeugen Geschütze auf zerlegbaren Speziallafetten mit einem noch geringeren Gewicht. Mit der Entwicklung einer

2-cm-Flugzeugabwehrkanone 38 in ortsfester Aufstellung im Bestand einer Turm-Flakabteilung der Luftwaffe. Sie ist mit dem vollautomatisch, elektrisch arbeitenden Flakvisier 38 ausgestattet. Es dient zum direkten Richten gegen Luftziele sowie gegen feste und bewegliche Erd- und Seeziele.

solchen Waffe beauftragte das Heereswaffenamt die Firma Gustloff, deren 2-cm-Gasdrucklader (Gerät 239) allerdings nicht zuverlässig funktionierte. Die Versuchsserie von 25 Waffen musste verschrottet werden. Interessant ist in diesem Zusammenhang die Notiz über eine Besprechung beim Generalluftzeugmeister am 3. März 1941. Danach war die geplante Lieferung von 70 2-cm-Fliegerabwehrkanonen auf Dreibeinräderlafette nach Griechenland gestoppt worden. Nun sollten die Geschütze, von denen bereits

2-cm-Flak 38 auf mittlerem, geländegängigem Lastkraftwagen Opel-Blitz Typ 3,6-6700A. Die Selbstfahrlafette gehörte zur II. Abteilung / Flak-Regiment »General Göring« und wurde im Sommer 1941 im Bestand der Panzergruppe Kleist (K) an der Ostfront eingesetzt.

Die 2-cm-Flak 38 auf Zugkraftwagen 1 t Demag D 7 (Sd.Kfz. 10/5) trat an die Stelle der Selbstfahrlafette mit 2-cm-Flak 30 (Sd.Kfz. 10/4). Beide erhielten im Kriegsverlauf einen leichten, teils behelfsmäßigen Panzerschutz.

14 fertig waren, zur Ausstattung der Fallschirmjägereinheiten verwendet werden. Die Firma Rheinmetall erhielt einen neuen Auftrag, die Auslieferung sollte im Herbst 1941 erfolgen. Das unterstreicht, wie dringend die 2-cm-Gebirgs-Fliegerabwehrkanone benötigt wurde. Man montierte nun die normale 2-cm-Fliegerabwehrkanone 38 in die Speziallafette und lieferte das neue Geschütz ab 1942 unter der Bezeichnung »2-cm-Gebirgs-Fliegerabwehrkanonen 38« aus. Beschreibung und Bedienungsanweisung (D. (Luft) T.1040/1 und 1040/2) erschienen bereits im Mai 1942. Das Geschütz konnte auf

2-cm-Flak 38 auf gepanzertem leichten Zugkraftwagen U-304 (f) – frz. Unic P 107 –. Die im Sommer 1943 aufgestellte Schnelle Brigade West erhielt 72 Fahrzeuge dieses Typs.

Vom Flakpanzer 38 (t) mit 2-cm-Flak 38 lieferte die Böhmisch-Mährische Maschinenfabrik AG / Prag zwischen November 1943 und Februar 1944 141 Stück. Sie wurden zur Ausstattung von Panzer-Fla-Zügen (2-cm-Flak 38) in den Stabskompanien von Panzerverbänden (Kriegsstärkenachweisung Nr. 1195 vom 1. Februar 1944) genutzt. Vier Wochen später gab man die 1. Munitionsausstattung für den Flakpanzer bekannt. Von den insgesamt 1440 Schuss (960 Brandsprenggranatpatronen mit und ohne Lichtspur und 480 2-cm-Panzergranatpatronen mit Lichtspur und Zerleger) befanden sich 1040 am Geschütz und auf Gefechtsfahrzeugen und 400 beim Gefechtstross.

Von der 2-cm-Flak 38 auf mittlerem Schützenpanzerwagen Hlkl 6p (Sd.Kfz. 251/17) gab es verschiedene Ausführungen. Für die Luftwaffe war der Waffenträger mit modifiziertem Panzeraufbau gefertigt worden, für das Heer mit einer ungepanzerten Plattform für Geschütz und Bedienung. Die Abbildung zeigt die Geräteanordnung dieser Ausführung (2-cm-Flak 38 (Sfl.).

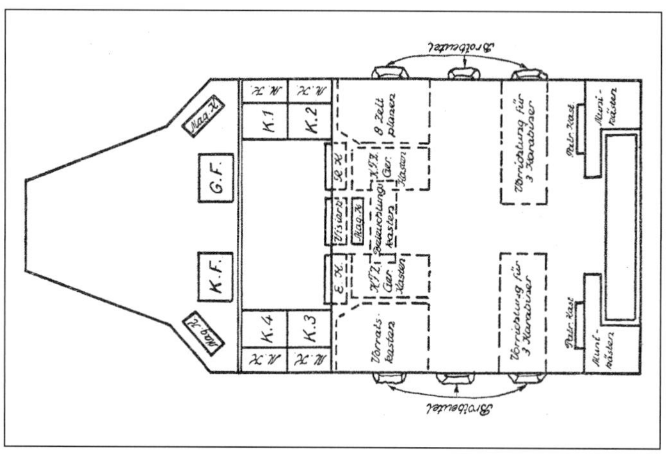

2-cm-Flak 38 auf Panzerkampfwagen I, Ausführung A. 1941 wurden 24 Selbstfahrlafetten dieser Bauart hergestellt und zur Ausstattung des am 5. Mai 1941 aufgestellten Fla-Bataillons (mot) 614 verwendet. Jede der drei Kompanien dieses Verbandes verfügte über acht der auch als Flakpanzer bezeichneten Fahrzeuge (1. und 2. Zug). Dazu kamen acht Munitionsschlepper. Der 3. Zug erhielt zwei 2-cm-Flak-Vierlingsgeschütze 38.

Die Entwicklung des 2-cm-Flak-Vierling 38 ist eng mit den Bemühungen der Kriegsmarine verbunden, eine solche Waffe zur Bestückung ihrer Schiffe zu beschaffen. In einer Minute konnten aus den vier Rohren 800 Schuss gegen Tiefangriffs- und Sturzkampfflugzeuge abgegeben werden. Das Heer übernahm im Mai 1940 die ersten Geschütze. Gemischte Flakabteilungen der Luftwaffe verfügten, ebenso wie leichte Flakabteilungen (mot), in ihren beiden leichten Batterien (2 cm) über je einen Zug mit drei 2-cm-Flak-Vierling 38.

Der 2-cm-Flak-Vierling 38 wog in Feuerstellung 1509 kg, in Fahrstellung auf dem Sonderanhänger, einachsig (Sd.Ah. 52) 2220 kg. Als Zugmittel diente in der Regel der mittlere Flakkraftwagen (LKW 3 t (A-Typ)).

2-cm-Flak-Vierlinge 38 gehörten auch zum Bestand der Turm-Flakabteilungen der Luftwaffe. Üblicherweise waren die Gefechtstürme dieser Verbände mit acht Geschützen dieses Typs bestückt. Von den 3605 2-cm-Flak-Vierlingen 38, die im August 1944 vorhanden waren, befanden sich 1485 in ortsfester Aufstellung.

1944 verfügten die Panzerzüge des Heeres in der Regel über zwei 2-cm-Flak-Vierlinge 38. Beim Standardtyp, dem BP-42, waren die Geschützwagen (10,5-cm-leichte Feldhaubitze 18/40) mit je einer Flak-Plattform ausgestattet, die das Vierlingsgeschütz oder eine 3,7-cm-Flugzeugbwehrkanone aufnehmen konnte.

leichte und schwere Tragtiere sowie Kamele verlastet werden, auch der Transport durch die Bedienungsmannschaft war möglich. Eingesetzt wurde die 2-cm-Gebirgs-Fliegerabwehrkanone 38 in den 3. (Fla-) Kompanien der Panzerjägerabteilungen von Gebirgsdivisionen. Vereinzelt wurden sie auch in anderen Divisionen verwendet.

Für den Fallschirmabwurf (»Fünfling«) konnte das Geschütz in das Aufhängegerät (PVC) der dreimotorigen Transportmaschine Junkers Ju-52 eingehängt werden. Der Schutzschild wurde extra verpackt.

Bei der Kriegsmarine waren 2-cm-Flugzeugabwehrkanonen C/38 in Vierlingslafette C/38 Teil der Artilleriebewaffnung nahezu aller Kampfschiffe, vieler Hilfsschiffe und auch der Marinefährpräme. Beim Heer wurden Siebel-Fähren mit diesen Geschützen armiert.

Für die 2-cm-Flak-Vierlingszüge in den Batterien der leichten Flakabteilungen (mot) wurden die Geschütze auf schwere Lastkraftwagen 4,5 t (4 x 4) Mercedes Benz L 4500 A (teilgepanzert) lafettiert. 1945 machten die zunehmenden Tief- und Jabo-Angriffe auf marschierende Kolonnen das Aufsetzen leichter und mittlerer Fla-Geschütze auf Behelfs-Selbstfahrlafetten notwendig. Für den 2-cm-Flak-Vierling 38 wurde dafür ein schwerer LKW mit einer Ladefläche von etwa 5000 x 2000 mm und einer Tragfähigkeit von mindestens vier Tonnen benötigt.

2-cm-Flak-Vierling 38 auf mittlerem Zugkraftwagen 8 t Krauss-Maffei KMm 11 (Sd.Kfz. 7/1).
Bis Oktober 1944 wurden 319 Selbstfahrlafetten dieser Bauart ausgeliefert, zuletzt mit gepanzertem Fahrerhaus. Munition, Ersatzteile und Werkzeug wurden auf dem Sonderanhänger, einachsig (Sd.Ah. 52) oder (Sd.Ah. 57) mitgeführt. Sie fanden zu je drei Stück in den Fliegerabwehrzügen der Stabskompanien von Panzerverbänden (u.a. Kriegsstärkenachweisung Nr. 1157a vom 1. November 1943) Verwendung.

Vom Flakpanzer IV »Wirbelwind« mit 2-cm-Flak-Vierling 38 sind zwischen Juli und November 1944 rund 100 Stück ausgeliefert worden. Die Richtgeschwindigkeit des Geschützes konnte dank eines hydraulischen Turmschwenkwerks von 28° auf 60° in der Sekunde gesteigert werden. Eingesetzt wurden die Panzer in den Panzer-Fla-Zügen der Stabskompanien von Panzerverbänden. Nach der Kriegsstärkenachweisung Nr. 1169a standen ihnen acht Fahrzeuge zu.

Der Mangel an motorisierten Zugmitteln erzwang im Kriegsverlauf die Aufstellung bespannter 2-cm-Vierlingsflakzüge. Die Geschütze wurden vierspännig hinter der Protze der 10,5-cm-leichten Feldhaubitze 18 auf Sonderanhänger, einachsig (Sd.Ah. 52) gefahren.

Die 2-cm-Fliegerabwehrkanone 40, eine Weiterentwicklung des Modells 38, ist nicht mehr fertig geworden. Bei einem Waffengewicht von 45 kg konnte der Gasdrucklader mit wahlweiser Gurtzuführung von rechts oder links 530 Schuss/min (60,95 kg Geschossmasse) abgeben. Eine weitere Steigerung der Feuergeschwindigkeit wurde von dem Gerät 240 erwartet, dessen Entwicklung Sache der Luftwaffe (GL Flak 2) war. Der Gasdrucklader sollte eine Feuergeschwindigkeit von 900 Schuss/min (=103,5 kg Geschossmasse) erreichen. Auch dieses Projekt kam nicht zum Abschluss.

Eine weitere, allerdings nicht zur Bekämpfung von Luftzielen geeignete Abart der 2-cm-Fliegerabwehrkanone 38 verdient im Rahmen dieser Darstellung Aufmerksamkeit: die 2-cm-Fliegerabwehrkanone in Erdkampflafette. Für die Entwicklung dieser Waffe gab es zwei gute Gründe:

1. Mit der in den 1930er Jahren erfolgten Festlegung auf ein Einheits-Maschinengewehr im Kaliber 7,92 mm (Ma-

Die 2-cm-Gebirgs-Flak 38 wurde am 10. Juni 1943 offiziell eingeführt. Sie war für den Gebirgs- und Luftlandeeinsatz entwickelt worden. Das Geschütz wog 315 kg und konnte, zerlegt in vier bis neun Traglasten, auf Tragtieren, im Mannschaftstransport oder mit zwei Ansteckrädern von Mannschaften oder Tieren gezogen werden.

schinengewehr 34 auf Maschinengewehrlafette 34) fehlten der Infanterie des Heeres die in anderen Armeen gebräuchlichen großkalibrigen Maschinengewehre vom Kaliber 12,7 mm bis 20 mm.

2. Der häufig praktizierte Einsatz von 2-cm-Fliegerabwehrkanonen im Erdkampf und die damit verbundene große materielle und moralische Wirkung auf den Gegner verstärkten den Wunsch der Infanterie nach einem großkalibrigen Maschinengewehr.

Diese Gründe waren ausreichend, um im April / Mai 1943 eine 2-cm-Fliegerabwehrkanonen in Erdkampflafette in Auftrag zu geben, von der nach der Erprobung durch das Heereswaffenamt /Prw 2 als Versuchsserie 150 Stück gefordert, aber nur 100 Stück ausgeliefert worden sind. Der Truppenversuch zeigte, dass die Waffen für den Einsatz bei der Infanterie zu sperrig und zu schwer waren. In der Rüstungskonferenz am 15. Mai 1944 ist

In der L.Dv.T.g.5207 »Verladen von Waffen und Gerät der Fallschirmtruppe« vom April 1942 ist die Verlastung der 2-cm-Flak 38 mit Hilfe des Aufhängegeräts PVC der Junkers Ju-52 beschrieben. Für den Anwurf wurde ein Fallschirm, ein sogenannter »Fünfling« benötigt. Das Bild zeigt das Geschütz in Fahrstellung.

deshalb festgelegt worden, dass sie »... nicht mehr von kriegsentscheidender Bedeutung ...« seien und die Fertigung nach der Auslieferung der Versuchsserie eingestellt wird. Ein großer Teil der auch als »2-cm-Erdkampfgeräte 44« bezeichneten Geschütze kam in überschweren Maschinengewehrkompanien zum Einsatz, die nach der Kriegsstärkenachweisung Nr. 165 n vom 1. November 1944 über eine Sollausstattung von zwölf Waffen dieses Typs verfügen sollten.

Die Luftwaffe zeigte bereits 1943 kein Interesse mehr an 2-cm-Flugzeugabwehrgeschützen. Ihre Bedeutung für die Flugzeugabwehr des Heeres blieb aber erhalten. Darüber hinaus schätzte man ihre Feuerkraft im Erdkampf, weshalb eine 2-cm-Erdkampflafette 44 entwickelt worden ist. Sie konnte im Mannschaftszug auf Rädern (wie 8,8-cm-Raketenwerfer 43 »Puppchen«) oder auf Schlittenkufen bewegt werden. Eine Gebrauchsanleitung (D 1869/3) erschien im Juli 1944, eine Kriegsstärkenachweisung im November des Jahres. Trotzdem hat man die Fertigung nach Auslieferung von 100 Stück eingestellt.

Fehlten sie, traten an ihre Stelle – wie bei den überschweren Festungs-Maschinengewehrkompanien – auch 2-cm-Fliegerabwehrkanonen 30 oder 38.

4.2. Die Munition der 2-cm-Fliegerabwehrkanonen 30 und 38

Wichtigste Munitionsart der 2-cm-Fliegerabwehrkanonen 30 und 38 zur Luftzielbekämpfung war die 1937 offiziell eingeführte 2-cm-Sprenggranatpatrone L'Spur mit dem Kopfzünder AZ 5045 (V_0 900 m/s). Sie und ihre Abarten, zu denen auch verschiedene Brandsprenggranatpatronen gehörten, dienten zur Abwehr von Tiefangriffsflugzeugen in Höhen bis 2000 m (Selbstzerleger über die Leuchtspur nach 5 Sekunden auf 2200 m). Außerdem wurde diese Munition im Erdkampf gegen ungepanzerte Ziele eingesetzt.

Wichtigste Munitionsarten zur Bekämpfung gepanzerter Ziele war die 2-cm-Panzergranatpatrone L'Spur (V_0 780 m/s). Das panzerbrechende Sprengbrand-Geschoss besaß ebenfalls eine Zerlegeeinrichtung. Auf 100 m Entfernung konnten 20 mm starke, auf 500 m 14 mm starke Panzerplatten durchschlagen werden. Diese Munitionsart ist auch ohne Zerlegeeinrichtung geliefert worden. Am 25. Dezember 1938 standen 280.000 Schuss 2-cm-Panzergranatpatrone L'Spur zur Verfügung. Das war zu wenig. Um den dringendsten Bedarf des Heeres an dieser Munition abdecken zu können, musste 1939 die Fertigung für die Luftwaffe zurückgestellt werden.

Für die Ausbildung gab es weitere Munitionsarten. Dazu gehörte die 2-cm-Sprenggranatpatrone Üb mit Zündererersatzstück, die 2-cm-Exerzierpatrone und die 2-cm-Platzpatrone.

Am 28. Oktober 1940 kam die 2-cm-Panzergranatpatrone 40 zur Einführung. Sie besaß ein Hartkerngeschoss mit Leichtmetallmantel und Stahlboden. Das Leichtmetall verbrannte beim Aufschlag mit einem deutlich sichtbaren Lichtblitz. Auf 100 m Entfernung boten 40 mm starke Panzerplatten keinen Schutz vor dem Beschuss mit dieser Munition, auf 500 m waren es noch 20 mm. Der Verschuss aus der 2-cm-Fliegerabwehrkanone 30 mit Flakvisier 35 war ohne Waffenänderung im Einzel- und im Dauerfeuer möglich. Ein Angehöriger der leichten Flakabteilung 841 – 1942 im Einsatz in Nordafrika – berichtete von einem Truppenversuch mit der 2-cm-Hartkernmunition, bei dem alle wichtigen englischen Panzerkampfwagen mit Erfolg beschossen worden sind. Auf Dauer konnte die Durchschlagleistung der 2-cm-Panzergranatpatrone 40 aber nicht mit der Entwicklung im Panzerbau mithalten, weshalb für diesen Zweck weitere Spezialmunition entwickelt wurde. Dazu gehört die 2-cm-Stielgranate (V_0 110 m/s), die 140 mm Panzerstahl zu durchschlagen vermochte. Außerdem gab es, ähnlich der Gewehrpanzergranate, eine drallstabilisierte Schießbecher-Hohlladungsgranate (Kaliber 66 mm), die von Rheinmetall kam. Bei diesem Geschoss ist die Durchschlagleistung von nur 90 mm Panzerstahl bemängelt worden. In einem Bericht vom 30. Juli 1942 heißt es, dass drallstabilisierte Granaten auch auf größere Kampfentfernung eine gute Schusspräzision zeigten. Natürlich handelt es sich bei dieser Munition in Verbindung mit den 2-cm-Fliegerabwehrkanonen 30 und 38 immer um Kampfmittel für besondere Gelegenheiten.

4.3. Wirksamkeit und Grenzen

In einer Bestandsaufnahme vom 25. Dezember 1939 wurden für die 2-cm-Fliegerabwehrkanonen 2.128.000 Sprenggranatpatronen L'Spur und 280.000 Panzergranatpatronen L'Spur erfasst. Das ergab für jedes Geschütz einen Munitionsvorrat von etwa 560 Schuss. Gemessen an der vor dem Krieg vertretenen Auffassung, dass ein 2-cm-Tref-

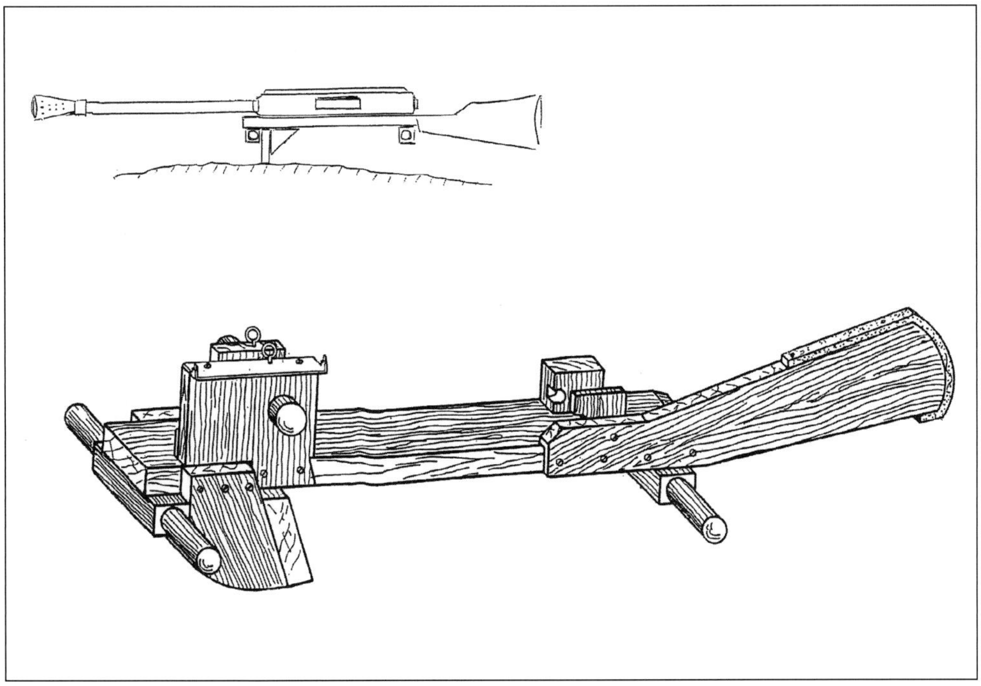

Behelfslafette für die Waffe der 2-cm-Flak 38 im Erdkampf. Sie entstand in der Zuständigkeit des Generals der Flakwaffe beim Reichsminister der Luftfahrt und Oberbefehlshaber der Luftwaffe. Die Bauanleitung übernahm das Heer. Die Lafette wurde aus Kiefern- oder Fichtenholz sowie Buchen- oder Eschenholz gefertigt. Im Frühjahr 1945 fanden sie u.a. bei der Verteidigung des Schiffshebewerkes Magdeburg-Rothensee Verwendung.

fer ein kleines Flugzeug zerstören könne und dass zwei bis drei Treffer für den Abschuss eines zweimotorigen Bombers ausreichend wären, war das ein durchaus respektabler Munitionsbestand. Unter Kriegsbedingungen mussten allerdings andere Bewertungskriterien als Maßstab angelegt werden. Eine im Frühjahr 1941 durchgeführte Auswertung zeigte, dass von der Flakartillerie der Luftwaffe zwischen dem 1. September 1939 und dem 30. April 1941 1633 Flugzeuge abgeschossen worden sind. Dafür wurden 4.580.501 Schuss der schweren Flak und 8.745.151 Schuss der leichten Flak benötigt. Pro Flugzeug waren das 2805 bzw. 5354 Schuss. Im April 1941 lag das Verhältnis noch ungünstiger. Für einen Flugzeugabschuss wurden durchschnittlich 4553 bzw. 8546 Granatpatronen verbraucht.

Daraus lässt sich eine Tendenz ableiten, für die es viele Ursachen gab. In Bezug auf die Flugzeuge muss daran erinnert werden, dass deren Angriffsgeschwindigkeit bei Tiefangriffen in den 1930er Jahren eine erhebliche Steigerung erfahren hatte. Das erschwerte naturgemäß die Flugzeugbekämpfung. Die Widerstandsfähigkeit der Flugzeugzellen war höher, wichtige Teile und Baugruppen wurden gepanzert, so dass ein bis drei Treffer des Kalibers 2 cm gar nicht mehr für einen Abschuss ausreichten. Außerdem entwickelten Kampfflugzeuge mittels ihrer Bordwaffen – im Krieg kamen noch Raketen hinzu – eine große Feuerkraft. Sie gestatteten den Kampffliegern, die Stellungen der 2-cm-Fliegerabwehrkanonen schon auf größere Entfernungen wirksam unter Beschuss zu nehmen. Es war die Verbindung aus Geschwindigkeit und Schutz- und Waffenwirkung, die den leichten Flugabwehrwaffen im Kriegsverlauf zunehmend die Wirksamkeit nahm.

Anfang der 1930er Jahre hatte man in Deutschland dem Kaliber 2 cm den Vorzug gegeben, weil diese Geschütze innerhalb kurzer Zeit für den Aufbau der Flakartillerie zur Verfügung gestellt werden konnten. Das war ein Fehler. Über die Bemühungen, die zur Luftzielbekämpfung erforderliche Geschossmenge unter Beibehaltung des kleinen Kalibers in die Luft zu bringen, ist bereits berichtet worden. Sie endeten mit der 2-cm-Flugzugabwehrkanone 38. Ganz zwangsläufig musste man die Anzahl von Flugzeugabwehrwaffen in den Verbänden erhöhen. So verfügten die Panzergrenadierregimenter von Panzerdivisionen im Jahr 1944 vereinzelt schon über eigene Fla-Kompanien mit sechs 2-cm-Einlings- und zwei 2-cm-Vierlingswaffen. Das Heeres-Flakregiment der Panzerlehrdivision besaß 18 schwere und neun leichte Fliegerabwehrkanonen. Fallschirmjägerdivisionen der Luftwaffe hatten neben 18 8,8-cm-Fliegerabwehrkanonen zwölf Geschütze des Kalibers 3,7 cm, 18 2-cm-Einlinge und drei 2-cm-Vierlinge. Erinnert sei daran, dass bei Ausbruch des Krieges die Divisionen der 1. Welle gerade zwölf 2-cm-Fliegerabwehrkanonen zum Einsatz bringen konnten.

Es gab im Wesentlichen drei Möglichkeiten, die Technik der Flugzeugabwehrwaffen der gestiegenen Leistungsfähigkeit der Luftangriffsmittel anzupassen:

1. Die Erhöhung der Feuergeschwindigkeit durch die Verbesserung und Weiterentwicklung der Funktionsabläufe vollautomatischer Waffensysteme. Beispiel: 2-cm-Fliegerabwehrkanone 38.
2. Die Erhöhung der Feuergeschwindigkeit durch die Zusammenfassung mehrerer Waffen in einer Lafette. Beispiel: 2-cm-Vierlings-Fliegerabwehrkanone 38.
3. Die Erhöhung der Geschoss- und Sprengstoffmasse pro Einzelschuss durch den Übergang zu einem größeren Kaliber. Beispiel: 3,7-cm-Fliegerabwehrkanonen 18, 36 und 43, 5-cm-Fliegerabwehrkanone 41 usw.

Die Bemühungen, die Feuergeschwindigkeit der 2-cm-Einlingswaffen über die Leistung der 2-cm-Fliegerabwehrkanone 38 hinaus zu steigern, sind im Krieg nicht zu Ende gebracht worden. Bereits im März 1943 stellte man auf der 24. Sitzung der Waffenkommission fest, dass sich die Luftwaffe nicht mehr für die 2-cm-Fliegerabwehrkanonen interessiert. Die Marine wollte an dieser Waffe festhalten, insbesondere um die zahlreichen kleinen Boote und Schiffe damit bestücken zu können. Die Meinung des Heeres soll hier wörtlich wiedergegeben werden: »Das Heer übernimmt die 2-cm-Flak in vorderster Linie«, für den Erdkampf. Dabei dachte man wohl an die 2-cm-Erdkampflafette. Ein reichliches Jahr später ist dieses Vorhaben fallengelassen worden. Das Heer benötigte dringend eine wirksame Flugzeugabwehr. Die Not war so groß, dass man sich an die lange vernachlässigte Verwendung von Gewehren und Maschinengewehren zur Flugzeugbekämpfung erinnerte. Wörtlich heißt es im Merkblatt 18b/36 »Fliegerabwehr aller Truppen mit Maschinengewehr und Gewehr« vom 1. Mai 1944: »Gewehr und Maschinengewehr gegen Tiefflieger bis 1000 m einsetzen. ... 20 bis 30 % aller Verluste bei Schlachtfliegern wurden durch gut geleitetes Infanteriefeuer verursacht.« Nicht wesentlich über dem Wirkungsbereich des Massen-Infanteriefeuers lagen die Einsatzmöglichkeiten der 2-cm-Fliegerabwehrkanonen. Im »Nachrichtenblatt des Heeres-Flak-Truppen« Nr. 4/1944 sind 1200 m angegeben. Um überhaupt einen einigermaßen wirksamen Flakschutz aufbauen zu können, mussten die 2-cm-Geschütze im Abstand von 30 m aufgestellt werden. Das war natürlich nur an Schwerpunkten möglich. Für die Masse der Truppe hieß es bei Luftangriffen: »volle Deckung«. Schwierigkeiten in der Munitionsversorgung taten ein Übriges. Eine besondere Munitionstaktik sollte Abhilfe schaffen: Flugzeugabschüsse waren mit dem geringsten Munitionseinsatz anzustreben.

An Versuchen, die Effizienz der leichten Flugabwehr bei der Abwehr von Tief- und Sturzkampffliegern durch die Kopplung mehrerer Rohre in einer Lafette zu verbessern, hat es nicht gefehlt. Bereits in den Jahren 1936/1937 experimentierte man mit 16-mm-Mehrlaufwaffen ML-16, 2-cm-Salvenmaschinenkanonen SMK-17 und SMK-18. Dem allen lag der Gedanke zugrunde, Luftziele im Schrotschussverfahren abzuwehren. Für die

Eisenbahntransport-Schutzwagen mit Betonringturm für 2-cm-Flak 38 im Mai 1945 in Prag. Häufiger gab es diese Behelfslösung mit dem 2-cm-Fla-MG 151/20 Drilling auf Sockellafette.

Salvenmaschinenkanone SMK-18 wurden acht verschiedene Lafetten mit sechs bis acht Rohren in unterschiedlicher Anordnung untersucht. Beteiligt waren die Firmen Gustloff / Suhl und Rheinmetall / Düsseldorf. Gustloff stellte 1944 noch einmal – im Auftrag der Luftwaffe – die 15-mm-Rohrbatterie HF-15 vor. Sämtliche Projekte sind eingestellt worden. Als behelfsmäßiger Ersatz trat ab 1944 das 2-cm-MG 151/20 in Drillingslafette in Erscheinung (vgl. Kapitel 6).

Blieb als aussichtsreichster Weg, um die Wirksamkeit der leichten Flugzeugabwehrwaffen zu erhöhen, die Vergrößerung des Kalibers. Die Kriegsmarine favorisierte das Kaliber 3 cm, wie z.B. die MK 303 der Brünner Waffenwerke, als Ersatz für die bisher auf U- und S-Booten üblichen 2-cm-Waffen. Beim Heer ging man dazu über, 3-cm-Maschinenkanonen MK-108 in Lafetten der 2-cm-Fliegerabwehrkanonen 38 einzulegen (vgl. Kapitel 6). Sie kamen zum Kriegende noch in begrenzter Zahl als Einling und im Flakpanzer als Zwilling zur Truppe. Auch eine 3-cm-Vierlings-Fliegerabwehrkanone 103/38 war in Entwicklung. Im Übrigen wurde das Kaliber 3,7 cm bevorzugt, das in immer größeren Stückzahlen bei den Flakabteilungen der Luftwaffe und bei der Heeresflugabwehr vertreten war (vgl. Kapitel 5). Im Rüstungs-Notprogramm des Heeres von 1945 wurde nur noch die 2-cm-Fliegerabwehrkanone gefordert. 2-cm-Fliegerabwehrkanonen galten als Übergangslösungen. Wörtlich heißt es dazu in der Planungsunterlage: »Die ärgsten Feinde unserer deutschen Soldaten sind Panzer und Tiefflieger.« Als neue Waffe für die Abwehr von Tiefangriffsflugzeugen ging im Frühjahr 1945 die »Luftfaust« in den Truppenversuch. Für diesen Ein-Mann-Raketenwerfer, mit dem Luftziele im Schrotschuss bekämpft werden sollten, wurden Munitionsteile der 2-cm-Fliegerabwehrkanonen in abgeänderter Form übernommen (vgl. Kapitel 13). Damit endet die Geschichte der 2-cm-Fliegerabwehrkanonen 30 und 38.

Der 2-cm-Flak-Vierling 38 auf Flak-Geschützwagen II (E).

Kapitel 5:

MITTLERE FLA-GESCHÜTZE (KALIBER 3,7 BIS 5,5 CM) BIS 1945

Flugzeugabwehrkanonen des Kalibers 3,7 cm zählten zur mittleren Flak. Sie fanden schon im Ersten Weltkrieg Verwendung. Im Sommer 1915 schlug die Truppe vor, zum Schutz von Fesselballons der Artilleriebeobachter Maschinenkanonen mit Lichtspurmunition einzusetzen. Für Neuentwicklungen fehlte der Industrie die Kapazität, weshalb man auf vorhandene Geschütz- und Munitionsbestände zurückgriff:

a. 3,7-cm-Maschinenkanone auf Räder- und fahrbarer Sockellafette

Das Reichsmarineamt stellte 250 3,7-cm-Maschinenkanonen zur Verfügung. Sie gehörten eigentlich zur Bewaffnung von Torpedobooten. Krupp änderte die Geschütze so ab, dass ihre Verwendung gegen Luftziele möglich wurde.

b. 3,7-cm-Sockelflak L/14,5

Ursprünglich hatte man diese Geschütze zur Armierung von Luftschiffen vorgesehen. Für ihren Umbau zur Flugzeugabwehr war wiederum die Fried. Krupp AG / Essen zuständig.

c. 3,7-cm-Revolverkanone auf Behelfslafette

Eine größere Zahl dieser Geschütze war 1884/1885 zur Armierung von Festungen beschafft worden. Es gab verschiedene Behelfslafetten, die von Truppenwerkstätten entworfen und hergestellt worden sind.

Sämtliche Behelfskonstruktionen fanden in Maschinen-Flakzügen zu je zwei Kanonen Verwendung. Im Juli 1916 hat es davon 26 Stück gegeben.

1918 waren die Kaliber der Flugzeugabwehrkanonen festgelegt worden. Keine Entscheidung gab es für eine kleinkalibrige Einheitskonstruktion. Man schwankte zwischen 3,7 und 5 cm. In der Nachkriegszeit entschied sich das Truppenamt der Reichswehr für eine 3,7-cm-Flak. In einer Auflistung für das Heereswaffenamt / Prw 4 II vom 3. Januar 1930 findet man in der Kategorie »Unverzichtbare Notrüstung« für 1930/1931 die »3,7-cm-Maschinenflak für den Kraftzug oder als Selbstträger« mit einem Kostenvoranschlag von 145.000 Reichsmark.

3,7-cm-Maschinenkanone auf fahrbarer Bettung von Krupp. Die theoretische Feuergeschwindigkeit lag bei 250 Schuss/min, der Richtbereich nach der Seite bei 360°, in der Höhe bei - 30° / + 80°. Das Geschossgewicht ist mit 0,465 kg angegeben, die V_0 mit 540 m/s, die größte Schussweite / -höhe mit 6000 / 2500 m.

Die 3,7-cm-Sockelflak L/14,5 (Krupp) mit selbsttätigem Kniegelenkverschluss wog in Feuerstellung nur 215 kg und wurde auf einem einachsigen Karren in Feuerstellung gefahren. Bei einer V_0 der 0,45 kg schweren Geschosse von 350 m/s ergaben sich eine Höchstschussweite von 5000 m und eine maximale Schusshöhe von 2200 m. Die theoretische Feuergeschwindigkeit war bescheiden (120 Schuss/min).

5.1. Flugzeugabwehrkanonen des Kalibers 3,7 cm (Patronen 37 x 268 mm und 37 x 381 mm)

Für die Entwicklung von Waffe und Lafette der 3,7-cm-Flak zeichnete die Rheinmetall-Borsig AG / Düsseldorf verantwortlich. Ein Holzmodell war im Februar 1929 in Kummersdorf gezeigt worden. Sie wurde, fahrbar auf dem Sonderanhänger, zweiachsig (Sd.Ah. 104), Mitte der 1930er Jahre als 3,7-cm-Flak 18 eingeführt. Der praktischen Feuergeschwindigkeit von 80 Schuss/min (3,77 kg Geschossmasse in 4,5 s) stand ein beachtliches Gewicht von 1750 kg in Feuer- und 3560 kg in Fahrstellung gegenüber. Das Geschütz mit Flakvisier 33 war zur Flugzeugbekämpfung in Höhen bis 1500 m bestimmt. Eine lange Mängelliste führte 1936 zur Einstellung der Produktion. An ihre Stelle traten die 3,7-cm-Flak 36 und 37 mit Dreiecksbettung, fahrbar auf dem Sonderanhänger, einachsig (Sd.Ah. 52). Unterschiede betrafen die Zieleinrichtung (Flakvisier 36 bzw. 37 oder Schwebedornvisier). Es gelang – neben der Verminderung des Gewichtes – die Feuergeschwindigkeit auf 100-200 Schuss/min (4,67 kg Geschossmasse in 4,5 s) zu steigern. Mitte 1943, mit Einführung der 3,7-cm-Flak 43, erhielten die Geschosse an Stelle der beiden kupfernen ein eisernes Führungsband. Das machte die Munitionsversorgung komplizierter. Munition alter Art konnte nicht aus Rohren der Neufertigung verschossen werden.

Wegen Schwierigkeiten beim Serienanlauf der 3,7-cm-Flak 43 blieben die Modelle 36 und 37 bis zum Kriegsende in der Fertigung. 1941 gelangten 1188, 1942 2136 Geschütze zur Auslieferung an Luftwaffe und Heer. Heeres-Flakbatterien (tSf und motZ) (KSTN Nr. 1712 vom 1. Mai 1944) verfügten über zwölf, Flakzüge in den Panzerregimentern über acht Geschütze. Im Rahmen der Luftwaffe erhielten die leichten Flakbatterien (motZ oder Sf) neun 3,7-cm-Flak. An ihre Stelle trat die 3,7-cm-Flak 43, mit der beispielsweise die 3. (Fla-) Kompanien der Panzerjägerabteilungen in den Volksgrenadierdivisionen (KSTN Nr. 1715) ausgestattet wurden.

Aufträge für die Neukonstruktion der 3,7-cm-Flak hatten die Rheinmetall Borsig AG und die Fried. Krupp AG schon im Dezember 1938 erhalten (Gerät 338 bzw. 339). Bedingung war die Beibehaltung der Munition (Patrone 37 x 268 mm). Die Entwicklungsgeschichte stellt sich kompliziert dar und erhielt erst besondere Dringlichkeit, nachdem der Chef des Generalstabes des Heeres am 7. Oktober 1941 eine leistungsfähige Flak für den Truppenluftschutz forderte, die – ständig feuerbereit und auf geländegängigen Lastkraftwagen beweglich gemacht – die 2-cm-Flak ergänzen sollte. Die Entscheidung fiel zugunsten der völlig überarbeiteten Rheinmetall-Konstruktion, allerdings erst, nachdem Krupp die Serienfertigung aufgenommen hatte und wieder einstellen musste. Fabrikatorisch stellte das neue Geschütz eine bemerkenswerte Leistung dar. Der Rohstoffbedarf ging von über 4600 kg auf 1930 kg, der Fertigungsaufwand von 4200 auf 770 Stunden zurück. Allerdings hatte die Umstellung auf spanlose Fertigung ihren Preis: sie verzögerte den Serienanlauf. Die ersten fünf 3,7-cm-Flak 43 übernahm die Luftwaffe im September 1943. Den höchsten monatlichen Ausstoß erreichte man mit 535 Geräten im August 1944, wovon 297 an die Luftwaffe, 107 an das Heer und 113 an die Marine abgegeben wurden. Von den befohlenen 1000 Geschützen, wozu noch 500 in Zwillingslafette kommen sollten, war man weit entfernt. Hitler hatte den schleppenden Anlauf der Serienfertigung mehrfach beklagt und während der Rüstungskonferenz Anfang Mai 1944 als »folgenschwere Rüstungslücke« charakterisiert.

Einen weiteren Weg zur Erhöhung der Geschossmasse bot die Lafettierung von zwei Waffen. Die ersten fünf 3,7-cm-Flak-Zwilling 43 übernahm die Luftwaffe im März 1944. Der höchste Ausstoß wurde im Februar 1945 erreicht. Davon erhielt die Luftwaffe 147, das Heer 23 und die Kriegsmarine 7 Geschütze. Sei-

Das Geschütz bestand aus einem Rohrbündel von fünf Stahlrohren, dem Bodenstück und dem Getriebe mit Lade-, Abfeuerungs-, Auszieh- und Drehvorrichtung. Das Rohrbündel wurde mittels Kurbel um seine Längsachse gedreht. 40 Schuss konnten in der Minute abgegeben werden.

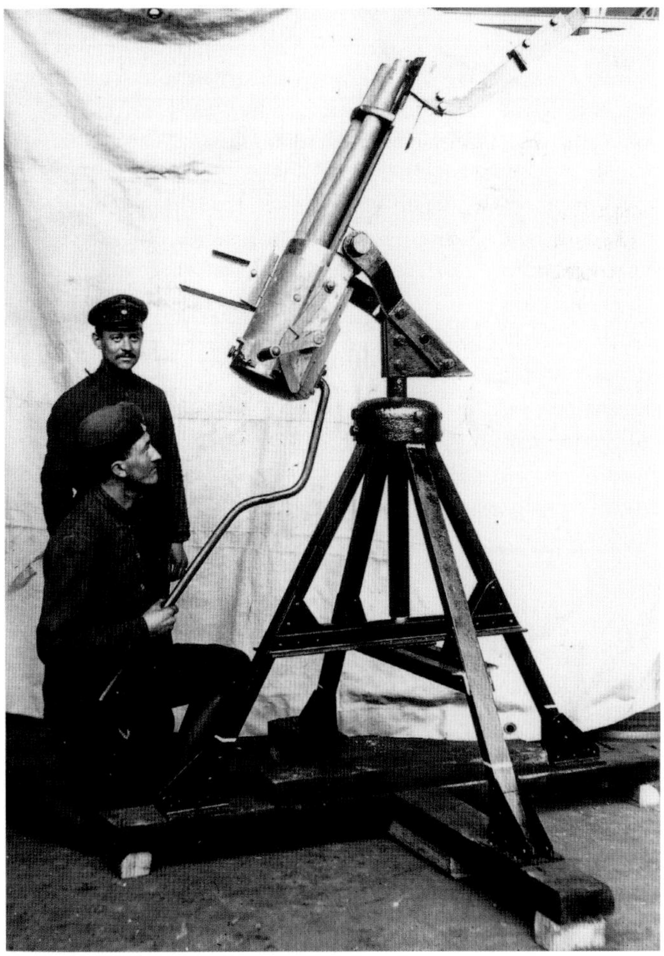

tens des Ministeriums für Rüstung und Kriegsproduktion gab es Bestrebungen, die Flak 43 auch als Vierling auszubringen. Mit einem Gewicht von 7200 kg in Marschstellung – vergleichbar einer 8,8-cm-Flak 36 – war das Vierlingsgeschütz für den Truppenluftschutz in vorderer Stellung untragbar.

Erstmals offiziell bekanntgegeben hat man die Einführung der 3,7-cm-Flak 43 im Luftwaffentechnischen Verordnungsblatt vom 27. September 1944, für das Heer im Waffentechnischen Verordnungsblatt vom 1. Dezember 1944. Zweck der Einführung: »Die 3,7-cm-Flak 43 weist gegenüber den eingeführten 3,7-cm-Flakgeschützen hinsichtlich der Gewichtserleichterung, Bedienbarkeit und Feuerfolge Vorteile auf. ... Durch die Zwillingslafettierung der 3,7-cm-Flak-Waffe werden die Treffaussichten wesentlich erhöht.«

Folgende Verwendungsmöglichkeiten der 3,7-cm-Flak sind bekannt geworden:

Taktisch-technische Daten der 3,7-cm-Flak

	3,7-cm-Flak 18	3,7-cm-Flak 36 und 37	3,7-cm-Flak 43 (Einling)	3,7-cm-Flak 43 (Zwilling)
Kaliber	37 mm	37 mm	37 mm	37 mm
Rohrlänge (mit Mündungsbremse)	3626 mm	3626 mm	3300 mm	3300 mm
V_0 Sprenggranate Panzergranate	820 m/s 770 m/s	820 m/s 770 m/s	820 m/s 770 m/s	820 m/s 770 m/s
Schussweite, max.	6.500 m	6.500 m	6.500 m	6.500 m
Schusshöhe, max.	4.800 m	4.800 m	4.800 m	4.800 m
Zerlegergrenze	ca. 4.000 m	ca. 4.000 m	ca. 4.000 m	ca. 4.000 m
Feuergeschwindigkeit (Schuss/min) theoretisch praktisch	 160 80-100	 160 80-100	 180 150-160	 360 300-320
Geschossgewicht	0,635 kg [1]	0,635 kg	0,635 kg	0,635 kg
Geschossgewicht / 4,5 s	4,572 kg	4,572 kg	7,63 kg	15,1 kg
Höhenrichtbereich	- 5° / + 85°	- 5° / + 85°	- 10° / + 90°	- 7,5° / + 90°
Seitenrichtbereich	360°	360°	360°	360°
Gewicht der Waffe	272 kg	272 kg	220 kg	440 kg
Gewicht in Feuerstellung	1.725-1.750 kg	1.535-1.550 kg	1.250-1.392 kg	2.780 kg
Gewicht in Fahrstellung	3.550-3.560 kg	2.400-2.415 kg	2.000-2.059 kg	4.290-4.850 kg
Konstruktive Details	Rückstoßlader mit zentral verriegeltem Verschluss, mechanischer Abfeuerung, Munitionszuführung mit Patronenrahmen für			
	sechs Granatpatronen		acht Granatpatronen	

1. 3,7-cm-Flak 18 (mot) auf Sonderanhänger, zweiachsig (Sd.Ah. 104)

Das Geschütz besteht aus der Waffe, Ober- und Unterlafette sowie dem Sonderanhänger. Die Unterlafette ist als Kreuzbettung ausgebildet. Als Zugmittel dienten mittlere, geländegängige Lastkraftwagen (6x4) verschiedener Hersteller. Eine Versuchsbatterie war schon 1933/1934 aufgestellt worden. In den leichten Flakabteilungen (mot) der Luftwaffe waren die 3. Batterien mit neun 3,7-cm-Flak 18 ausgestattet. Wegen der zahlreichen Mängel (u.a. der zu geringen Richtgeschwindigkeit) stellte man die Fertigung 1936 zugunsten der 3,7-cm-Flak 36 ein.

2. 3,7-cm-Flak 36 und 37 (mot) auf Sonderanhänger, einachsig (Sd.Ah. 52)

Die Waffe mit geringfügig gesteigerter Feuerkraft entsprach weitestgehend der Flak 18, war jedoch weniger störanfällig. Mit der neukonstruierten Ober- und Unterlafette konnten der Höhenrichtbereich und die Richtgeschwindigkeit verbessert werden. Als Unterlafette diente eine Dreiecksbettung. Sie und der einachsige Sonderanhänger trugen dazu bei, das Gewicht in Fahrstellung um über eine Tonne zu verringern sowie die Zeit bis zur Herstellung der Feuerbereitschaft zu verkürzen. Unterschiede zwischen den Modellen 36 und 37 bestanden in der Visiereinrichtung. Als Zugmittel fanden wiederum mittlere Flakkraftwagen (6x4) Verwendung, ersatzweise andere Fahrzeuge. In den leichten Flakabteilungen (mot) der Luftwaffe traten die Geschütze an die Stelle der 3,7-cm-Flak 18. Schwere Flakabteilungen mit drei Batterien 8,8-cm-Flak verfügten über eine 4. (3,7-cm-) Batterie.

Einheiten der Heeresflakartillerie wurden ab Februar 1941 aufgestellt. Ihnen teilte man im Kriegsverlauf verstärkt 3,7-cm-Geschütze zu.

[1] Angaben beziehen sich auf Sprenggranatpatrone mit 3,7-cm-Kopfzünder-Zerleger P.v. oder 3,7-cm-Kopfzünder Zerleger Fg. und Lichtspurhülse Nr. 3, Sprengladung aus 26 g Nitropenta und Kupferführung.

3,7-cm-Flak 18 auf zweiachsigem Sonderanhänger (Sd.Ah. 104). Bei Ausbruch des Zweiten Weltkrieges waren 63 3,7-cm-Fla-Geschütze bei der Truppe, im Februar 1945 belief sich der Bestand an 3,7-cm-Flak 18, 36 und 37 auf 2728 Stück.

Zweiachsige offene Güterwagen (R-Wagen) der Deutschen Reichsbahn konnten durch besondere An- und Aufbauten zu Geschützwagen II (E) leichte Flak umgebaut werden. Das Bild zeigt ein solches Sonderschienenfahrzeug mit Geschützplattform und 3,7-cm-Flak 36.

3. 3,7-cm-Flak 36 auf Anhänger, zweiachsig (o)

Das Geschütz wurde mit ortsfestem Aufnahmering und Fundamentring auf Traktorenanhänger montiert. Behelfslösung vom November 1944, um ortsfest aufgestellte Geschütze beschränkt beweglich machen zu können.

4. 3,7-cm-Flak 36 und 37 (Sf) auf mittlerem, geländegängigen Lastkraftwagen 3 t (4x4) Opel Blitz Typ 3,6-6700 A

Von Truppenwerkstätten 1943/1944 an der Ostfront hergestellte Behelfslösung für den Truppenluftschutz.

5. 3,7-cm-Flak 36 und 37 (Sf) auf schwerem, geländegängigen Lastkraftwagen 4,5 t (4x4) Mercedes Benz Typ L 4500 A

Der teilgepanzerte Lastkraftwagen fand als Waffenträger für das 3,7-cm-Geschütz Verwendung. Munition und Zubehör wurden auf einem Sonderanhänger, einachsig (Sd.Ah. 57) mitgeführt. Die Selbstfahrlafetten gehörten 1944/1945 u.a. zur Ausstattung der leichten Flakabteilungen (Sf) 841 und der NSKK-Gruppe der Luftwaffe auf dem italienischen Kriegsschauplatz.

6. 3,7-cm-Flak 36 und 37 (Sf) auf mittlerem Zugkraftwagen 5 t Büssing NAG BN 9 (Sd.Kfz. 6/2)

Selbstfahrlafette mit 3,7-cm-Geschütz für den Einsatz in leichten Flakabteilungen (Sf) der Luftwaffe und in Einheiten der Heeresflak. Mit sieben Mann Besatzung ergab sich ein Gefechtsgewicht von 10,4 t. Der größere Teil des Munitionsvorrates und das Zubehör wurden auf einem Sonderanhänger, einachsig (Sd.Ah. 57) mitgeführt.

7. 3,7-cm-Flak 36 und 37 (Sf) auf Gleisketten-Lastkraftwagen 4,5 t »Maultier« Mercedes Benz Typ L 4500 R

Behelfslösung für den Truppenluftschutz in Panzerjägerabteilungen des Heeres mit 8,8-cm-Panzerjägerkanonen und in Nachschubeinheiten.

8. 3,7-cm-Flak 36 und 37 (Sf) auf mittlerem Zugkraftwagen 8 t Krauss Maffei KMm 11(Sd.Kfz. 7/2)

Diese Selbstfahrlafette mit 3,7-cm-Geschütz gab es in zwei Ausführungen: die frühe, ungepanzerte Variante und die späte mit gepanzerten Fahrerhaus und Motorraum sowie Flak mit einem Schutzschild. Sieben Mann (Geschützführer, Fahrer, Richtschütze und vier weitere Kanoniere) bildeten die Besatzung für das 11,02 t schwere Fahrzeug. Der größte Teil des Munitionsvorrates wie auch das Zubehör wurden auf einem Sonderanhänger, einachsig (Sd.Ah. 57) mitgeführt.

9. 3,7-cm-Flak 36 und 37 (o)

Ortsfeste 3,7-cm-Flak 36 und 37 gehörten ab Sommer 1938

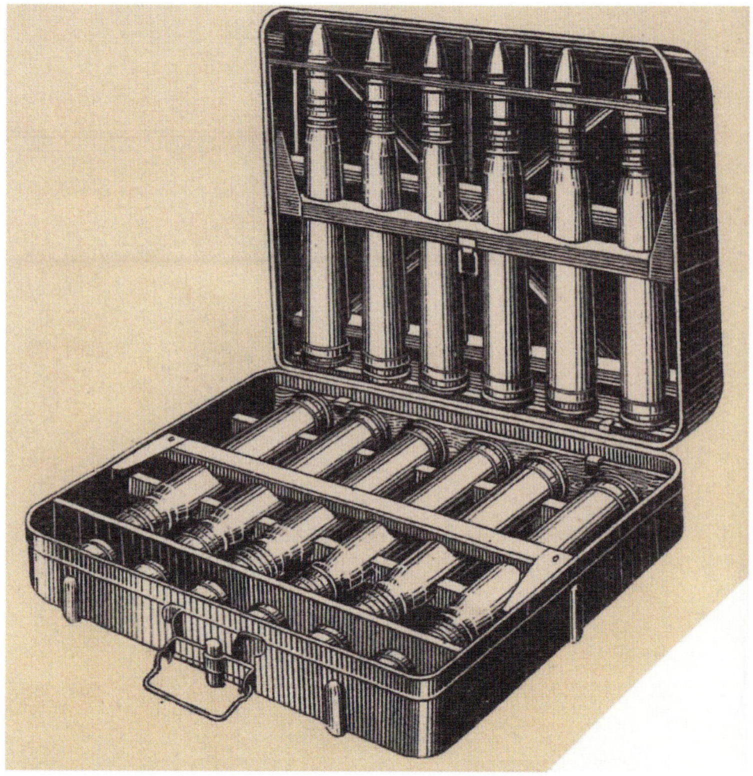

Die Munition der 3,7-cm-Flak 18, 36, 37 sowie 43. Sie kam in verschiedenen Packgefäßen zur Truppe. Hier gezeigt wird der luftdichte Patronenkasten 18, der 12 Granatpatronen aufnahm und gefüllt 24,15 kg wog.

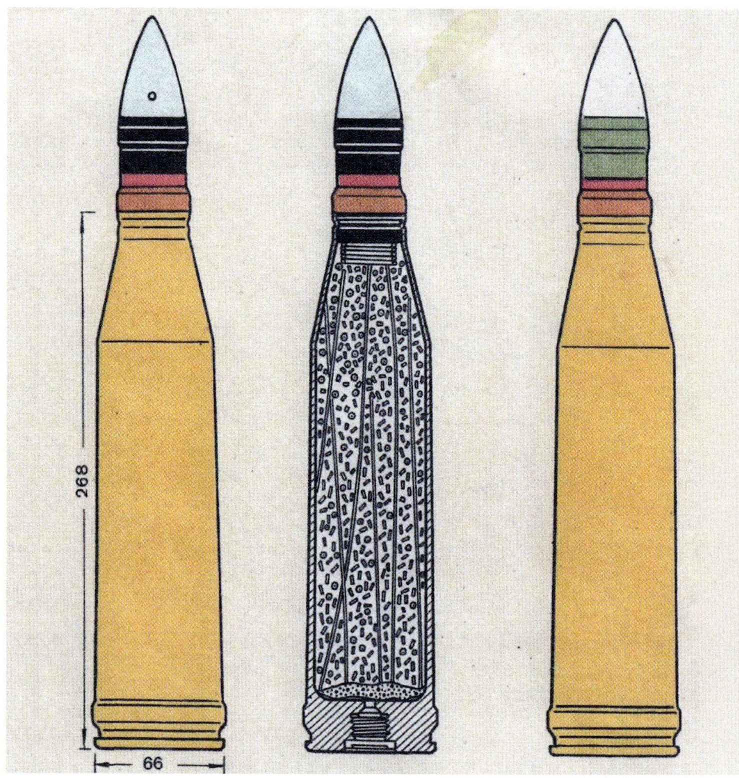

Üblicherweise wurden die 3,7-cm-Flak 36 und 37 auf dem Sonderanhänger, einachsig (Sd.Ah. 52) fahrbar gemacht. Ende 1944 hat man dafür auch zweiachsige Anhänger aus landwirtschaftlicher Nutzung herangezogen.

in Batteriestärke zu den Festungs-Flakabteilungen 31 bis 35 der Luftverteidigungszone West des im Aufbau befindlichen »Westwall«. Sie erhielten in den folgenden Jahren noch größere Bedeutung, u.a. im Rahmen der Turmflak-Abteilungen (ab 1944 gemischte Flakabteilungen (T)) auf den Flaktürmen in Berlin, Hamburg und Wien. Im Februar 1945 belief sich die Zahl der 3,7-cm-Flak 36 und 37 (bo) auf 375.

10. 3,7-cm-Flak 43 (mot) auf Sonderanhänger, einachsig (Sd.Ah. 58)

Der vollautomatische Gasdrucklader hat eine lafettenfeste Patronenzuführung (Patronenrahmen mit acht Schuss). Waffe und Wiege sind mittels hohlen Schildzapfen in einer Einwandlafette gelagert. Sie wurde auf einem einachsigen Sonderanhänger gefahren und zum Schießen abgeprotzt. Als Modell 43/1 ist das Geschütz mit einem Lafettendreieck für Selbstfahrlafetten, als Modell 43/2 für den ortsfesten Einsatz vorgesehen. Neun 3,7-cm-Flak 43 gehörten zur Ausstattung einer Batterie der leichten Flakabteilungen (mot), (tmot) oder (bodenständig) der Luftwaffe. Beim Heer verfügten Flak-Batterien (tSf) oder (motZ) in Heeres-Flakabteilungen über 12 Geschütze (KSTN Nr. 1712 vom 1. Mai 1944). Heeres-Flak-Batterien (tbew.mot) standen nach KSTN Nr. 1715 vom 1. Januar 1945 insgesamt 24 Geschütze unterschiedlichen Kalibers und Lafettierung zu. Schließlich wurden noch Fla-Kompanien mit neun 3,7-cm-Flak 43 aufgestellt, die pferdebespannt gefahren werden mussten. Die Kriegsmarine erhielt die ersten drei 3,7-cm-Flak 43 im März 1944 und stattete damit einzelne Batterien ihrer insgesamt 88 Marine-Flakabteilungen aus.

11. 3,7-cm-Flak 43 auf Sonderanhänger, zweiachsig (Sd.Ah. 104)

Ortsfest aufgestellte 3,7-cm-Flak 43 – im Februar 1945 gab es davon 278 – konnten in Ausnahmefällen auf dem zweiachsigen Sonderanhänger (Sd.Ah. 104) für den Flakscheinwerfer 150 cm und den Ringtrichter-Richtungshörer beweglich gemacht werden. Diese Behelfslösung war Anfang November 1944 in einem Mitteilungsblatt des Generals der Flakwaffe vorgestellt worden.

12. 3,7-cm-Flak 43/1 (Sf) auf Schwerem Wehrmachtschlepper (S.W.S.)

Der Schwere Wehrmachtschlepper war vom Heereswaffenamt / WaPrw 6 am 7. Mai 1942 als vereinfachte Neukonstruktion des 5-t-Zugkraftwagens in Auftrag gegeben worden. Mit 3000 kg Nutzlast gehörte die Verwendung als Waffenträger für die Trup-

Vom mittleren Zugkraftwagen 5 t sind ca. 3500 Fahrzeuge hergestellt worden. Davon wurden bis 1943 339 Stück für den Umbau zu Flak-Selbstfahrlafetten mit der 3,7-cm-Flak 36 und 37 abgezweigt. Eingesetzt hat man die Fahrzeuge in 3,7-cm-Batterien leichter Flakabteilungen der Luftwaffe.

penluftabwehr zum Konzept, konnte allerdings erst 1944 mit dem Hochlauf der Flak 43-Fertigung verwirklicht werden. Fahrerhaus und Motorraum erhielten leichten Panzerschutz, die Flak das übliche zweiteilige Schutzschild mit Rohrblende. Die Selbstfahrlafette fand in Heeres-Flakeinheiten Verwendung. Als Anhalt für die personelle und materielle Ausstattung dienten die KSTN Nr. 1712 (tS) vom 1. Mai 1944 und Nr. 1715 vom 1. Januar 1945.

13. Leichter Versuchsflakwagen (VFW L) für 3,7-cm-Flak 43 (Sf)

Diese vom Generalluftzeugmeister / Flak 4/IV betriebene Entwicklung einer gepanzerten Flak-Selbstfahrlafette war im Herbst 1941 Krupp übertragen worden. Das Fahrgestell sollte vom Prototyp des Ausklärungspanzers »Luchs« (Vk 1303) übernommen und mit Baugruppen anderer Panzerkampfwagen kombiniert werden. Anfang 1943 gab es die Absicht, die Arbeiten am leichten Versuchsflakwagen zu beschleunigen. Im Oktober des Jahres einigte man sich auf mögliche Bewaffnungsvarianten: 2-cm-Vierlingsflak 38, 3,7-cm-Flak 43 (Einling oder Zwilling) bzw. 5,5-cm-Flak (Gerät 58). Die bei Krupp-Gruson in Magdeburg angeschobene Herstellung eines weiteren Prototypen des VFW L ist auf Anweisung des Heereswaffenamtes / WaPrw 6 abgebrochen worden.

14. 3,7-cm-Flak 43 auf Selbstfahrlafette Panzerkampfwagen IV »Möbelwagen« (Sd.Kfz. 161/3)

Zu den Kriegserfahrungen auf dem Gebiet des Truppenluftschutzes in Panzerregimentern gehörte die Erkenntnis, dass Fla-Waffen im motorisierten Zug und auf Zugkraftwagen ungeeignet waren. Sie sollten den Panzerangriff im hinteren Treffen begleiten, um Tiefflieger bekämpfen zu können. Dafür wurden echte Panzerkampfwagen – Flakpanzer – benötigt. Als Übergangslösung entstand der »Möbelwagen«, eine sperrige Konstruktion mit vier abklappbaren Panzerwänden. Sie boten Schutz für die

Die 3,7-cm-Flak 43 in Feuerstellung. Im Februar 1945 gab es einem Bestand von 1326 Geschützen dieses Typs, wovon 278 in ortsfester Stellung eingesetzt wurden.

In der Regel erhielten Flak-Selbstfahrlafetten im Kriegsverlauf einen leichten Panzerschutz für den Motorraum und das Fahrerhaus. Das Bild zeigt die 3,7-cm-Flak 37 (Sf) auf schwerem Lastkraftwagen 4,5 t (4x4) Mercedes Benz Typ L 4500 A.

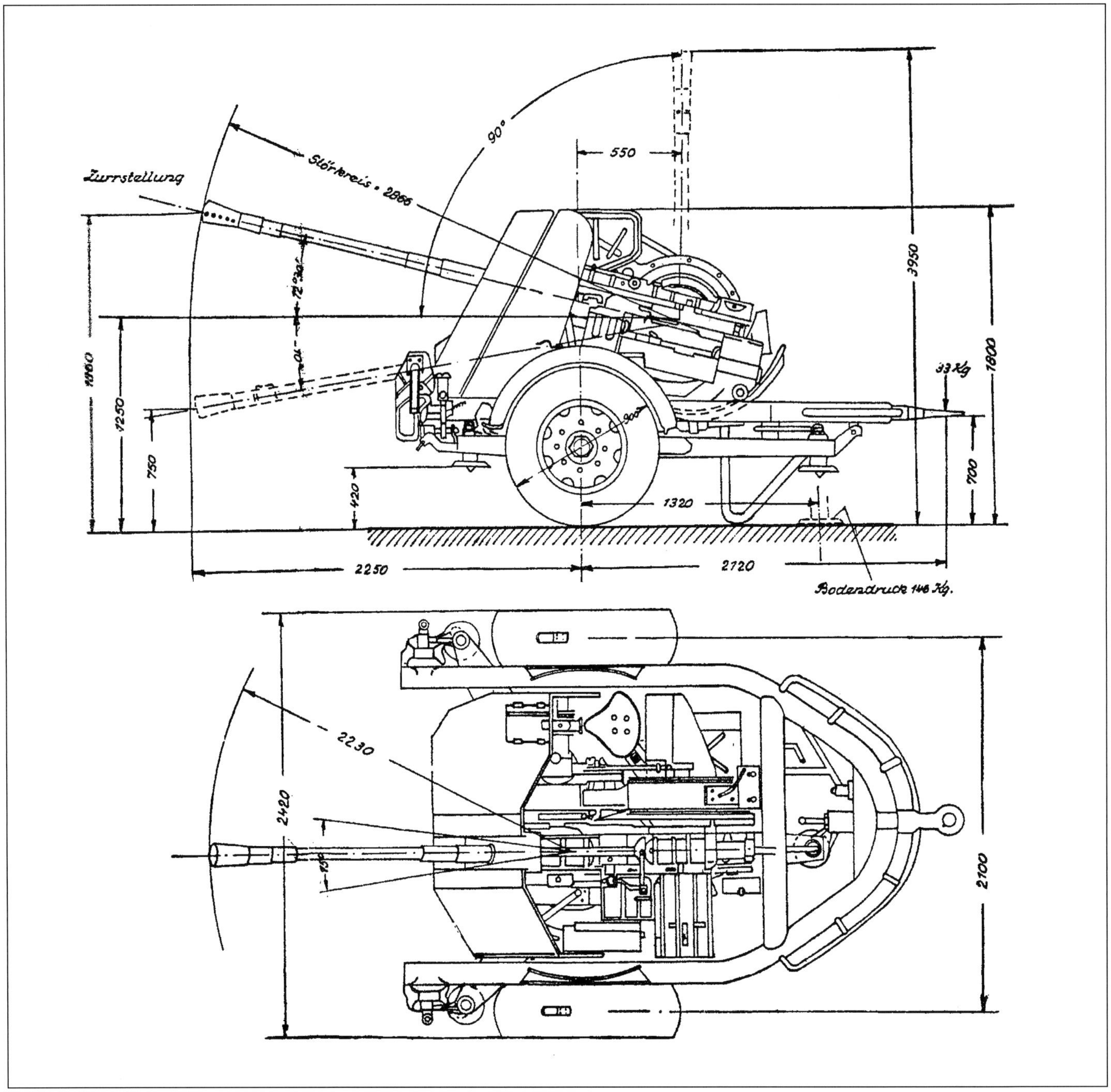

Für den beweglichen Einsatz wurde die 3,7-cm-Flak 43 auf dem Sonderanhänger, einachsig (Sd.Ah. 58) fahrbar gemacht. Das Schießen vom Hänger war möglich.

sechsköpfige Besatzung und das Geschütz. Das Schutzschild war fünfteilig. Die erste Munitionsausstattung bestand aus 800 Granatpatronen, wovon 400 auf dem Panzer mitgeführt wurden (Mitteilung vom 26. Mai 1944).

Innerhalb eines Jahres – zwischen März 1944 und 1945 – lieferten die Deutschen Eisenwerke AG 240 Fahrzeuge aus. Sie fanden Verwendung in den vier Gruppen der Panzer-Fliegerabwehrzüge (3,7-cm-Flak 43) mit zusammen acht Flakpanzern (KSTN Nr. 1196 vom 1. April 1944 sowie Nr. 1196a vom 1. Februar 1945). Auch die gemischten Panzer-Fliegerabwehrkompanien (3,7-cm-Flakpanzer IV und 2-cm-Flak-Vierling (Sf)) (KSTN Nr. 1192 (f.G.) vom 1. April 1945) erhielten für ihre ersten Züge noch »Möbelwagen«.

Um ortsfeste 3,7-cm-Flak 43 verlegen zu können, wurden Sonderanhänger von Geräten, deren Fahrbarmachung weniger wichtig war, genutzt. Im Bild die 3,7-cm-Flak 43 auf dem Sonderanhänger, zweiachsig (Sd.Ah. 104).

15. Leichter Flakpanzer mit 3,7-cm-Flak 43/1 auf Fahrgestell Panzerkampfwagen IV »Ostwind« (Flakpanzerwagen 604/17) (Gerät 582)

Mit dem von Ostbau / Sagan entwickelten leichten Flakpanzer strebte die Generalinspektion der Panzertruppe eine brauchbare Zwischenlösung zur Bekämpfung von Tieffliegern, vor allem aber gepanzerten Schlachtfliegern an. Sie stellten eine ernste Bedrohung dar, schränkten die Operationsfähigkeit der Panzerverbände ein. Im Juli 1944 fand die Erprobung eines Prototyps mit der 3,7-cm-Flak 43/1 im neuartigen, oft mit einer »Keksdose« verglichenen Drehturm statt. Durch den Wegfall der Unterlafette ergab sich eine vereinfachte Konstruktion. Das 25 t schwere Fahrzeug konnte 1000 Granatpatronen (1,36 t ohne Rahmen und Verpackung) als Munitionsvorrat mitführen.

Am 6. September 1944 vergab das Heereswaffenamt einen Auftrag über 100 Flakpanzer. Auftragnehmer waren die Deutschen Röhrenwerke AG, die Stahlindustrie GmbH und andere Unternehmen. Wegen Rohstoffmangel konnte die Endmontage erst im November des Jahres anlaufen. Zwischen Dezember 1944 und März 1945 kamen 43 Stück zur Auslieferung. Für die personelle und materielle Ausstattung des Panzer-Flakeinheiten gab das OKH / Org.Abt. die KSTN Nr. 1196a (1. Februar 1945) und Nr. 1192 (1. April 1945) heraus.

3,7-cm-Flak-Zwilling 43, Ansicht von links. Beachte den Hülsenfänger auf der rechten Seite. Davor befindet sich der Platz des Richtschützen. Im Februar 1945 standen 580 Zwillingsgeschütze zur Verfügung, davon 259 in ortsfester Aufstellung.

16. 3,7-cm-Flak 43/1 auf Fahrgestell Panzerkampfwagen III »Ostwind«

Das Projekt war im Herbst 1944 vom General der Artillerie angeregt worden, um den Truppenluftschutz der Sturmartillerie-Verbände zu verbessern. Die Kombination des »Ostwind«-Drehturmes mit dem Fahrgestell des Panzerkampfwagen III wurde im Zuge des »Notprogramms für die Rüstungsfertigung« vom 23. Januar 1945 gestrichen.

17. 3,7-cm-Flak-Zwilling 43 (mot) auf Sonderanhänger, zweiachsig (Sd.Ah. 208)

Das Geschütz war 1943 entwickelt und im Februar 1944 erstmals ausgeliefert worden. Mit der Lafettierung von zwei übereinander angeordneten Waffen konnte eine Verdopplung der Geschoßwirkung erreicht werden. Im Februar 1943 befanden sich 390 Zwillingsflak 43 im Einsatz. Flakbatterien bzw. -kompanien von Luftwaffe, Heer (einschließlich Waffen-SS) und Kriegsmarine verwendeten das Geschütz zugweise. Für das Heer war die KSTN Nr. 1715 vom 1. Januar 1945 zuständig.

18. 3,7-cm-Flak (Gerät 341)

Federführend für die Entwicklung der schnellschießenden Waffe mit hoher Anfangsgeschwindigkeit (V_0 1000 m/s) trat die Kriegsmarine in Erscheinung. Sie war mit ihrer 3,7-cm-Schnelladekanone C/30 in Marine-Lafetten-Pivot C/30 bzw. in Doppellafette C/30 nicht zufrieden. Sie arbeiteten halbautomatisch und erreichten eine praktische Feuergeschwindigkeit von 80 Schuss/min (= 4,47 kg Geschoßmasse / 4,4 s). An ihre Stelle trat ab 1943 die 3,7-cm-Flak 43. Ausgesonderte Geschütze des Modells C/30 fanden gelegentlich ortsfest aufgestellt in Marinestützpunkten Verwendung.

Im Frühjahr 1941 erhielt Rheinmetall vom Marineamt den Auftrag für eine neue 3,7-cm-Flak, die für die leistungsfähige Munition des Vorgängermodells (Patrone 37 x 381 mm) eingerichtet sein sollte. Der Gasdrucklader mit starrer Verriegelung erhielt die Bezeichnung Gerät 341. Er erreichte eine Feuergeschwindigkeit von 250 Schuss/min.

Den Entwicklungsverlauf zu beschreiben ist kompliziert. Erstens, weil man eine Leistungssteigerung (V_0 1100-1400 m/s) anstrebte, zweitens, weil das Heer ab Juni 1942 beteiligt werden wollte und auch die Luftwaffe Bedarf für ihre Fallschirmjäger angemeldet hatte. Ende September verlangte die Inspektion der Panzertruppe die Eignung der Waffe für einen Flakpanzer mit dem Gerät 341 in Zwillingslafettierung. Für Rheinmetall waren das konstruktiv nur schwer zu lösende Aufgaben. Insofern grenzt die Vorführung des vierten, endgültigen Musters des Gerät 341 im Juli 1944 vor Vertretern aller Wehrmachtteile an ein Wunder. Trotzdem wurde das Projekt kurze Zeit später aus dem Waffenprogramm gestrichen, woran auch der Einspruch der Inspektion der Panzertruppe nichts mehr ändern konnte

19. Flakpanzer »Ostwind« II mit 3,7-cm-Flak-Zwilling 44 auf Fahrgestell Panzerkampfwagen IV

Ein Prototyp mit 3,7-cm-Flak-Zwilling 44 – die beiden Rohre mit 300 mm Abstand nebeneinander und zwei Ladeschützen – soll im Januar 1945 bei der Firma Ostbau / Sagan fertiggestellt worden sein. Hier ergeben sich Widersprüche. Aus welchen Waffen besteht der Flak-Zwilling 44? Aus zwei 3,7-cm-Flak 43 oder aus zwei Geschützen (Gerät 341)? (vgl. Angaben unter Nr. 15)

20. Flakpanzer »Coelian« mit 3,7-cm-Flak-Zwilling 44 auf Fahrgestell Panzerkampfwagen V

Die Entwicklung des Flakpanzers war 1943 auf Antrag des Heereswaffenamtes / WaPrw 6 bei Rheinmetall angeschoben worden. Im Herbst des Jahres, als die Waffen noch nicht fertig waren, wurde die Konstruktion des Drehturmes abgeschlossen und als Holzmodell auf einem »Panther«-Fahrgestell aufgesetzt. Der Entwurf gelangte am 7. Dezember in Rastenburg / Ostpreußen zur Vorführung. Zahlreiche ungelöste Probleme führten zur Einstellung dieses Projektes.

21. Flakpanzer mit 3,7-cm-Flak-Zwilling 44 auf Fahrgestell Panzerkampfwagen V

Die Arbeiten am Projekt der Firmen Daimler Benz und Krupp konnten bis zum Kriegsende 1945 nicht abgeschlossen

Vom Schweren Wehrmachtschlepper (S.W.S.) waren zwischen Dezember 1943 und März 1945 von den bestellten rund 7484 Fahrzeugen lediglich 825 ausgeliefert worden, davon nur ein Teil als gepanzerte Waffenträger mit 3,7-cm-Flak 43. Der kleinere Teil davon, mit gepanzertem Motorraum und Fahrerhaus, fand als Waffenträger für 15-cm-Nebelwerfer 42 und 3,7-cm-Flak 43 Verwendung.

werden, vor allem weil der 3,7-cm-Flak-Zwilling 44 (Schussfolge 2 x 500 Schuss/min, V_0 1000 m/s) nicht zur Verfügung stand. Die Inspektion der Panzertruppe – inzwischen auf das Kaliber 5,5 cm fixiert – kritisierte das Missverhältnis von Feuerkraft und Fahrzeuggewicht.

5.2. Flugzeugabwehrkanonen der Kaliber 5 cm (Patronen 50 x 347 mm) und 5,5 cm (Patronen 55 x 448 mm)

Die Kalibervergrößerung bot eine weitere Möglichkeit zur Leistungssteigerung der leichten Flakartillerie bei der Bekämpfung von Luftzielen auf Entfernungen bis 3500 m. Das Luftwaffenamt hatte sich deshalb bereits Mitte der 1930er Jahre an die Mauserwerke, Gustloff, Krupp und Rheinmetall gewandt. Die Firmen begannen daraufhin mit der Entwicklung von 5-cm-Fla-Geschützen. Erste Arbeitsergebnisse wurden in den folgenden Jahren erprobt, die Entwicklung aber 1939 eingestellt, ausgenommen das Gerät 56 V2 von Rheinmetall. Das Unternehmen erhielt 1940 einen Auftrag für 60 Geschütze, die ab November 1941 als 5-cm-Flak 41 im Truppenversuch standen. Es zeigten sich viele Mängel. Feuerschein, Rauchentwicklung und der starke Rückstoß behinderten die fehlerfreie Arbeit der Richtschützen und Entfernungsmesser. Das Gewicht in Feuerstellung ist mit 3100 kg, die Feuergeschwindigkeit mit 130 Schuss/min angegeben. Beachtlich war der Stückpreis von 52.000 Reichsmark. Seitens der Inspektion der Flakartillerie im Reichsluftfahrtministerium hatte es immer wieder Forderungen nach der Weiterentwicklung der Waffe gegeben. Am 24. März 1942 kam das endgültige Verbot. Es blieb nicht von langer Dauer. Ein Jahr später gab Hitler – unter dem Eindruck zunehmender Bedrohung der Truppe durch gepanzerte Schlachtflieger – seinen Widerstand auf.

Der Flakpanzer IV mit 3,7-cm-Fak 43 (Sd.Kfz. 161/3) wurde auch als »Gerät 582« oder »Flakpanzerwagen 604/17« bezeichnet. Die siebenköpfige Besatzung bestand aus Kommandant, Richtschützen I und II, Ladeschütze, Entfernungsmesser, Funker und Fahrer (nach KSTN Nr. 1196 vom 1.4.1944 für den Panzer-Fliegerabwehrzug (3,7-cm-Flak 43)). Ihre Zahl wurde später auf sechs reduziert.

5-cm-Flak 41 (mot) auf Sonderanhänger, zweiachsig (Sd.Ah. 204) und (Sf) auf mittlerem Zugkraftwagen 8 t Krauss Maffei KMm 11.

Ab Juni 1943 arbeiteten Rheinmetall und Krupp an einem 5,5-cm-Geschütz (Gerät 58), das auch als Zwillingswaffe verfügbar sein sollte. Sie erhielten den Auftrag für die Fertigung von je 25 Versuchsgeschützen. Im November dieses Jahres griff wiederum das Ministerium Speer ein und befahl die Einstellung der Arbeiten. Anfang 1944 meldete die Kriegsmarine ihr Interesse an. Als man sich im Januar 1945 dazu durchgerungen hat, die Entwicklung der 5,5-cm-Flak fortzusetzen, war es endgültig zu spät.

Eine ähnliche Entwicklung stellte die 5-cm-Flak (Gerät 214) dar. Dabei handelte es sich um eine leistungsgesteigerte 5-cm-Bordkanone (u.a. eingebaut in Ju-88 P-4 und Me-410 A-2)[1], welche in Lafetten des Geräts 58 eingelegt wurden. Der Gasdrucklader mit fest verriegeltem Verschluss hatte Gurtzuführung und stellte als Flak eine kriegsbedingte Behelfslösung dar. Für Neukonstruktionen und die Fertigung von Versuchsgerät galt ein Verbot.

---

[1] Die Bordkanone war aus der 5-cm-Panzerjägerkanone 38 des Heeres entwickelt worden.

Taktisch-technische Daten der 5-cm-Flak und der 5,5-cm-Flak		
	5-cm-Flak 41	5,5-cm-Flak (Gerät 58)
Kaliber	50 mm	55 mm
Rohrlänge (mit Mündungsbremse)	4.686 mm	4.211 mm
V_0 Sprenggranate Panzergranate	840 m/s 830 m/s	1.050 m/s 1.020 m/s
Schussweite, max.	12.400 m	14.000 m
Schusshöhe, max.	9.400 m	10.200 m
Zerlegergrenze	4.000 - 6.500 m	k. A.
Feuergeschwindigkeit theoretisch (Schuss/min) praktisch (Schuss/min)	 130 130	 140 140
Geschossgewicht	2,195 kg	2,03 kg
Geschossgewicht / 4,5 s	21,4 kg	21,3 kg
Höhenrichtbereich	- 10° / + 90°	- 10° / + 90°
Seitenrichtbereich	360°	360°
Gewicht der Waffe	550 kg	650 kg
Gewicht in Feuerstellung	3.100 kg	2.990 kg
Gewicht in Fahrstellung	5.500 kg	5.490 kg
Konstruktive Details	Gasdrucklader mit mechanischer Abfeuerung, Munitionszuführung mit Patronenrahmen	
	für fünf Granatpatronen	für vier Granatpatronen

1. 5-cm-Flak 41 (mot) auf Sonderanhänger, zweiachsig (Sd.Ah. 204), (ursprünglich Gerät 56)

Die Geschütze fanden in den leichten Flakabteilungen der Luftwaffe in Batterien (mot) zu je sechs Geschützen Verwendung. Sie zeigten im Einsatz eine Reihe von Mängeln. Eine Versuchsbatterie mit vom Geschütz abgesetzter Entfernungsmessung brachte größere Erfolge. Ende 1944 waren noch 48 5-cm-Flak 41 verfügbar, davon 24 im Feldeinsatz und 24 in der Zuständigkeit des Generals der Flakausbildung.

2. 5-cm-Flak 41 (Sf) auf schwerem, geländegängigen Lastkraftwagen 4,5 t (4x4) Mercedes Benz Tp L 4500 A

Die Selbstfahrlafette mit teilgepanzertem Motorraum und Fahrerhaus nahm eine 5-cm-Flak mit mehrteiligem Schutzschild auf. In Feuerstellung mussten vier seitliche Stützen abgeklappt werden. Blieb Versuchsgerät.

3. 5-cm-Flak 41 (Sf) auf mittlerem Zugkraftwagen 8 t Krauss Maffei KMm 11

Alternative Kombination der 5-cm-Flak 41 auf mittleren Zugkraftwagen 8 t. Auch hier war es beim Schießen notwendig, vier seitliche Stützen abzuklappen. Die Selbstfahrlafette ist ebenfalls als Versuchsgerät zu bewerten.

4. 5-cm-Flak (Gerät 214)

1945 wurde diese Behelfslösung angestrebt. Es ging darum, bereits für die 5,5-cm-Flak (Gerät 58) hergestellte Lafetten mit der 5-cm-Bordkanone 214 zu verwerten. Diese Waffe – eine Parallelentwicklung der Mauserwerke zur 5-cm-Bordkanone – hatte Gurtzuführung, wog 490 kg. Die Anfangsgeschwindigkeit ist mit 930 m/s, die theoretische Feuergeschwindigkeit mit 150 Schuss/min angegeben. Sie war am 28. Februar 1945 erstmals beschossen und dann versuchsweise in einer Me-262-1a (V) lafettiert worden. Man stellte die Weiterentwicklung ein, plante aber die Abgabe vorhandener Waffen an die Flakartillerie. Die Firma HASAG / Leipzig entwickelte dafür Munition, u.a. M-Geschosse mit Lichtspur (Gewicht 1,52-1,56 kg mit 0,45-0,5 kg Sprengstoff).

5. 5,5-cm-Flak (mot) (Gerät 58) auf Sonderanhänger, zweiachsig

Mit der Entwicklung waren die Firmen Krupp und Rheinmetall in Zusammenarbeit mit Dürkopp beauftragt worden. Als Gerät 58 fand der Entwurf der beiden zuletzt genannten Firmen Anerkennung. Geschossen werden konnte abgesetzt oder vom Sonderanhänger, der dafür mit vier abklappbaren Stützen ausgerüstet war. Zukunftsweisend war die Integration des Geschützes in ein Waffensystem mit Feuerleitradar und -rechner.

Im November 1943 war die Fortführung der Arbeiten am Gerät 58 verboten worden. Dennoch gab es Versuchsgeschütze. Eine unbekannte Zahl bereits gefertigter Lafetten wollte man mit der aptierten 5-cm-Bordkanone 214 von Mauser bestücken (vgl. Nr. 4 Gerät 214).

6. 5,5-cm-Flak-Zwilling (Sf) (Gerät 58) auf Fahrgestell Waffenträger

Hierbei handelt es sich um einen Rheinmetall-Entwurf vom Juli 1944, der nicht umgesetzt worden ist.

7. 5,5-cm-Flak-Zwilling (Sf) (Gerät 58) auf Fahrgestell Panzerkampfwagen »Panther« (Entwürfe Rheinmetall und Krupp)

Bereits Anfang des Jahres 1944 gab es Bestrebungen, die Bewaffnung eines neuen Flakpanzers mit dem 3,7-cm-Flak-Zwilling 44 durch zwei 5,5-cm-Waffen in Zwillingslafette zu ersetzen. Die Panzertruppe sollte unter maximaler Ausnutzung des leistungsfähigen »Panther«-Fahrgestells besser gegen die Angriffe aus der Luft geschützt werden. Das forderte der General der Heeres-Flaktruppen am 8. Mai 1944 beim Oberkommando des Heeres. Man rechnete mit einem Turmgewicht von über neun Tonnen. Der Richtbereich nach der Seite war mit 360°, nach der Höhe mit – 5° / + 80° festgelegt. Vier Mann Besatzung und ein Munitionsvorrat von 104 Schuss gehörten zum Fahrzeug.

Krupp war für die Turmkonstruktion zuständig, die drei verschiedenen Turmmodelle aus Holz fertigte allerdings Rheinmetall. Ein Modell ist dem Heereswaffenamt / WaPrw 6 in der zweiten Februarhälfte 1945 in Grimma vorgestellt worden. Da der Flakpanzer mit 5,5-cm-Zwillingsgeschütz nicht Bestandteil des »Notprogrammes der Rüstungsfertigung« war, mussten alle Arbeiten daran eingestellt werden.

Die Entscheidung für 3,7-cm-Flugzeugabwehrgeschütze reicht bis in den Ersten Weltkrieg zurück. Dafür gab es verschiedene Gründe. In der Nachkriegszeit hielt man an dem Kaliber fest, widmete aber der Weiterentwicklung von Geschützen dieses Kalibers bis in den Zweiten Weltkrieg hinein nicht die notwendige Aufmerksamkeit. Schlachtflugzeuge wie die sowjetische Il-2 schränkten die Operationsfähigkeit der Bodentruppen zunehmend ein, die Überlegenheit der westlichen Alliierten im Luftraum über Nordafrika, über Süd- und Westeuropa sowie über dem Reichsgebiet machte sie mitunter unmöglich.

Die Feuerkraft der Flak über leistungsgesteigerte Munition zu verbessern, war ein erster Schritt. Sie enthielt mehr Sprengstoff, zusätzliche Brandladungen und empfindlichere Zünder. Eine dauerhafte Lösung verband sich damit nicht. Die Weiterentwicklung der 3,7-cm-Flak war unumgänglich, der Übergang zu größeren Kalibern (5-5,5 cm) unverzichtbar. Allerdings fehlte die notwendige Entschlossenheit. Das änderte sich in den letzten beiden Kriegsjahren. Insbesondere die motorisierten Truppen hatten dringenden Bedarf an leistungsfähigen Waffen auf gepanzerten Fahrzeugen mit einer dem Kampfwagen vergleichbaren Beweglichkeit. Die rüstungswirtschaftliche Notlage zeigte allen Vorhaben Grenzen auf. Der Serienanlauf neuen Geräts verlief holprig, häufig entschied man zugunsten von Behelfslösungen, neue und interessante Entwicklungen erhielten keinen Vorrang, wurden bis zum Kriegsende nicht mehr abgeschlossen oder gänzlich gestrichen. Im Rüstungs-Notprogramm 1945 entschieden sich die Verantwortlichen hinsichtlich des Bedarfes grundsätzlich für ein 3,7-cm-Gerät. Als neue Waffe für den Truppenluftschutz deutete sich der Übergang zur Raketentechnik an.

Die 5,5-cm-Flak (Gerät 58) auf Sonderanhänger, zweiachsig. Zu den Merkmalen gehörte der hydraulische Richtvorgang über eine Steuersäule. Geschossen wurde mit abgesetztem Entfernungsmesser oder Funkmeßgerät. Das Gerät 58 war auch als Zwillingsgeschütz geplant.

Kapitel 6:

FLUGZEUGBORDWAFFEN DER LUFTWAFFE – IHRE VERWENDUNG ZUR TIEFFLIEGERBEKÄMPFUNG BIS 1945

Bereits im Januar 1935 wurde in der H.Dv. 462 »Flugabwehr durch Maschinengewehr und Gewehr« formuliert: »Jede Truppe schützt sich selbst gegen feindliche Flieger. Hierfür geeignete Abwehrwaffen unter 1000 m Entfernung sind die leichten und schweren Maschinengewehre«. Damit verband sich ein grundsätzliches Problem. Schnellfliegende Luftziele (360 km/h = 100 m/s) durchquerten den vor ihnen liegenden Geschoßkegel der Abwehrwaffen in Bruchteilen einer Sekunde. Nur wenige Geschosse kreuzten ihren Weg. Über 1000 m Schussentfernung blieb Munitionsvergeudung die einzig wahrnehmbare Wirkung. Entlastung sah man im Einsatz mehrerer Maschinengewehre oder mehrläufiger Waffen. In diesem Sinne wurde 1929 eine MG-Vielfachlafette (Drehbüpla) für den Fliegerbeschuss erprobt. Das Heer führte 1936 den Zwillingssockel für zwei 7,92-mm-Maschinengewehre 34 (theoretische Feuergeschwindigkeit 1800 Schuss/min) ein, der auf dem MG-Wagen 36 (If. 5) der Maschinengewehrkompanien gefahren wurde und den Schutz vor Tieffliegern auf dem Marsch gewährleisten sollte. Weitere Verwendungsmöglichkeiten für den Sockel ergaben sich auf dem Truppenluftschutz-Kraftwagen (Kfz. 4), auf Lastkraftwagen, weiterhin für den örtlichen Luftschutz und den Luftschutz bei Eisenbahntransporten. Unmittelbar zerstörende Erfolge konnten die Bedienungen der Zwillings-Maschinengewehre mit Kreiskornvisier selten registrieren. Häufig blieb es bei der abstoßenden Wirkung, welche die gegnerischen Piloten bei der Ausführung ihres Auftrages behinderte.

Das 7,92-mm-Maschinengewehr vz. 30 war in den tschechoslowakischen Luftstreitkräften auf Flugzeugen Praga E-51 und Letov S-30 beweglich in Zwillingslafette genutzt worden. 1939 übernahm die Deutsche Luftwaffe die Waffen und verwendete sie, behelfsmäßig auf Holzsockel lafettiert, zur Tieffliegerabwehr auf Feldflugplätzen.

6.1. Flugzeugbordwaffen des Kalibers 7,92 und 13 mm (Patronen 8x57 und 13x64)

Unzureichende Feuerkraft gegen moderne Tiefangriffsflugzeuge – das galt grundsätzlich auch für die Flugzeugbordwaffen, die ab 1941 zunehmend vom Bodenpersonal fliegender Verbände zum Schutz vor Tiefangriffen auf Feldflugplätzen installiert worden sind. Zu den ersten gehörten aus tschechoslowakischen Beständen stammende 7,92-mm Maschinengewehre 30 (t) – tsch. vz. 30 – in Zwillingslafette. Die bei weitem größere Zahl solcherart umgewidmeter Bordwaffen war aber deutscher Bauart. Als Lafettierungen dienten zuerst Baumstämme, später Sockellafetten. In der Regel handelte es sich um das 7,92-mm Ma-

7,92-mm-Maschinengewehr 15 mit Kreiskornvisier, Doppeltrommel 15 sowie Hülsensack, behelfsmäßig auf einem Holzsockel befestigt. In dieser Form fand die Waffe zu Kriegsbeginn auf Feldflugplätzen Verwendung. Üblich war die Nutzung des Flieger-Pivots 15.

schinengewehr 15 mit Visiereinrichtung 15 als Einling, Zwilling oder Vierling. Nach einer Bestandsaufnahme gab es zum Beispiel im Januar 1945 auf Flugplätzen in Dänemark noch 307 Maschinengewehre 15, darunter in Vandel eins, das mit dem Drehkranz D 30 auf einem Betonstand montiert war.

Das in Kampfflugzeugen starr verbaute Maschinengewehr 17 trat in den folgenden Kriegsjahren als Zwilling oder Vierling auf teils improvisierten Fla-Sockellafetten in Erscheinung. Mit einem Vierling konnte man bei einer theoretischen Feuergeschwindigkeit von 4800 Schuss/min eine wesentlich größere Geschoßdichte erzielen. Hitler forderte im August 1944, den Ausstoß von Behelfslafetten für diese Waffen in Vierlingsanordnung zu beschleunigen.

Noch bessere Ergebnisse versprach das 7,92-mm-Maschinengewehr 81, dessen theoretische Schussfolge mit 1600, als Zwilling mit 3200 und als Vierling mit 6400 Schuss/min angegeben wird. Es gehörte in diesem Kaliberbereich zu den leistungsfähigsten Waffen seiner Art. Die Konstruktion war einfach, der Stückpreis mit 480 bzw. 960 RM vergleichsweise günstig. Zwischen 1940 und 1944 wurden 46.000 Maschinengewehre 81 bzw. 81 Z beschafft, wovon die Luftwaffe eine nicht unerhebliche Zahl für die Verwendung zur Tieffliegerabwehr an das Heer und die Kriegsmarine abgab.

Eine Leistungssteigerung versprach eine Bordwaffe mit dem Kaliber 13 mm. Sie war für den starren und den beweglichen Einbau vorgesehen und kam nach mehrjähriger Entwicklung und Erprobung Ende 1940 zur Einführung. Das Maschinengewehr 131 besaß eine elektrische Abfeuerung und verschoss Spreng-, Brandspreng- sowie Panzergranatpatronen (theoretische Feuergeschwindigkeit 900 Schuss/min). Es blieb, unabhängig von der gesteigerten Geschoßwirkung, ein kurzlebiges Übergangsmodell. Folgerichtig kam es zur Abgabe für Zwecke der Tieffliegerabwehr in verschiedenen Lafettierungen. Weniger bekannt ist die Verwendung in Erdkampflafette, für die übrigens auch Maschinengewehre 15 und 81 – in wesentlich größerer Stückzahl – hergerichtet wurden.

6.2. Flugzeugbordwaffen des Kalibers 1,5- und 2 cm (Patronen 15x88 und 76x20)

Für viele der genannten Bordwaffen nutzte man die bereits im Juni 1942 im Waffenhandbuch D (Luft) T. 6256 beschriebene Flak-Sockellafette 151. Ihre Einführung verdankte sie der Absicht, Maschinengewehre 151/15 und 151/20 (Kaliber 1,5 bzw. 2 cm) zur Tieffliegerabwehr auf Flugsicherungsbooten zu verwenden. Für beide ursprünglich nur für den starren Einbau vorgesehenen Bordwaffen zeichnete die Mauserwerke AG / Oberndorf verantwortlich. Sie hatte 1934 den Entwicklungsauftrag erhalten. Er wurde 1938 vom Technischen Amt der Luftwaffe – vor dem Hintergrund der Forderung, die in der Sekunde verfeuerte Geschossmasse zu erhöhen – modifiziert. Mauser entwickelte daraufhin einen 2-cm-Lauf, was erklärt, warum es die Waffe mit zwei verschiedenen Kalibern gab. Das Geschossgewicht erhöhte sich von 34 auf 57 bzw. 92, das der Sprengladung von 1,2 auf 18 Gramm.

Forderungen, die Wirkung von Bordwaffen durch Kalibererhöhung auf 2 cm zu vergrößern, hatte es bereits im Ersten Weltkrieg gegeben. Darauf aufbauend entstand bei der Schweizer Firma Oerlikon das MG FF bzw. FFM, das in den 1930er Jahren von der Luftwaffe übernommen wurde. Die Patronenzuführung aus Magazinen bereitete konstruktive Probleme, die Feuergeschwindigkeit war zu gering, weshalb dieser Waffe keine größere Bedeutung zukam. Es sind aber auch vom 2-cm-Maschinengewehr FF bzw. FFM Lafettierungen für den Erdkampf und die Tieffliegerabwehr bekannt geworden.

Das Kaliber 2 cm genügte den Anforderungen des Luftkampfes nur bedingt. Im Trend lag die Vergrößerung des Kalibers auf 3 cm. Der Weg führte über die 3-cm-Maschinenkanonen 101 und 103 mit hervorragenden ballistischen Leistungen, aber einem vergleichsweise hohen Waffengewicht (139 bzw. 145 kg). Als Flugzeugbordwaffe lief ihnen die 1943 eingeführte 3-cm-Maschinenkanone 108 (Waffengewicht 58 kg) den Rang ab. »Diese Waffe repräsentierte den höchsten Grad an Wirksamkeit«, bemerkte ein amerikanischer Waffenexperte nach dem Krieg.

Die Konzentration auf das Kaliber 3 cm machte 1944 Bordwaffen mit geringerer Feuerkraft für die Verwendung zur Fliegerabwehr frei, vor allem die Maschinengewehre 151/15 sowie 151/20.

Bestand ausgewählter Bordwaffen und dazugehöriger Munition

Waffentyp	Kaliber	Bestand Waffen Juli 1944 (Stück)	Bestand Munition Juli 1944 (Schuss)	Verbrauch pro Monat (Durchschnitt) (Schuss)	Bemerkungen
MG 131	13 mm	11.532	30.785.000	2.446.000	
MG 151/15 und 151/20	15 mm 13 mm	17.012 [1]	64.305.000	2.773.000	elektrische und mechanische Abfeuerung
MK 103	30 mm	132	277.000	5.000	Dezember 1944: 554 Waffen und 359.000 Schuss

[1] für die Lafettierung zur Flugzeugabwehr wurden im November 1944 1300, im Dezember 1944 1841 und im Januar 1945 823 Waffen abgegeben.

Die Lafettierung von Maschinengewehren 151/15 bzw. 20 als Einling oder Zwilling auf der Fla-Sockellafette wurde bereits erwähnt. Ihre größte Bedeutung erlangten die Waffen als Flugabwehr-MG 151/20 (Drilling) auf Fla-Lafette 151 D/B. Bei dieser Lafettierung ergab sich eine theoretische Feuergeschwindigkeit von 1980-2100 Schuss/min (Kaliber 1,5 cm) bzw. 1890-2160 Schuss/min (Kaliber 2 cm). Das war – auf die praktische Feuer-

Zwei 7,92-mm-Maschinengewehre 81 Z auf Sockellafette 151 zur Tieffliegerbekämpfung. Dazu gehörte ein Kreiskornvisier. Die Munition wurde mit dem Gurt 17/81 zugeführt. Dank der Kopplung von vier Maschinengewehren ergab sich eine große Geschossdichte im Zielgebiet.

geschwindigkeit bezogen – eine beachtliche Geschoß- und Sprengstoffmenge, die in einem streuungsbedingten Kegel den Weg des anfliegenden Kampfflugzeuges kreuzte.

Über die neuen Fla-Waffen wurde im »Nachrichtenblatt der Heeres-Flaktruppen« Nr. 4/44 vom 11. Oktober 1944 berichtet: »MG 151/15 und 151/20 kommen als überzählige Fliegerbordwaffen bei einzelnen Truppenluftschutzeinheiten zum Einsatz. Die Waffen erfordern sorgfältige Pflege und müssen vor Staub und Schmutz geschützt werden. Ihr Wirkungsbereich geht bis 800 m. Aus MG 151/20 darf nur Sondermunition, nicht die übliche 2-cm-Flakmunition verschossen werden[1]. Die Beweglichkeit beim Richten wird verbessert, wenn der Patronengurt nur 50 Patronen enthält. Dadurch kann auf den Magazinkasten und das Haltegestell verzichtet werden. Die Waffen haben keine Sicherung. Abhilfe: Am Gurtanfang werden zwei Glieder leergelassen. Gurt so einführen, daß er vom ersten Leerglied im Zuführer gehalten wird. Vor dem Schießen wird die Waffe gespannt und ist dadurch feuerbereit.«

Nachfolgende Aufstellung zeigt die Verwendungsvielfalt der Fla-MG 151/15 bzw. 151/20 und damit die Bedeutung dieser Waffen für die Tieffliegerbekämpfung:

1. MG 151/15 bzw. 151/20 (Drilling) (bo) bei Infanteriekompanien (bo) und Heeres-Fla-Batterien (2 cm Flak oder MG 151/15-20) (tbew mot.)

Sechs dieser Waffen gehörten zur Ausstattung der mit Sonderkriegsstärkenachweisung (KSTN) aufgestellten Einheiten. Anfang 1945 wurden sie in die Heeres-Flakartillerie-Abteilungen eingegliedert. Die KSTN Nr. 1715 (bo) oder (tbew mot) für Heeres-Flakbatterien galten als Anhalt.

2. MG 151/15 bzw. 151/20 (Drilling) (tbew mot) auf Anhänger 1,5 t (mehrachsig) für R.S.O.

Dieser Anhänger, als Waffenträger modifiziert, war im Dezember 1944 erprobt worden. Als Zugmittel kamen Raupenschlepper Ost (R.S.O.) oder gleichartige langsam laufende Fahrzeuge zum Einsatz. Sie gehörten zur Ausstattung der Stäbe von Zug- und Transportstaffeln, waren aber auch in teilbeweglichen Heeres-Artillerieabteilungen und anderen Formationen zu finden.

3. MG 151/15 bzw. 151/20 (Drilling) (mot) auf Sonderanhänger (zweiachsig) (Sd.Ah. 104)

Sie waren 1944/1945 als Ausbildungsgerät in Fla-Ausbildungskompanien (mot) (2 cm) (KSTN Nr. 8263) sowie in Lehrgruppen der Heeres-Flakartillerie des Ersatzheeres im Einsatz.

2-cm-Flugabwehr-Maschinengewehr 151/20 auf Fla-Lafette D/B. Der vordere Gurtkasten fasst 450 Patronen, die beiden seitlichen Kästen für die äußeren Waffen jeweils 240 Patronen. Empfohlen wurde die Munitionszuführung mittels loser Gurte zu je 50 Schuss.

4. 2-cm-MG 151/20 (Drilling) auf 15-cm-Panzerwerfer 42 (Sf.) (Sd.Kfz 4/1)

Behelfslösung. Vermutlich handelt es sich nur um ein Einzelstück. Es wurde im Mai 1945 im Großraum Prag festgestellt.

5. MG 151/15 bzw. 151/20 (Drilling) in Betonringtürmen auf R-, F-, L- oder Om-Wagen der Deutschen Reichsbahn

Die Waggons erhielten einen oder zwei Ringtürme aus Stahlbeton mit Fla-Drillingen und einen Aufbau als Unterkunft für die Bedienungsmannschaft. Sie dienten der Abwehr von Tieffliegerangriffen auf Transportzügen. Es war üblich, zwei dieser Wagen einzugliedern, einen hinter der Lokomotive, einen am Ende des Zuges.

[1] Für das 2-cm-Fla-MG 151/20 war Bordwaffenmunition (Patrone 76x20), nicht Flakmunition (Patrone 138x20) zuständig. Ab 1. November 1944 wurden Heeres-Flaktruppen und Fliegerabwehreinheiten generell von der Luftwaffe mit Flak-Munition versorgt.

2-cm-Flugabwehr-Maschinengewehr 151/15 bzw. 151/20 auf dem Sonderanhänger, zweiachsig (Sd.Ah. 104). Die Aufnahme entstand im Herbst 1944.

6. MG 151/15 bzw. 151/20 (Drilling) (mot) auf leichten geländegängigen Lastkraftwagen (4x4) Steyr Typ 1500 A

Eine weitere Behelfslösung für den Schutz motorisierter Einheiten vor Tieffliegerangriffen. Für diese Verwendung wurden auch Lastkraftwagen anderer Hersteller herangezogen.

7. MG 151/15 bzw. 151/20 (Drilling) auf mittleren geländefähigen Lastkraftwagen (6x4) (e) (gp)

Dieser Umbau entstand unter Verwendung erbeuteter englischer Lastkraftwagen 3 t. Sie erhielten die Fla-Lafette 151 D/B mit Drillings-Maschinengewehr und großem Schutzschild, die Fahrzeuge einen leichten Panzerschutz. Sonderanfertigung für den Schutz von Transportstaffeln der Organisation Todt. Ein Fahrzeug dieser Bauart stand im Frühjahr 1945 in Berlin-Reinickendorf.

8. MG 151/20 (Drilling) auf Fahrschulpanzer I, Ausführung B (LaS Maybach)

Eine weitere Behelfslösung für den Schutz motorisierter Einheiten vor Tieffliegerangriffen. Ende April 1945 südwestlich von Berlin festgestellt.

9. Mittlerer Schützenpanzerwagen Hkl 6p mit MG 151/15 bzw. 151/20 (Drilling) (Sd.Kfz.251/21)

Von dieser Ausführung des mittleren Schützenpanzerwagen wurden zwischen August 1944 und März 1945 387 Stück ausgeliefert. Sie fanden in den Fla-Zügen (MG 151/20 Drilling) (KSTN Nr. 1129 vom 1. August 1944) zu je sechs Fahrzeugen sowie in den Panzergrenadierkompanien d (MG 151/20 Drilling) (gp) (frei) (KSTN Nr. 1114 d (gp) Verwendung. Ihre Hauptaufgabe war die Tieffliegerabwehr. Am 28. September 1944 gab man Zahlen über die 1. Munitionsausstattung bekannt. Sie umfasste 6000 Schuss für beide Kaliber, wovon 3000 (2675 Brandsprengund 325 Panzergranatpatronen) auf dem Schützenpanzer mitgeführt wurden.

6.3. Flugzeugbordwaffen des Kalibers 3 cm (Patrone 30x184 mm)

Neben den als Flugzeugabwehr aptierten Bordwaffen der Kaliber 7,92, 13, 15 und 20 mm erlangte 1944 die 3-cm-Maschinenkanone 103 in dieser Verwendung größere Bedeutung. Fla-Waffen des Kalibers 3 cm waren schon Ende September 1943 im Verlaufe einer Rüstungskonferenz zwischen Hitler und Speer thematisiert worden, und zwar als 3-cm-Doppelflak 303 von den Waffenwerken Ag / Brünn. Die Verwendung war in vollgepanzerten Drehtürmen auf U-Booten und auf dem Fahrgestell des Panzerkampfwagen IV vorgesehen. Im April 1944 befahl Hitler die Serienfertigung, zunächst nur für die Bewaffnung der U-Boote. Die endgültige Ausführung des Doppelflak-Drehturmes für den Flakpanzer sollte vorerst mit Waffen des Kalibers 2 cm bestückt werden.

Keine dieser Lösungen kam über das Stadium von Projekten und Prototypen hinaus. Die Überlegenheit der alliierten Luftstreitkräfte, die 1944 an allen Fronten spürbare Bedrohung durch Tiefangriffsflugzeuge erzwangen schnellere Lösungen. Verfügbar und auf Grund ihrer Feuerkraft (theoretische Feuergeschwindigkeit 380 - 420 Schuss /min, Geschossgewicht 370 g) dafür geeignet war die 3-cm-Maschinenkanone 103. Sie ist 1942 bei Rheinmetall-Borsig als Weiterentwicklung der 3-cm-Maschinenkanone 101 entstanden und ab April / Mai 1943 in Serie gefertigt worden. Während der Rüstungskonferenz am 15. und 16. Oktober des Jahres notierte Speer, der Minister für Rüstung und Kriegsproduktion: »Neben der Flak- und Jägerproduktion hält der Führer die sofortige Umbewaffnung der vorhandenen Flugzeuge mit den neuen Bordwaffen für die derzeitig vordringlichste Rüstungsaufgabe«. Die Maschinenkanone 103 beeindruckte u.a. mit ihrer hohen Durchschlagleistung gegen Panzerstahl (90 mm auf 300 m Entfernung bei einem Auftreffwinkel von 90 Grad) und war damit besonders für Schlachtfliegereinsätze prädestiniert. Mit einem Einbaugewicht von 165 bis 199 kg wurde sie für die Bewaffnung der Jäger / Nachtjäger in den geplanten Stückzahlen gar nicht benötigt. Dafür war die nur 72 bis 88 kg schwere Maschinenkanone 108 besser geeignet. Damit konnten 3-cm-Maschinenkanonen 103 für die Flugzeugabwehr abgegeben werden. Die Entwicklung lief unter dem Suggestivnamen »Jaboschreck« und führte zur Kombination der Bordkanone mit der 2-cm-Flak 38-Lafette. Erstmals vorgestellt hat man das neue Flugabwehrgeschütz am 30. September 1944 bei Rheinmetall in Guben. Es folgte am 16. Oktober des Jahres die Vorführung auf dem Schießplatz Kummersdorf-Gut. Dabei war auch ein Holzmodell des Flakpanzers IV »Kugelblitz«, den man nach Entwürfen des Oberleutnant Dipl. Ing. Josef von Glatter-Götz

Ein 2-cm-Flugabwehr-Maschinengewehr 151/20 auf Fla-Lafette D/B in Feuerstellung. Aufnahme vom Herbst 1944.

(OKH/AHA/Agk/In 6) innerhalb kürzester Zeit entwickelt hatte.

Die Leistungssteigerung, die sich aus der Verwendung der Bordkanone als 3-cm-Flak 103/38 im Vergleich zur 2-cm-Flak 38 ergab, belegt die folgende Tabelle:

	2-cm-Flak 38	3-cm-Flak 103/38
Kaliber	20 mm	30 mm
Rohrlänge (mit Mündungsbremse)	1451 mm	2318 mm
V_0 Minengeschoss Panzergranate	900 m/s 830 m/s	900 m/s 800 m/s
Schussweite, max.	4800 m	5730 m
Schusshöhe, max.	3700 m	4700 m
Zerlegergrenze	2100 m	1600 m
Feuergeschwindigkeit theoretisch praktisch	420 - 450 Schuss/min 180 - 220 Schuss/min	400 Schuss/min 250 Schuss/min
Geschossgewicht	115 g	370 g
Geschossgewicht / 4,5 s	0,495 kg	1,645 kg
Höhenrichtbereich	-20^0 / $+90^0$	-10^0 / $+80^0$
Seitenrichtbereich	360^0	360^0
Gewicht der Waffe	56 kg	145 kg
Gewicht in Feuerstellung	406-420 kg	619 kg
Gewicht in Fahrstellung	750 kg	879 kg
Konstruktive Details	Rückstoßlader mit Zentralverriegelung und mechanischer Abfeuerung, Magazinzuführung mit 20 Patronen	Gasdrucklader mit starrerVerriegelung und mechanischer Abfeuerung, Gurtzuführung mit Gurten zu 30 - 40 Patronen

Den Leistungen entsprechend gab es, wie beim Fla-MG 151/15 bzw. 151/20 (Drilling), fast ein Dutzend Einsatzvarianten und Projekte:

1. 3-cm-Flak 103/38 (mot) auf Sonderanhänger, einachsig (Sd.Ah. 51)

Das Geschütz bestand aus der 3-cm-Maschinenkanone 103, der Ober- und Unterlafette sowie dem einachsigen Sonderanhänger (Sd.Ah. 51) der 2-cm-Flak 38. Um die größeren Rückstoßkräfte der kompakt konstruierten Bordwaffe aufnehmen zu können, kam neben der Rohrmündungsbremse eine zusätzliche Gehäusemündungsbremse zum Einsatz. Verstärkungen erfuhr die Unterlafette. Die Oberlafette nahm am Wiegenlager den ebenfalls höhenschwenkbaren Gurtkasten (Gewicht 46-56 kg) auf. Schwebekreisvisier und Erdzielfernrohr waren in Schussrichtung federnd gelagert.

Die Fahrbarmachung auf dem Sonderanhänger ermöglichte die Fortbewegung im motorisierten, bespannten und Mannschaftszug. Weitere Verwendungsmöglichkeiten bot die Lafettierung auf Lastkraft- oder Eisenbahnwagen (Gewicht dann nur noch 563 kg). Wiederholt kritisch bewertet wurden beim Schießen mit der 3-cm-Flak 103/38 die Vibration und Qualmentwicklung der Munition sowie die große Streuung.

Der Vorführung im Oktober 1944 folgte am 30. November des Jahres die Auftragserteilung an die Gustloffwerke, Waffenwerk Suhl. Sie umfasste den Einbau der 1000 von Rheinmetall-Borsig aus Guben gelieferten 3-cm-Maschinenkanonen 103 in Flaklafetten 103/38 mit Visierschwinge und deren Auslieferung, zusammen mit dem Zubehör sowie Vorratssachen. Die Lieferfristen waren wie folgt festgelegt:

	1944		1945			Summe
	November	Dezember	Januar	Februar	März	
Stückzahl	75	185	230	250	260	1000

Als Anhalt für den Einsatz dienten die Kriegsstärkenachweisungen Nr. 1713 (fG) vom 1. Juni 1944, Nr. 1716 vom 1. Januar 1945 oder Sonder-Kriegsstärkenachweisungen für Heeres-Flak-Batterien mit 12 Geschützen.

2. 3-cm-Flak-Vierling 103/38 (mot) auf Sonderanhänger, einachsig (Sd.Ah. 52)

Vier 3-cm-Flak 103/38 wurden in Lafetten des 2-cm-Flakvierling 38 eingelegt und auf dem einachsigen Sonderanhänger (Sd.Ah. 52) fahrbar gemacht. Veränderungen betrafen die Verstärkung der Wiege, den geänderten Abzug und die Übernahme des Federausgleichers der 3,7-cm-Flak 43. Mängel zeigte die neugestaltete Gurtzuführung der Munition aus Gurttrommeln. Beeindruckend blieb die in 4,5 Sekunden verfeuerte Geschossmasse von 7,4 kg. Weitere zuverlässige Angaben über den Umfang der Produktion und den Einsatz liegen nicht vor.

3. 3-cm-Flak 103/38 (mot) auf leichten geländegängigen Lastkraftwagen (4x4) Steyr Typ 2000 A

Die Lafettierung der 3-cm-Maschinenkanone 103 auf leichten Lastkraftwagen ging auf eine Forderung aus dem Jahr 1944 zurück. Die Firmen Ostbau / Sagan und Gaubschat / Berlin lieferten 50 3-cm-Flak 103/38 auf dem 2-Tonner Steyr 2000 A. Es wurden aber auch andere Lastkraftwagen dazu herangezogen. Ihr Verwendungszweck lag in der Gewährleistung des Tieffliegerschutzes von Nachschubeinheiten auf dem Marsch.

4. 3-cm-Flakeinling 103 (bo) auf Behelfslafette

Zum Ende des Krieges von Truppenwerkstätten durchgeführte behelfsmäßige Einlagerung von 3-cm-Maschinenkanonen 103 zur bodenständigen Aufstellung. Der Holzsockel erhielt eine schwenkbare Oberlafette mit Schutzplatte und zweiteiliger, ledergepolsterter Schulterstütze. Die Verwendung erfolgte auf Feldflugplätzen.

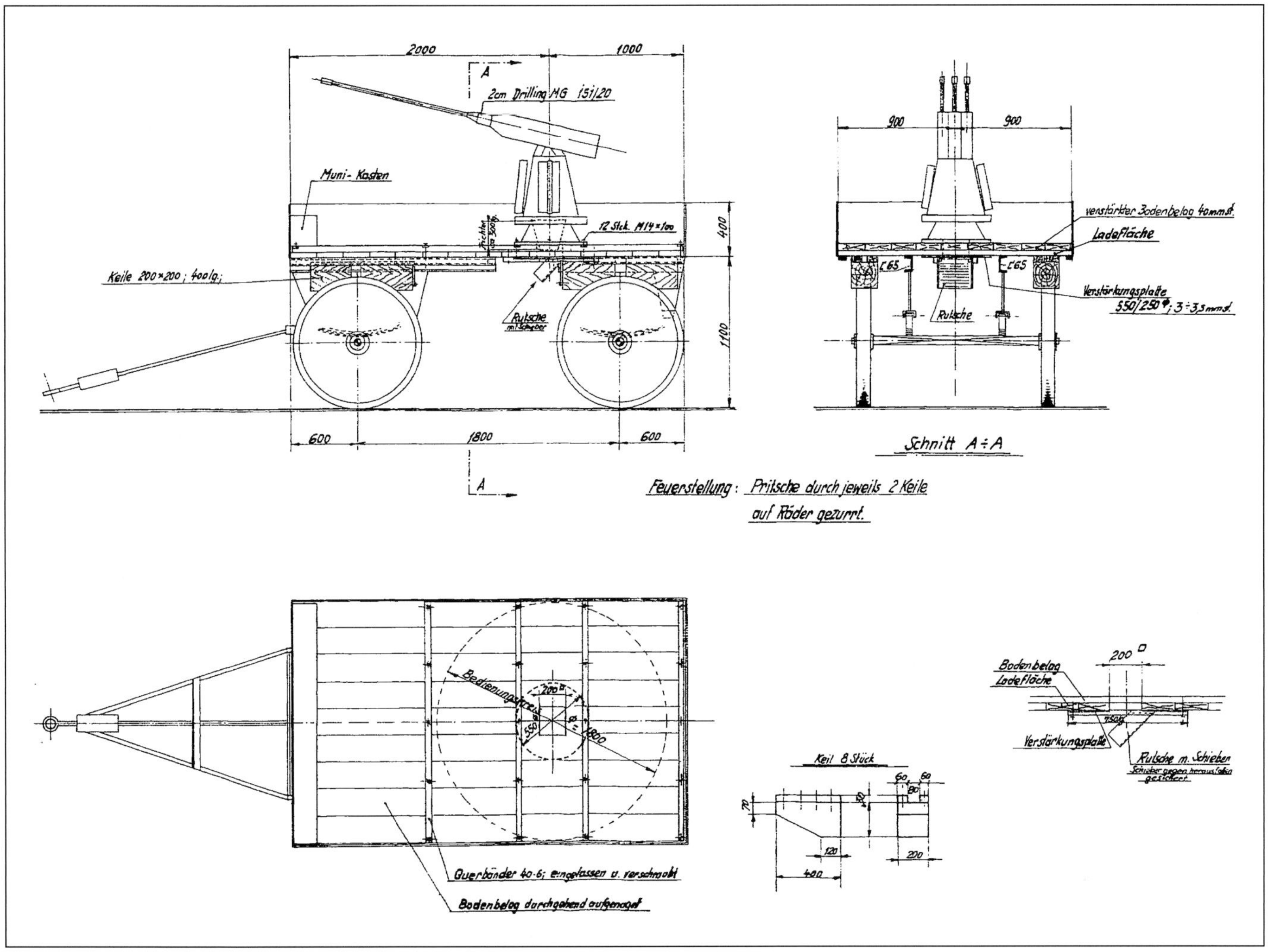

Der Sonderanhänger Ost 1,5 t mit 2-cm-Drillings-Maschinengewehr 151/20. Zeichnung vom 9. Dezember 1944. Als Zugmittel waren Raupenschlepper Ost (R.S.O.) und vergleichbare Schlepper vorgesehen.

5. 3-cm-Maschinenkanone 103 in Fla-Lafette 151 D/B

Diese Kombination einer 3-cm-Maschinenkanone 103 mit zwei 2-cm-Maschinengewehren 151/15 bzw. 151/20 in einer Fla-Lafette 151 D/B war auf der Rüstungskonferenz am 12. Oktober 1944 diskutiert worden. Es blieb ein Projekt.

6. 3-cm-Flak 38/103 auf Bergepanzer 38 (t)

Adaption des Bergepanzer 38 (t) mit 2-cm-Flak 38. Vermutlich handelt es sich nur um ein Einzelstück. Es wurde 1945 während der letzten Kämpfe im Protektorat Böhmen und Mähren festgestellt.

7. Leichter Flakpanzer IV (3 cm) »Kugelblitz« mit 3-cm-Flak 103 als Zwillingswaffe

Diese Entwicklung basiert auf einem Vorschlag des Oberleutnant Dipl. Ing. Josef von Glatter-Götz (OKH/AHA/Agk/In 6). Den Auftrag erhielt Daimler Benz in Berlin-Marienfelde. Erstaunlich und Beleg für die Eilbedürftigkeit ist die Tatsache, dass die Einführungsverfügung für den Flakpanzer bereits in der 2. Ausgabe des Heerestechnischen Verordnungsblattes vom 21. November 1944 bekannt gegeben worden ist (OKH (Ch H Rüst u. BdE) 9.10.44 (Az 76 g FlaNr. 185/29/44 AHA/In 6 (2) WuG/Wa). Mitte Oktober hatte es nur ein Holzmodell gegeben.

Zu diesem Zeitpunkt arbeitete man noch mit Hochdruck an den Heeresgerätzeichnungen einschließlich der Abnahme-, Lehr- und Betriebsmittel. 100 Stück waren bestellt. Sie sollten ab Januar 1945 den leichten Flakpanzer IV mit 3,7-cm-Flak 43 ablösen, die Serienfertigung im Folgemonat mit je 30 Fahrzeugen anlaufen. Sein Verwendungszweck wurde wie folgt beschrieben: »Der leichte Flakpanzer übernimmt den Schutz von Panzerverbänden gegen Tiefflieger und Tiefstflieger«. Im Panzernotprogramm vom 13. Februar 1945 wurde die Komplettierung der neuen Flakpanzer der Firma Ostbau / Sagan übertragen, die Auslieferung im März mit 10, im April mit 20 und für Mai/Juni mit je 40 Stück festgelegt – ein unrealistischer Plan. Wegen der Frontlage musste die Firma verlagert werden. Die Angaben über

tatsächlich ausgelieferte »Kugelblitz« schwankten zwischen zwei und fünf Wagen. Zumindest ein Ausbildungsgerät erhielt die erste Panzerflak-Ersatz- und Ausbildungseinheit des Heeres (unter Hauptmann Udo Klausa) in Ohrdruf von einem Unternehmen aus dem Ruhrgebiet. Der Panzer fand am 1. April 1945 während der Kämpfe mit der 6. US-Panzerdivision bei Spichra Verwendung.

8. Flakpanzer 38 D »Kugelblitz« II mit zwei 3-cm-Flak 103 und zwei 2-cm-MG 151/20 (auch als »Kleiner Kugelblitz« bezeichnet)

Im November 1944 forderte das Heereswaffenamt / WaPrw 6 einen neuen »Kugelblitz«-Drehturm zur Aufnahme von zwei 3-cm-Flak 103 und zwei 2-cm-MG 151/20. Daimler-Benz baute daraufhin ein Holzmodell des Drehturmes. Nach der Meinung von Glatter-Götz bot das 38 D-Fahrgestell für diese Waffenanlage zu wenig Platz. Es blieb beim Projekt.

9. Flakpanzer IV »Zerstörer 45« mit 3-cm-Flak-Vierling 103/38

Ein weiteres Projekt ging auf eine Anregung von Oberleutnant Dipl. Ing. Josef von Glatter-Götz zurück, der den 3-cm-Flak-Vierling mit abgeänderter Lafette im Drehturm des Flakpanzer IV (2 cm Vierling) »Wirbelwind« montieren wollte. Das Vorhaben kam nicht über das Projektstadium hinaus.

Kampfflieger, im Besonderen Jagd- und Schlachtflieger, erfüllen Aufträge mit ihren Waffen angriffsweise. Die Umwidmung der Bordwaffen zu Fla-Waffen – Fliegerabwehrwaffen – ist das Thema dieses Beitrages. Da-

Bild oben: 2-cm-Flugabwehr-Maschinengewehr 151/15 bzw. 151/20 auf dem mittleren Schützenpanzerwagen Hkl 6p (Sd.Kfz. 251/21). Schützenpanzerwagen mit dieser Bewaffnung schützten die Panzergrenadiere gegen Angriffe von Tief- und Sturzkampffliegern.

Bild unten: 3-cm-Flugabwehrkanone 103/38 in Feuerstellung. Das Geschütz diente zur Bekämpfung von Luftzielen. Es konnte auch gegen Erd- und Seeziele eingesetzt werden.

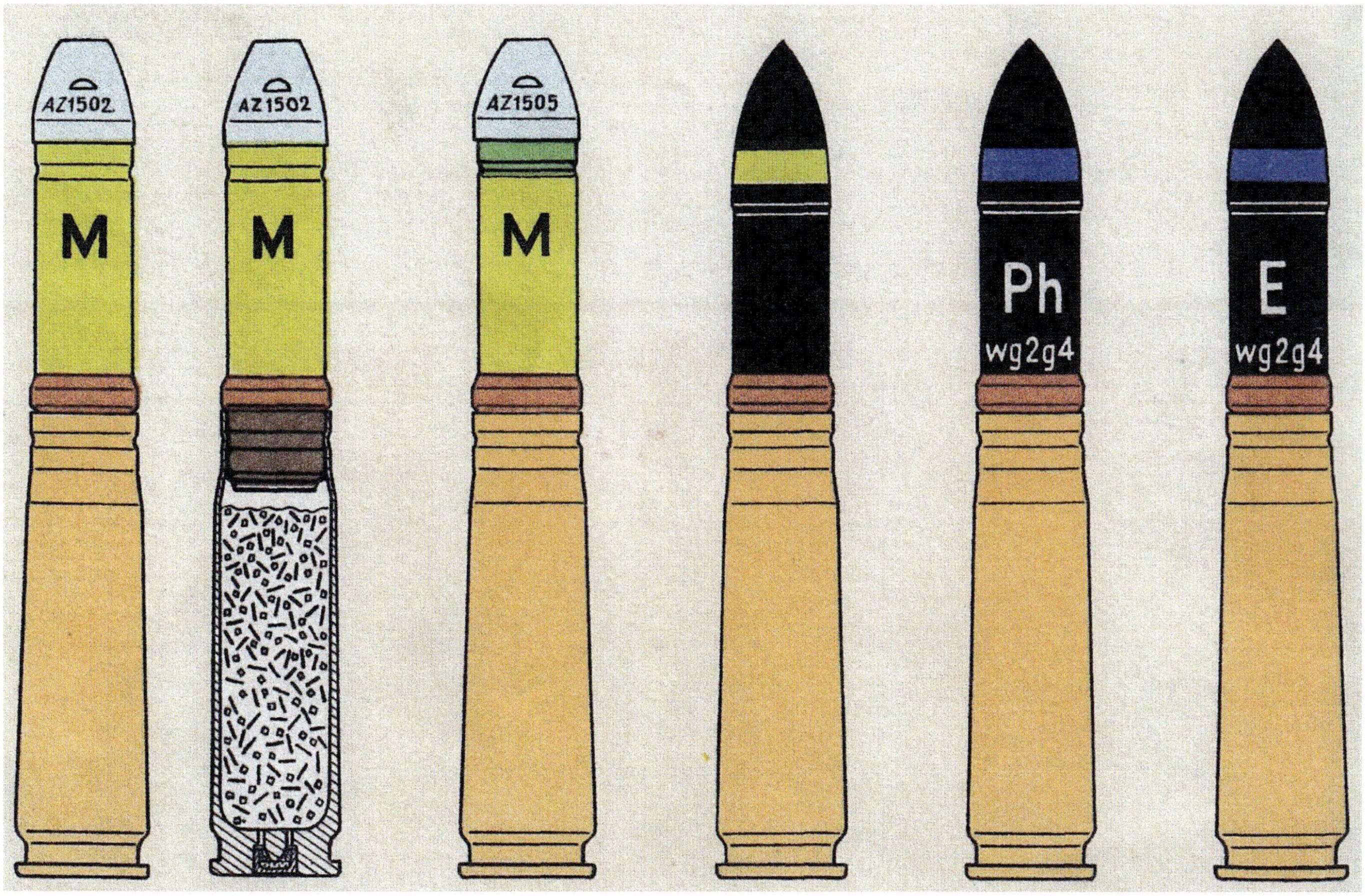

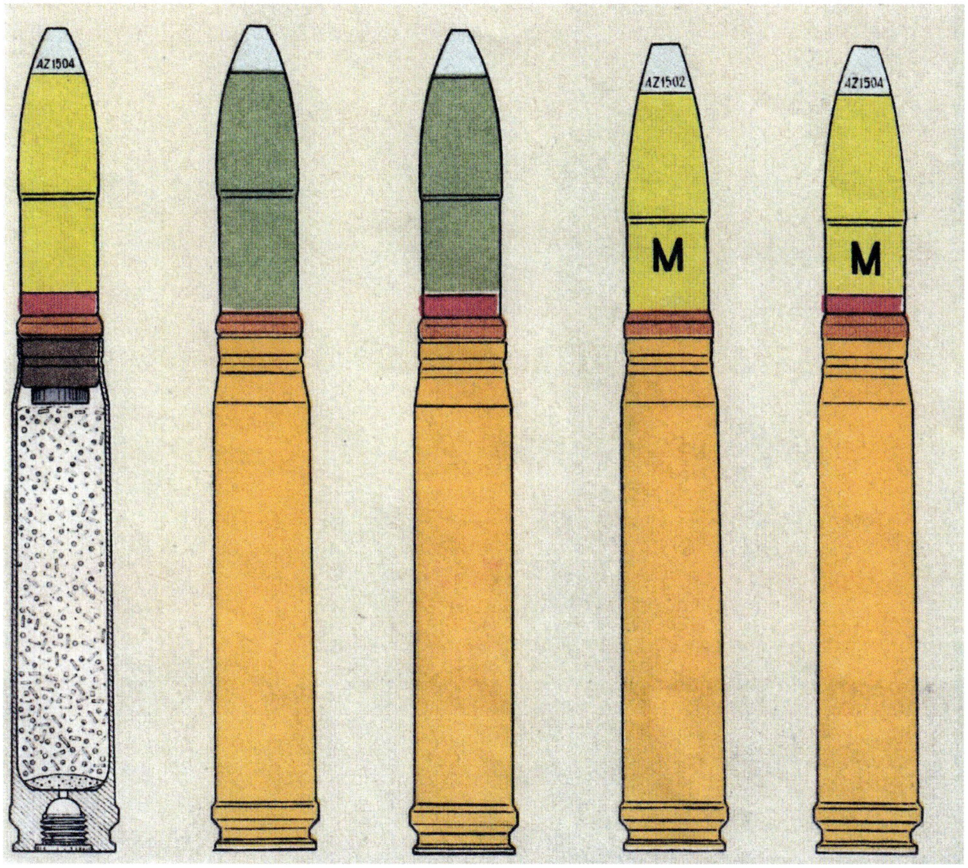

Bild oben: Die Munition für das 2-cm-Flugabwehr-Maschinengewehr 151/20: M-Geschosspatrone ohne Zerleger, M-Geschosspatrone mit Zerleger, Panzergranate mit Lichtspur ohne Zerleger, Panzerbrandgranate (Phosphor) ohne Zerleger, Panzerbrandgranate (Elektron) ohne Zerleger (von links nach rechts).

Bild unten: Die Munition für die 3-cm-Flugabwehrkanone 103/38: Sprenggranatpatrone mit Lichtspur ohne Zerleger, Sprenggranatpatrone Üb ohne Zerleger, Sprenggranatpatrone Lichtspur Üb ohne Zerleger, M-Geschosspatrone ohne Lichtspur, M-Granatpatrone mit Lichtspur und Zerleger (von links nach rechts).

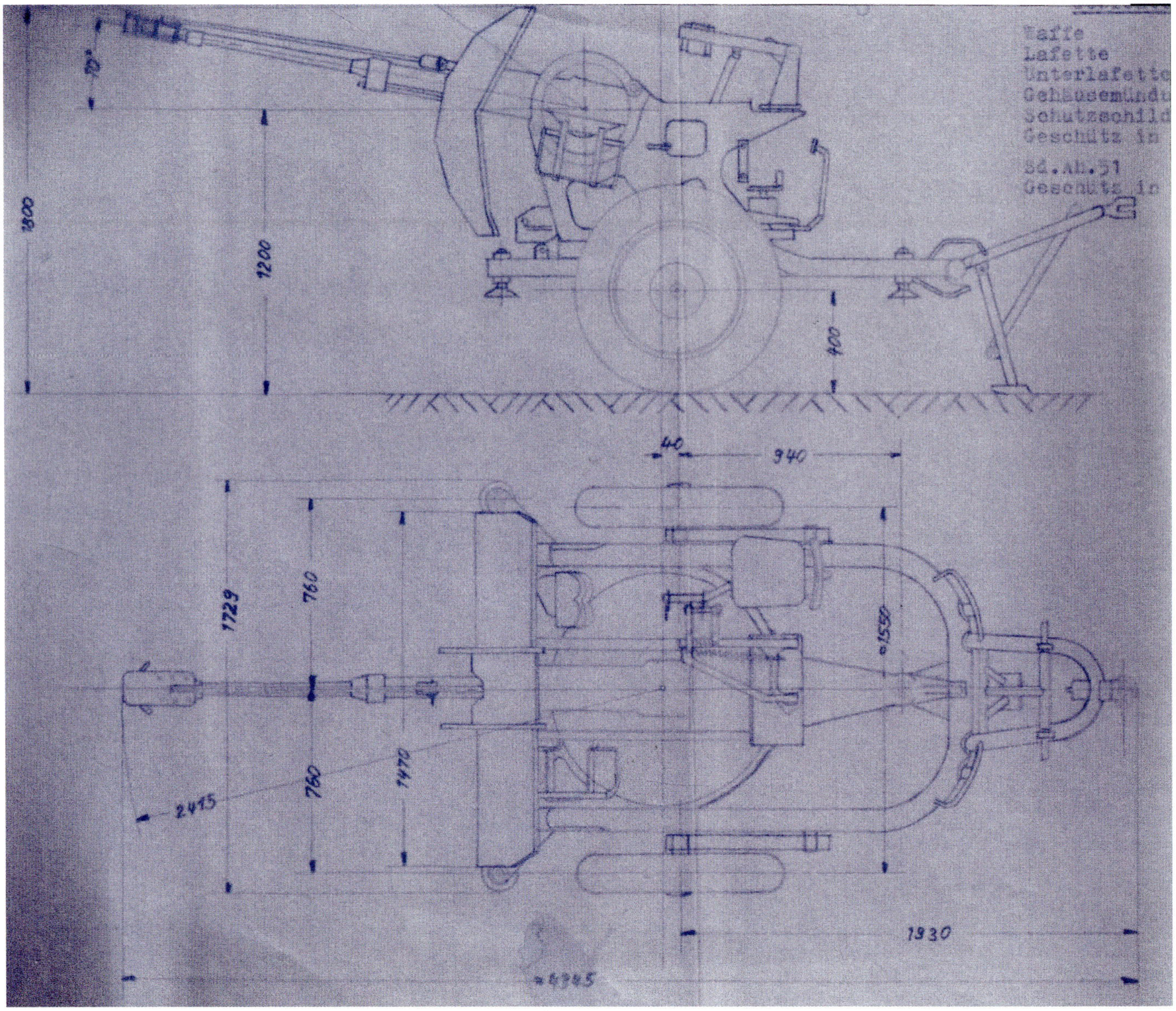

Die 3-cm-Flugabwehrkanone 103/38 in Fahrstellung auf dem Sonderanhänger, einachsig (Sd.Ah. 51). Das schnelle Aufnahmen und Absetzen ist durch die Anwendung des Sackkarrenprinzips gewährleistet.

bei geht es zuallererst um taktisch-technische Probleme. Die angesichts zahlreicher militärischer Konflikte in der Gegenwart bemühte moralisierende Kategorisierung der Waffentechnik nach ihrer Bestimmung für den Angriff und die Verteidigung ist scheinheilig. Im Kontext mit dem militärhistorischen Beispiel darüber nachzudenken, soll dem Leser mit auf den Weg gegeben werden.

Auf deutscher Seite registrierte man in der Schlussphase des Zweiten Weltkrieges eine letztlich für die erfolgreiche Fortführung des Kampfes unerträgliche Bedrohung durch alliierte Tiefangriffsflugzeuge. Das schränkte die Operationsfähigkeit der Bodentruppen ein, beeinflusste weiterhin die Nutzung der Verkehrsinfrastruktur für Truppen- und Rüstungstransporte im Reichskriegsgebiet. Die bei der Herstellung von Kampfflugzeugen erreichte Quantität und Qualität sicherte den Alliierten die Luftherrschaft. Damit gewann die Flugzeugabwehr entscheidende Bedeutung, insbesondere die erfolgreiche Tieffliegerbekämpfung. Daraus ergaben sich zahlreiche Probleme. Die deutsche Rüstung hatte im Sommer 1944 ihren Zenit überschritten und bewegte sich in einem dramatische Formen annehmenden Ziel-Mittel-Konflikt. Einen Lösungsansatz bot die Umwidmung überzähliger Flugzeugbordwaffen zu Flugzeugabwehrwaffen – ein Ergebnis der Tatsache, dass die Kampfmittel für den Luftkrieg die Spitze des technologischen Fortschrittes bestimmten. Sichtbarer Ausdruck dafür waren die vielen, in rascher Folge zum Einsatz gebrachten modifizierten und neuen Flugzeugmo-

Fragment des »Kugelblitz«-Drehturmes, der an der innerdeutschen Grenze, bei Spichra, von Grenztruppen der DDR gesprengt worden war. Zu sehen sind der Schutzmantel für das Kugelgehäuse mit den beiden Maschinenkanonen und Reste der Deckenpanzerung der Wanne. Der Turmdrehkranzdurchmesser ist mit 1900 mm angegeben.

delle mit leistungsgesteigerten Bordwaffen. Ältere Modelle – in großer Zahl beschafft und mit großen Munitionsbeständen ausgestattet – standen für andere Zwecke zur Verfügung. Der Mangel an Betriebsstoffen und Personal machte 1944/1945 die Umrüstung von Kampffliegergeschwadern für die Reichsluftverteidigung bzw. ihre Auflösung notwendig. Ihre freiwerdende Abwehrbewaffnung erhöhte den Bestand.

Flugzeugbordwaffen und ihre Munition waren im Einsatz erprobt und leistungsfähig. Sie standen 1944/1945 in großer Zahl zur Verfügung, um Lücken in der Tieffliegerabwehr zu schließen und konnten in kurzer Zeit mit bereits verfügbarem Gerät, u.a. Lafetten, Anhängern oder Panzerfahrgestellen, kombiniert werden. Das ermöglichte ihre schnelle Bereitstellung, wie mit der 3-cm-Flak 103/38 geschehen. Zum Vergleich: Die Entwicklung der für die Munition der 3,7-cm-Flak 18 und 36 eingerichtete 3,7-cm-Flak 43 nahm im Krieg über 2 ½ Jahre in Anspruch.

KAPITEL 7:

BEUTEFLAK IN DEN DEUTSCHEN STREITKRÄFTEN 1915-1945

Die Darstellung dieses Themas bedarf einiger Vorbemerkungen. Gründe dafür sind:

- das Geschützmaterial stammte aus fast allen an beiden Weltkriegen beteiligten europäischen Ländern,
- die unterschiedlichen taktisch-technischen Parameter,
- die voneinander abweichende, teils aber international vernetzte Entstehungsgeschichte.

Die Anfänge der Nutzung erbeuteten Artilleriematerials zur Flugzeugbekämpfung liegen im Ersten Weltkrieg. Der ehemalige Kommandierende General der Luftstreitkräfte, General der Kavallerie Ernst von Hoeppner, hat sich 1921 in seiner Arbeit »Deutschlands Krieg in der Luft« dazu geäußert. Die Zahl der gegnerischen Flieger nahm in überraschender Weise zu. »Ihre Bekämpfung forderte gebieterisch die schnelle Vermehrung der

Ein Teil der russischen Geschützbeute aus den Kämpfen im Osten. Für die Aptierung als Flak waren die 76-mm-Feldkanonen 02 von besonderer Bedeutung. Aufnahme vom Gelände der Friedr. Krupp AG / Essen, Frühjahr 1915.

Die ortsfeste 7,62-cm-Flak L/30 von Rheinmetall. Das in Feuerstellung 3420 kg schwere Geschütz besaß einen Höhenrichtbereich von -3/+70° und konnte nach der Seite 360° gerichtet werden. Mit einer V_0 von 588 m/s ergaben sich eine Schussweite von 9400 m und eine Schusshöhe von 3420 m. Das Geschoss wog 6,85 kg.

wenigen Abwehrgeschütze – die Schaffung einer artilleristischen Flugabwehr-(Flak-)Waffe.« Um durch neue Anforderungen die Geschützlieferung an die Fuß- und Feldartillerie möglichst wenig zu beeinträchtigen, griff das Kriegsministerium zu der Aushilfe, erbeutete französische, russische und italienische[1] Geschütze durch Krupp und Ehrhardt[2] in Flak behelfsmäßig abändern zu lassen.

Zusammenstellung der Flakgeschütze zum Kriegsende 1918		
Bezeichnung	Stückzahl	Bemerkungen
7,62-cm-Flak, pferdebespannt (auch 7,62-cm-»Russenflak«)	60	Umbau erbeuteter russischer 76-mm-Feldkanonen 00 bei Krupp
7,62-cm-O-Flak L/30 (auch 7,62-cm-Sockelflak)	258	Umbau erbeuteter russischer 76-mm-Feldkanonen 02 bei Rheinmetall, Lieferung ab Ende September 1915
7,62-cm-W-Flak L/30 (auch 7,62-cm-Wagenflak)	26	Umbau erbeuteter russischer 76-mm-Feldkanonen 02 bei Rheinmetall, Lieferung ab Ende September 1915
7,62-cm-S-Flak L/30	120	Umbau erbeuteter russischer 76-mm-Feldkanonen 02 bei Rheinmetall
7,62-cm-E-Flak L/30 (auch 7,62-cm-Eisenbahn-Flak)	6	Nach einem Vorschlag von Rheinmetall vom Sommer 1915 wurden abgeänderte russische 76-mm-Feldkanonen 02 auf zweiachsige Geschützwagen gesetzt und zwei Batterien damit ausgestattet.
7,62-cm-Räderflak L/30	120	Umbau erbeuteter russischer 76-mm-Feldkanonen 00 bei Krupp
7,62-cm-Sockelflak L/30	48	Umbau erbeuteter russischer 76-mm-Feldkanonen 00 bei Krupp
7,7-cm-L.F.K. L/35	294	aus erbeuteten französischen 75-mm-Feldkanonen 97 bei Krupp hergestellte Räder-Flak (Aufbohrung auf das Kaliber 76,2 mm, Umbau der Lafette, für 360^0, Seitenrichtbereich auf eine Radbahn gesetzt)
7,7-cm-S-Flak L/35 (auch 7,7-cm-Sockelflak)	68	Umbau erbeuteter französischer 75-mm-Feldkanonen 97 bei Krupp
7,5-cm-Sperrfeuerflak L/30, ortsfest	k. A.	Umbau erbeuteter italienischer 75-mm-Feldkanonen 06 und 11als Behelfsflak auf Schießgerüst ab Ende 1917 (nur zum Verschuss italienischer Munition geeignet)

Im September 1914 verfügte das deutsche Heer über neun auf Kraftwagen und 27 auf Rädern lafettierte Flak, die zu dieser Zeit noch als Ballonabwehrkanonen (BAK) bezeichnet wurden. Ihre Zahl stieg bis Ende 1918 auf 2913 Geschütze, wovon ein knappes Drittel unter Verwendung erbeuteten Artilleriegeräts entstanden war. Das unterstreicht ihre Bedeutung für die Entwicklung der artilleristischen Bekämpfung von Luftfahrzeugen.

Die Auswertung[3] der Kriegserfahrungen hatte in den 1920er Jahren in der Reichswehr einen hohen Stellenwert. Erkenntnisse flossen in die geheime Entwicklung eigenen Flakgeräts ein. Daneben verfolgte man aufmerksam die Fortschritte in der Flugzeugabwehr des Auslandes . Konkrete Überlegungen darüber, wie die ausländischen Geschütze zur Verstärkung der eigenen Flugzeugabwehr herangezogen werden konnten, gab es damals noch nicht. Und doch kam es so. Das geschah vor dem Hintergrund des schnellen Fortschreitens der militärischen Luftfahrt und der in jeder Hinsicht viel höheren Anforderungen an die Flugzeugabwehr. Jedes Geschützrohr wurde gebraucht, jedes Kaliber, jedes brauchbare Modell. Sie erhielten teilweise neue Lafetten und Zieleinrichtungen, die Rohre wurden aufgebohrt, die Munition geprüft, abgeändert, nachgebaut oder neu entwickelt.

Prozentual war der Anteil von Beutegeschützen im Zweiten Weltkrieg nicht so hoch wie im Ersten Weltkrieg. Jedoch erfüllten sie, vor allem in stationärer Aufstellung als Sperrfeuerbatterien, im Atlantikwall und im Heimatkriegsgebiet, Aufgaben in der artilleristischen Luftverteidigung. Sie schlossen Lücken dort, wo die den Anforderungen hinterherhinkenden Ausstoßzahlen der Geschütz- und Munitionsfertigung deutscher Konstruktion das notwendig machten.

Von der 7,62-cm-Wagenflak L/30 lieferte Rheinmetall nur 26 Stück. Abgesehen von dem höheren Gewicht in Feuerstellung (4000 kg) entsprachen ihre ballistischen Leistungen dem ortsfest aufgestellten Modell, auch hinsichtlich der Feuergeschwindigkeit (15 Schuss/min).

[1] Die französische 75-mm-Feldkanone 97 übertraf in ihren ballistischen Leistungen die deutsche Feldkanone 96 n.A., die russische Feldkanone 02 in dieser Hinsicht die Geschütze aller anderen Länder.

[2] Ehrhardt firmierte seit 1889 als Rheinmetall-Borsig AG / Düsseldorf.

[3] vgl. u.a. Muther, Alfred: Das Gerät der leichten Artillerie vor, in und nach dem Weltkrieg, IV. Teil, Flugzeugabwehrwaffen, Berlin 1929

Die 7,7-cm-Räderflak 7,7-cm-L.F.K. L/35 stellte den größten Teil der aus französischen 75-mm-Feldkanonen 97 entstandenen Flugzeugabwehrgeschütze. Sie wog in Feuerstellung 1250 kg und erreichte mit der 6,85 kg schweren Granate eine V_0 von 487 m/s. Die Schussweite lag bei 7200 m, die Schusshöhe bei etwa 4000 m. 10-15 Granaten konnten in einer Minute verschossen werden.

Moderner Bauart war die 8-cm-Flak vz. 37, von der die deutschen Streitkräfte 1939 96 Stück übernahmen, 80 davon aber ein Jahr später an Jugoslawien verkauften. Sie gelangten ein Jahr später, während des Balkanfeldzuges, wieder in deutschen Besitz. Ihre Bezeichnung lautete 7,65-cm-Flak 37 (t) (auch 7,65-cm-Flak Skoda M. 37 Typ S (t)). Das Geschütz wog in Feuerstellung 3800 kg und erreichte mit der 8 kg schweren Sprenggranate (V_0 800 m/s) eine maximale Schusshöhe von 11.470 m. Die Feuergeschwindigkeit ist mit 15-20 Schuss/min angegeben.

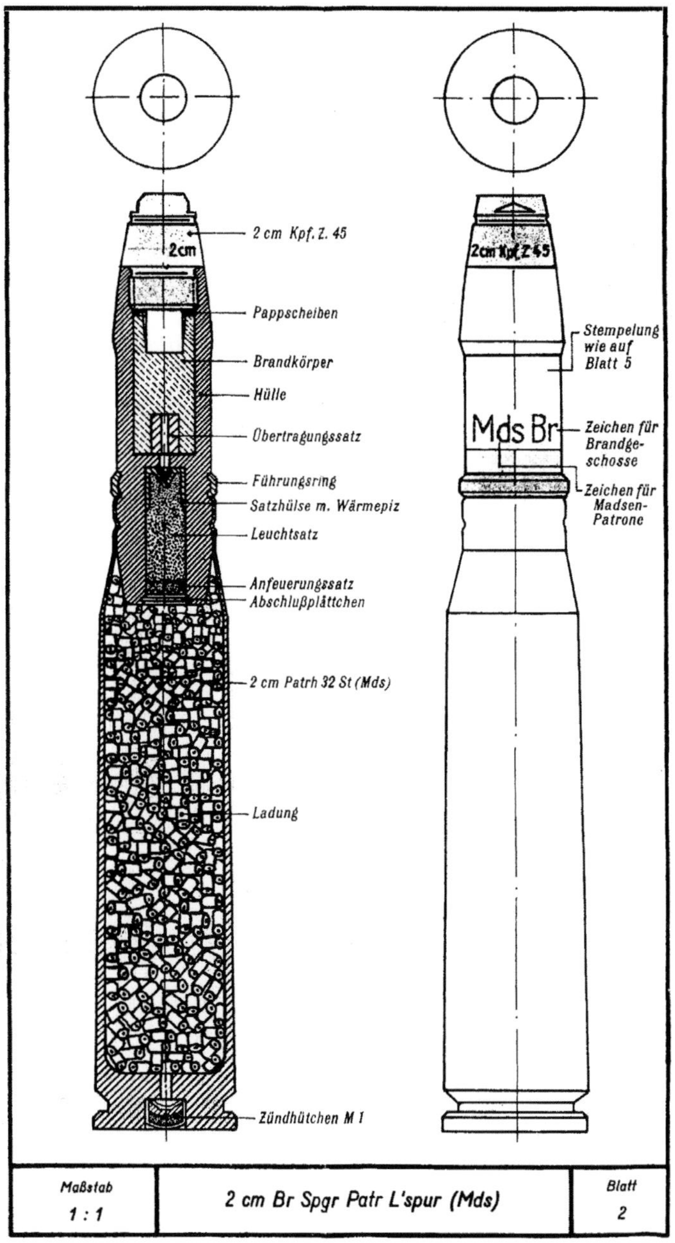

Dem Königlich Bayerischen 7. Feldartillerieregiment wurde im Februar 1915 ein Fliegerabwehrzug mit zwei Geschützen zugeteilt. Sie bestanden aus Rohren erbeuteter französischer Feldkanonen auf neu konstruierten Lafetten, die größere Erhöhungswinkel ermöglichten (-1/+21° oder +38/+60°). Mit Radbahn und Vordersporn ergab sich ein Seitenrichtfeld von 360°. Anfang 1915 trugen die Flakzüge noch die Bezeichnung BAK- (Ballon-Abwehr-Kanonen-) Züge.

2-cm-Flak Madsen bei der Marine-Flak-Abteilung 204 in Südjütland im Jahr 1941. Das Dansk Industrie Syndikat Madsen A/S in Kopenhagen und Herlev verkaufte vor dem Zweiten Weltkrieg sein leichtes 2-cm-Flakgeschütz in über 20 Länder. In deutschen Besitz kamen sie in den Jahren 1939/1940 aus Beständen der tschechoslowakischen Armee und während der Feldzüge gegen Polen, Norwegen, Belgien und Frankreich (hier als Canon Mitrailleur CHM de 20 mm mle. 1935 bezeichnet). Das Oberkommando der Kriegsmarine gab 1942 ein »Merkbuch über die Munition der 2-cm-Flak Madsen« (M.Dv. Nr. 170,2) heraus.

Zu der reichhaltigen Geschützbeute aus tschechoslowakischen Beständen gehörten im Frühjahr 1939 u.a. 47-, 76,5-, 83,5- und 90-mm-Flak. Größere Bedeutung erlangte das Modell 22, von dem die Luftabwehr des Landes zwischen 1923 und 1933 143 Stück beschafft hatte. Davon übernahm die deutsche Luftwaffe 114 unter der Bezeichnung 8,35-cm-Flak 22 (t) (auch 8,35-cm-Flak Skoda M. 22 (t)). Gerätebeschreibungen erschienen Ende 1940 und Anfang 1941 (D 222/1 und /2). Das Geschütz wog in Feuerstellung 8800 kg und konnte in der Minute 15 zehn Kilogramm schwere Sprenggranaten mit Zeitzünder (V_0 800 m/s) verschießen. Rheinmetall erhielt den Auftrag, ein Schutzschild zu entwickeln.

Mit einer V_0 von 850 m/s, einer maximalen Schussweite von 9000 m und Schusshöhe von 6700 m sowie einer Feuergeschwindigkeit von 120 Schuss/min gehörte die 40-mm-Flak der schwedischen Firma Bofors / Karlskrona zu den leistungsfähigsten Konstruktionen. Folgerichtig wurde sie in vielen Ländern in Lizenz gefertigt. Sie unterschieden sich in Einzelheiten, was im Laufe ihrer späteren Verwendung in den deutschen Streitkräften die Ersatzteilversorgung erschwerte. Die ersten 36 »Bofors« kamen im März 1938 nach dem »Anschluss« Österreichs aus dessen Bundesheer. Es folgten Geschütze aus Polen (4-cm-Flak Bofors (p)), aus Norwegen, Belgien und im Mai/Juni 1940 aus Beständen des britischen Expeditionskorps in Nordfrankreich, weiterhin aus Jugoslawien. Die Waffenfabrik Kongsberg (Norwegen) lieferte sie im deutschen Auftrag als 4-cm-Flak (Bofors) M. Sie fanden häufig bei der Kriegsmarine, insbesondere in Marine-Flak-Abteilungen, Verwendung. Die Luftwaffe gab im Oktober 1941 eine Beschreibung der 4-cm-Flak 28 (L.Dv. T. 1055/1) heraus.

Die 7,5-cm-Flak Vickers M. 35 (h) und 7,5-cm-Flak (d) waren Anfang der 1930er Jahre entwickelt und vom britischen Kriegsministerium für den Export freigegeben worden. Von der Wehrmacht wurden sie aus dänischen, belgischen, holländischen sowie sowjetischen (ehemals litauischen) Beständen übernommen. Die Geschütze fanden in Marine-Flak-Abteilungen und im Rahmen der Reichsluftverteidigung in Sperrfeuerbatterien Verwendung. In Feuerstellung ergab sich ein Gewicht von 2825 kg. Der Richtbereich lag in der Höhe bei 0 bis +90°. 6,6 kg schwere Sprenggranaten konnten mit einer V_0 von 750 m/s bis auf 10.000 m Höhe verschossen werden.

»Mitrailleuse des 25 mm sur affut universel Hotchkiss« lautete die Bezeichnung für ein leichtes Mehrzweckgeschütz, das nach Übernahme aus französischen Beständen im Jahr 1940 auf deutscher Seite in die Modelle 2,5-cm-Flak Hotchkiss M. 34 (f), M. 38 (f) und M. 39 (f) unterschieden worden ist. Von den knapp 1000 Geschützen waren im April 1944 noch 622 im Einsatz, viele im Rahmen der Marine-Flak in Stützpunkten des »Atlantikwalls«. Die Munition musste nachgefertigt werden und wurde teils mit deutschen Zündern (AZ 1504) geliefert.

Die 7,5-cm-Feldkanone 97 war bereits während des Ersten Weltkrieges in verschiedenen Lafettierungen als Flak Teil der französischen Flugzeugabwehr gewesen. Frankreich verfügte1940 noch über 913 der mittlerweile veralteten Geschütze auf der aufwändigen Sockel- oder Selbstfahrlafette (Autocanon antiarien de 75). Rheinmetall stellte schon Ende 1940 eine vereinfachte Sockellafette vor. Fast gleichzeitig wurden die Vorläufige Beschreibung der 7,5-cm-F.K. 97 (f) als Behelfsflak auf Sockellafette (D (Luft) T. 1100 vom 27. November 1940) und die Munitionsvorschrift (D (Luft) 4400 vom 27. Februar 1941) herausgegeben. Leistungsmäßig entsprachen weder das Geschütz noch die Munition den Anforderungen.

In deutschen Diensten dürften diese englischen Schiffsgeschütz OF 2 pdr Mk. 8 Seltenheitswert besessen haben. Sie wurden, zusammen mit den Munitionsvorräten, von im Kanal gesunkenen bzw. beschädigten Schiffen geborgen und in ortsfester Aufstellung als 4-cm-Flak (e) verwendet. Sie funktionierten nach dem System Maxim, waren wassergekühlt und erreichten mit 0,9 kg schweren Geschossen eine effektive Schussweite von knapp 1000 m.

Bei der 7,5-cm-Flak aus dem Jahr 1933 handelte es sich um die modernisierte Version des Geschützes aus dem Jahr 1930 mit verbessertem Rohr sowie geänderter Lafette. Beide wurden von der deutschen Luftwaffe übernommen, die im März 1943 Vorschriften mit der Beschreibung der 7,5-cm-Flak M. 33 (f) bzw. M 17/34 (f) (L.Dv. T. 1125 und L.Dv. T. 1126) herausgab. Im Juni 1944 belief sich der Bestand auf 153 bzw. 74 Geschütze. Abgesehen von der hohen Feuergeschwindigkeit (20-30 Schuss/min) entsprachen die Leistungen nicht mehr den Anforderungen.

Ab 1936 lieferte die Firma Schneider / Le Creusot eine leistungsgesteigerte 75-mm-Flak an die französischen Streitkräfte. Sie wurde nach dem Westfeldzug 1940 von der deutschen Luftwaffe übernommen, die im Juni 1944 einen Bestand von 303 7,5-cm-Flak M. 36 (f) auswies. Nach der Landung der Alliierten in der Normandie schrumpfte ihre Zahl bis zum Oktober auf acht Geschütze. Sie wog in Feuerstellung 4100 kg. Bei einer V_0 von 700 m/s erreichten die 6,44 kg schweren Sprenggranaten mit Zeitzünder eine maximale Schusshöhe von 8200 m.

Die 2-cm-Maschinenkanone »Oerlikon Modell S auf Infanterielafette JLaS« biete eine gelungene Lösung zum »Schießen gegen Flieger ... ohne jedoch ihre gleichzeitige Eignung zum Beschuss von Erdzielen zu beeinträchtigen«, heißt es in einer Broschüre der Schweizer Werkzeugmaschinenfabrik Oerlikon aus den 1930er Jahren. Das war eine der Voraussetzungen für die Erfolgsgeschichte der leichten Flak, die 1921 auf der Grundlage der Konstruktion des deutschen Ingenieurs Reinhold Becker gebaut worden war[1]. Sie fand weltweite Verbreitung. Auch Deutschland gehörte zu den Käufern. Hier erhielt sie die Bezeichnung »2-cm-MG C/28« sowie »C/30« und fand bevorzugt bei der Marine Verwendung. Aus Beutebeständen kamen später Waffen aus der Tschechoslowakei (vz. 33 und vz. 36), Polen, Frankreich (20-mm-CA Oerlikon, zwischen Januar 1939 und Mai 1940 397 Stück in Lizenz gebaut) und Italien (Cannone mitragliere Oerlikon da 20/70). Die Luftwaffe verfügte im Februar 1945 noch über 714 Oerlikon-Flak. Herkunftsbedingte Unterschiede betrafen Einzelteile, Zubehör und taktisch-technische Angaben. So lag die V_0 zwischen 830 und 850 m/s, die Feuergeschwindigkeit zwischen 120 und 170 Schuss/min. Die Munition wurde aus 15-Schuss-Kasten- oder 60-Schuss-Trommelmagazinen zugeführt.

[1] Bereits im Ersten Weltkrieg im deutschen Heer als 2-cm-Flugzeugkanone Becker auf Drehgestell Koebe zur Flugabwehr verwendet.

Seltener wurde die 2-cm-Flak Scotti (i) – ital. 20/70 (Scotti) – auf deutscher Seite verwendet. Vier davon hatte der Prototyp eines italienischen Flakpanzers M. 15, der im April 1945 im Bestand des V. SS-Gebirgskorps Verwendung gefunden hat. Diverse Teile des Fahrzeuges und der Kampfsatz sind am 20. September 1984 am Ortseingang der brandenburgischen Gemeinde Teupitz gefunden worden.

Die »Cannone mitragliere da 20/65 modello 35 (Breda)« war ab 1935 für das italienische Heer geliefert worden. Ab 1943 in deutschen Diensten stehend, trug sie die Bezeichnung 2-cm-Flak 281 (i) – ital. 35 (Breda) – und gehörte u.a. zur Bewaffnung eines auf dem Balkan eingesetzten, aus Eisenbahn-Panzerwagen 900 (i) – ital. Littorina blindata modello 43 – gebildeten Panzerzuges (vgl. Bild oben). Die Luftwaffe meldete im Januar 1945 den Höchstbestand von 469 Breda-Flak.

Die größte Zahl dieser »Ordonance QF 3,7 in Mk I on Mountings Mk I and Mk IA« erbeuteten die deutschen Truppen Ende Mai / Anfang Juni 1940 in Nordfrankreich. Einige wenige kamen aus Beständen der französischen Armee. Sie hatte in Ermangelung einer ausreichenden Anzahl eigener schwerer Flak im November 1939 fünf zum Schutz von Paris und Lyon bestimmte Batterien damit ausgestattet. In der deutschen Luftwaffe fanden sie unter der Bezeichnung »9,4-cm-Flak Vickers M. 39 (e)« Verwendung, u.a. in der Flakabteilung 804 (Athen). Da die erbeuteten Munitionsbestände zur Neige gingen, wurden im Februar 1943 noch einmal 100.000 Schuss in Auftrag gegeben. Im August 1943 gab es noch 62 Geschütze dieses Typs, im Februar 1945 noch eins.

In der zweiten Hälfte der 1930er Jahre führte die Rote Armee mit der 37-mm-Flak M. 1939 eine effektive Waffe zur Bekämpfung von Luftzielen ein, deren Granaten mit einer Geschwindigkeit bis 880 m/s flogen. Grundlage war eine Bofors-Konstruktion. Von den Deutschen während des Ostfeldzuges ab Juni 1941 zahlreich erbeutet, verfügte die Luftwaffe im November 1943 noch über 666 Geschütze. Sie trugen die Bezeichnung 3,7-cm-Flak M. 39a (r). Beschreibungen der Waffe und des Visiers erschienen im Januar bzw. April 1943 (L.Dv. T. 1052/1 und /2). Neben dem Flakvisier M. 39a (r) kamen dabei auch deutsche Visiereinrichtungen zum Einsatz, u.a. im Raum Halle-Leuna (vgl. Bild oben). Nach Aufbrauchen der erbeuteten Munitionsbestände wurden die Granatpatronen nachgefertigt (Bild unten).

Die 8,5-cm-Flak M. 39 (r) trug in der Roten Armee die Bezeichnung »85 mm Senitnaja puschka 52-K (M. 1939)«. Mit einer V_0 von 800 m/s, einer maximalen Schusshöhe von 10.500 m und einer Feuergeschwindigkeit von 15-20 Schuss/min war es 1941 das leistungsfähigste sowjetische Flak-Geschütz. Für seine Verwendung in der deutschen Luftwaffe wurde die Bezeichnung nach der Umrohrung auf das Kaliber 88 mm in 8,5-/8,8-cm-Flak (r) abgeändert. Wie die Munition verwendete man auch das Zubehör der 8,8-cm-Flak 18, 36 und 37. Letzteres musste angepasst werden (siehe u.a. Luftwaffen-Verordnungsblatt Nr. 103/1944). Nach unbestätigten Angaben gab es 192 Beute-Flak dieses Typs.

Bei der 7,5-cm-Flak 264/3 (i) handelt es sich um die italienische »Cannone da 75/46 modello 34«. Bis Ende 1942 waren davon 226 Stück geliefert worden, die nach dem 8. September 1943 größtenteils in deutschen Besitz übergingen. Weitere Geschütze aus italienischer Beute waren die 7,5-cm-Flak 264 (i), die 7,62-cm-Flak 266/1 (i) und 266/2 (i), die 9-cm-Flak 41 (i) (Höchstbestand 315 Geschütze im Dezember 1944) sowie die 10,2-cm-Flak (i) (vier Stück). Allein die unterschiedlichen Kaliber vermitteln eine Vorstellung von den Herausforderungen an den Munitionsnachschub – ein Problem aller Beute-Flak-Einheiten.

Unter der umfangreichen Beute sowjetischer Artilleriewaffen befand sich ein großer Anteil Flak. Die Instandsetzungsarbeiten, in erster Linie an 7,62-cm-Flak M. 1931 (mit einachsiger Lafette) und 7,62-cm-Flak M. 1938 (mit zweiachsiger Lafette), wurden in Zusammenarbeit mit Rheinmetall bereits 1941 angeschoben. Das Unternehmen gab auch die bis zum Sommer 1944 gültige Werksbeschreibung heraus[1]. Nach dem Aufbrauchen der sowjetischen Originalmunition mussten die 7,62-cm-Flak M. 31 (r) und 7,62-cm-Flak M. 38 (r) ausgesondert werden. Deren Rohre bohrte man auf das Kaliber 8,8 cm auf. Der Bestand an 7,62-/8,8-cm-Flak M. 31 (r) und M. 38 (r) belief sich im Februar 1944 schon auf über 500 Geschütze, die – im Rahmen der Reichsluftverteidigung eingesetzt – als »Russenflak« eine gewisse Bekanntheit erlangten. Am 21. August 1944 veröffentlichte der Chef der Technischen Luftrüstung im RLM mit der L.Dv. T. 1129 eine Beschreibung. Wörtlich wurde darin ausgeführt: »Die 7,62-/8,8-cm-Flak M. 31 (r) ist ein russisches Beutegeschütz mit dem ursprünglichen Kaliber von 7,62 mm. Um die normale Munition der 8,8-cm-Flak 18 verwenden zu können, wurden diese Geschütze auf das Kaliber 88 mm aufgebohrt«.

1 Das Geschütz geht auf einen Entwurf der Rheinmetall-Borsig AG / Düsseldorf aus den 1920er Jahren zurück und wurde im Rahmen der Zusammenarbeit von Reichswehr und Roter Armee in die Sowjetunion verkauft.

KAPITEL 8:

DIE 8,8-CM-FLUGZEUGABWEHR-KANONE 18, 36 UND 37

8.1. Flugzeugabwehr

Wie ist der Luftkrieg nun eigentlich? Gilbert Wolzow, Sprössling eines preußischen Offiziersgeschlechts und im Sommer 1944 als Luftwaffenhelfer in einer 8,8-cm-Flak-Batterie im Ruhrgebiet eingesetzt, antwortet: »Der Luftkrieg ist nun eigentlich ganz einfach! Das ist der einfachste Krieg, den's überhaupt gibt. Wir sind unten und schießen nach oben, und die (die Bomber der alliierten Gegner Deutschlands – der Verfasser) sind oben und schmeißen nach unten.« Der Wortwechsel ist dem 1960 in der ehemaligen DDR erstmals veröffentlichten Roman »Die Abenteuer des Werner Holt« entnommen, in dem der Schriftsteller Dieter Noll[1] – autobiographisch geprägt – das Bild einer jungen Generation zeichnet, die von der Führung des Deutschen Reiches im Zweiten Weltkrieg der Vernichtung preisgegeben wurde.

Dass der Luftkrieg doch nicht so einfach war, insbesondere die Verwendung der Flugzeugabwehrartillerie gegen Luftziele zu den ausgesprochen komplizierten militärischen Aufgaben gehörte, wird im folgenden Beitrag, in dem es um die Entwicklung, die Technik und den Einsatz der 8,8-cm-Flugzeugabwehrkanonen 18, 36 und 37 in den deutschen Streitkräften geht, deutlich.

Richtungsweisend für die Auswahl des Kalibers 8,8 cm[2] waren die 1915 von Vertretern des Kriegsministeriums und der Artillerieprüfungskommission auf der Grundlage von Kriegserfah-

Die 8,8-cm-Kraftwagen-Flak L/45 (auf Anhänger) wog mit Geschützwagen 7300 kg. In Feuerstellung ergaben sich ein Gewicht von 3800 kg, ein Höhenrichtbereich von 0 bis +70 Grad und ein Seitenrichtbereich von 360 Grad. Das 9,6 kg schwere Sprenggeschoß erreichte eine V_0 von 765 m/s und eine Schusshöhe von 6850 m.

Seltene Aufnahme einer 8,8-cm-Flak 18 mit Ladeschale, Herbst 1939. Sie wurden bis Anfang 1940 demontiert, was ohne Einfluss auf die Feuergeschwindigkeit von 20 Schuss/min blieb.

[1] Dieter Noll, geboren am 31.12.1927 in Riesa, gestorben am 06.02.2008 in Zeithain, Schriftsteller, Mitglied der Akademie der Künste in der DDR, trat zunächst als Verfasser verschiedener Reportagen über den sozialistischen Aufbau in der DDR in Erscheinung. 1960 und 1963 folgten die viel beachteten Entwicklungsromane »Die Abenteuer des Werner Holt« (Band 1 »Roman einer Jugend« und Band 2 »Roman einer Heimkehr«), in dem die Wege und Irrwege der deutschen Jugend während des Zweiten Weltkrieges und der Nachkriegszeit thematisiert werden.

[2] Bereits 1859 war in Preußen mit der Einführung 6-pfündiger Feldkanonen mit gezogenen Rohren (Kaliber 91,4 mm) eine Vorentscheidung in der Kaliberfrage gefallen. Als sich 1873 die Notwendigkeit ergab, die Feldartillerie des deutschen Heeres mit neuen Geschützen auszustatten, entschied man sich für 8-cm- und 9-cm-Feldkanonen (Kaliber 78,5 mm für die reitenden und 88 mm für die Feldbatterien). 1889 vereinheitlichte man das Kaliber auf 88 mm (9-cm-Feldkanone C/73/88). Geschütze dieses Typs fanden im Ersten Weltkrieg noch als Behelfs-Flak Verwendung.

rungen festgelegten Richtlinien für die Entwicklung vollwertiger Flugzeugabwehrkanonen. Zu den Kernpunkten gehörten:

- eine wesentliche Verkürzung der Geschossflugzeit durch die Steigerung der Anfangsgeschwindigkeit auf über 750 m/s,
- die erhebliche Vergrößerung des Kalibers,
- die Steigerung der Schussweite und Schusshöhe[3],
- die Verbesserung der Richtmittel vor dem Hintergrund der besonderen Anforderungen des Steilschusses und der großen Geschwindigkeiten der Ziele[4] und
- die Vergrößerung des Höhenrichtbereiches auf +70 Grad.

Schon im Juli 1915 legten die Firmen F. Krupp AG / Essen und Rheinische Metallwaren- und Maschinenfabrik (Rheinmetall) / Düsseldorf Zeichnungen für eine 8,8-cm-Flak L/45 und zwei Ausführungen einer 10,5-cm-Flak vor, zu denen noch ein 8-cm-Geschütz kam. Sie zeigten einen einheitlichen Aufbau und waren für den motorisierten Zug (Kraftzug) eingerichtet. Die Übernahme in die Serienproduktion gestaltete sich schwierig. Die Industrie war mit den laufenden Aufträgen des Kriegsministeriums bis an die Grenzen der Leistungsfähigkeit ausgelastet. Krupp konnte erst 1916 liefern, Rheinmetall folgte. Da das Kaliber 8 cm keine Vorteile bot, wurde die Fertigung zugunsten von 8,8-cm- und 10,5-cm-Geschützen eingestellt. Trotzdem blieb die Zahl der 8,8-cm-Kraftwagen-Flak L/45 (auf Anhänger) gering. Im Herbst 1918 gab es 150 Stück, wozu noch 46 ortsfest aufgestellte Geschütze kamen.

Die Niederlage Deutschlands im Ersten Weltkrieg unterbrach die organisatorische, technische und taktische Weiterentwicklung der Flugzeugabwehrartillerie. Im Juni 1919 ordnete das Kriegsministerium die Auflösung der Flak-Inspektion an.

Ausbildung einer 8,8-cm-Flak-Batterie. Die Bedienung hat die vier 8,8-cm-Flak 18 vom zweiteiligen Anhänger (Sd.Ah. 201) abgeprotzt und die Seitenholme abgeklappt.

217 moderne Flugzeugabwehrkanonen mussten verschrottet werden, 35 überlebten diese Zeit als Armierung der Festung Königsberg und in einigen Befestigungsanlagen der Kriegsmarine.

Trotz Zerschlagung der Flak-Waffe verlor die Heeresleitung der Reichswehr das Thema Flugzeugabwehr nicht aus den Augen. Aufmerksam verfolgte man die Entwicklung im Ausland, die Neukonstruktion von Geschützen, Scheinwerfern, Kommandogeräten und Übertragungsvorrichtungen. Dabei blieb es aber nicht. Im Rahmen geheimer Rüstungsaktivitäten wurde die durch den Ausgang des Krieges unterbrochene Weiterentwicklung eigener Flugzeugabwehrkanonen fortgesetzt. Bemerkenswert: erneut beschäftigte sich das Truppenamt mit einem – allerdings erheblich leistungsgesteigerten – 7,5-cm-Geschütz. Schwerpunkt der Arbeit war jedoch das Kaliber 8,8 cm. Eine

Die 8,8-cm-Flak 37 auf zweiteiligem Anhänger (Sd.Ah. 202). Er zeichnete sich durch eine bessere Gewichtsverteilung aus. Einige Mängel führten zu Formänderungen am Fahrzeug.

[3] Vergleich der taktisch-technischen Parameter deutscher Flak

Geschütztyp	Kaliber	Anfangsgeschwindigkeit	Schussweite	Schusshöhe	Geschossgewicht
6,6-cm-Kraftwagen-Flak L/35	65 mm	670 m/s	10.000 m	7.900 m	4,1 kg
7,7-cm-leichte Kraftwagen Flak L/27 M. 1911	76,2 mm	465 m/s	7.800 m	4.250 m	6,85 kg
8,8-cm- Kraftwagen-Flak L/45 (auf Anhänger)	88 mm	785 m/s	10.800 m	6.850 m	9,6 kg

[4] Beispiele für die Dienstgipfelhöhe und Höchstgeschwindigkeit von Kampfflugzeugen der Entente in den Jahren 1914/1915

Flugzeugtyp	Dienstgipfelhöhe	Höchstgeschwindigkeit
R.A.F. B.E.2c	3048 m	116 km/h in 1980 m Flughöhe
Caudron G. 4	4300 m	132 km/h in Meereshöhe

10,5-cm-Flak gehörte zu den Entwicklungen für das Zukunftsheer. Das widerspiegelt auch eine Zusammenstellung des Heereswaffenamtes / Waffenprüfwesen 4 II über die zu erwartenden Kosten der Truppenversuche mit Flugzeugabwehrgeschützen:

Gerät	voraussichtlich endgültiger Abschluss der Truppenversuche	Kostenvoranschlag[1] (in Reichsmark) 1930	1931
7,5-cm-leichte Flak			
a. auf fahrbarer Kreuzbettung (Entwürfe Krupp und Rheinmetall)	1932	30.000	25.000
b. auf geländegängigem Fahrgestell (Entwürfe Krupp und Dürkopp)	1932	20.000	5.000
8,8-cm-mittlere Flak auf Kraftwagenanhänger	1932[2]	95.000	100.000
10,5-cm-schwere Flak			
a. auf fahrbarer Bettung	noch nicht in Angriff genommen		
b. auf Eisenbahnlafette			

[1] Kostenvoranschlag handschriftlich korrigiert
[2] … oder später

Keimzellen einer zukünftigen modernen Flugzeugabwehr waren die Kraftwagenbatterien der Artillerieregimenter[5] und Einheiten der Fahrtruppe. Aus ihren Personalstämmen wurden sieben als Fahrabteilungen getarnte Flak-Abteilungen aufgestellt (Stand 1. April 1934). In ihrer Zuständigkeit hatten 1932/1933 die Truppenversuche mit der neuen 8,8-cm-Flugzeugabwehrkanone ihren Abschluss gefunden. Ein Jahr später übernahm die Luftwaffe zwölf dieser Verbände als Flak-Abteilungen. Um diese Zeit war die Ausstattung mit 8,8-cm-Geschützen bereits in Gang gekommen, die offiziell unter der Bezeichnung »8,8-cm-Flugzeugabwehrkanone 18« eingeführt wurde.

[5] Sieben Artillerieregimenter des Heeres verfügten über eine Kraftwagenbatterie mit vier Geschützkraftwagen (Sd.Kfz. 1), deren 7,7-cm-Flak M. 1914 – ab 1929 auf 7,5 cm umgerohrt – aber zur Luftzielbekämpfung nicht mehr geeignet waren.

»Aufgabe der Flakartillerie ist die Behinderung feindlicher Luftaufklärung und die Abwehr von Hoch- und Tiefangriffen bei Tag und Nacht.« Um diese Aufgabe erfolgreich lösen zu können, bedurfte es eines komplizierten Systems, deren Herzstück Flugzeugabwehrgeschütze waren. Dazu gehörten:

- die sensible Erfassung und Begleitung anfliegender gegnerischer Aufklärungs- und Kampfflugzeuge (Luftlagemeldung),
- die präzise Ermittlung der sich schnell ändernden Angaben über Anflugrichtung, Höhe und Entfernung der Luftziele durch Ringtrichter-Richtungshörer, Flak-Scheinwerfer und Entfernungs-Messgeräte, im Kriegsverlauf durch Funkmessgeräte ergänzt bzw. ersetzt,
- ein gut funktionierender Luftnachrichtendienst,
- der Wetterdienst und
- gut ausgebildetes und aufeinander eingespieltes Personal.

Charakteristische Merkmale der 8,8-cm-Flugzeugabwehrkanone 18 waren das 4930 mm lange, als Mantelrohr mit durchgehend einteiligem Seelenrohr ausgebildete Geschützrohr mit abnehmbarem Bodenstück sowie der selbsttätige und selbstspannende Schubkurbelverschluss, der sich nach dem Schuss noch beim Rohrvorlauf öffnete und hierbei die Patronenhülse auswarf. Rohr, Luftvorholer und Rücklaufbremse wurden in der Oberlafette gelagert (Seitenrichtbereich 360 Grad, Höhenrichtbereich 3 Grad / +85 Grad). Bei der Unterlafette handelte es sich um einen auf Lafettenkreuz mit klappbaren Seitenholmen gelagerten Sockel, Bodenunebenheiten wurden durch Horizontierungsspindeln ausgeglichen.

Die Lagerung des Rohres in der Oberlafette übernahmen nach hinten verlegte Schildzapfen. Das Rohrvordergewicht wurde in allen Erhöhungslagen durch zwei Federausgleicher ausgeglichen. An der rechten Oberlafettenwand waren Seiten- und Höhenrichtmaschine sowie der Sitz des Richtschützen befestigt. An der linken Seite befand sich die Zünderstellmaschine mit zwei vertikal angeordneten Stellbechern. Sie war so aufgehängt, dass sie alle Bewegungen des Geschützes an dieser Stelle mitmachen konnte. Sie diente dazu, die vom Kommandogerät bzw. fernmündlich übermittelte Zünderlaufzeit am Zeitzünder S/30

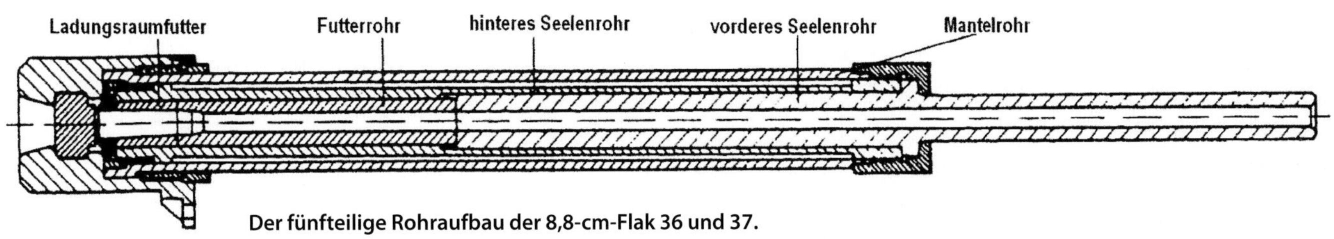

Der fünfteilige Rohraufbau der 8,8-cm-Flak 36 und 37.

Abgeprotzte 8,8-cm-Flak 37 mit hochgeklappter Rohrstütze und ohne Erdsporne. Gut erkennbar die Folgezeigeempfänger oberhalb des Richtschützensitzes. Die Modelle 18 und 36 waren noch mit Lampenempfängern ausgestattet.

8,8-cm-Flak 37 in einer halbversenkten Geschützstellung. Am linken Bildrand ist (halbverdeckt) der Geschützführer zu sehen. Vor ihm die beiden Richtschützen (K 1 und K 2), der Ladeschütze (K 3) ist durch das Geschütz verdeckt. An der Zünderstellmaschine steht der K 7, daneben die Ladeschützen (K 4, 5, 8 und 9), unmittelbar am Geschütz mit dem Rücken zum Betrachter der K 6.

der 8,8-cm-Sprenggranatpatrone einzustellen. Zum Geschütz gehörte ein Übertragungssystem mit Lampen und Folgezeigern.

Im Verlaufe ihrer Fertigung und Nutzung unterlag die technisch anspruchsvolle Geschützkonstruktion einer Vielzahl von Änderungen, auf die in diesem Rahmen nicht detailliert eingegangen werden kann. Kanonen der frühen Fertigung besaßen noch eine Ladeschale, die man für eine hohe Feuergeschwindigkeit für notwendig gehalten hatte. Sie haben sich – obwohl mehrfach geändert – nicht bewährt, wurden bis Februar 1940 demontiert und in den Nachschub-Dienststellen der Luftgaukommandos gesammelt. Wiederholt Anlass zu Klagen gaben die zu schwachen Ausgleichsfedern, die mehrfach geänderten Zünderstellmaschinen, von denen die Modelle 18, 19 und 37 zur Einführung gelangt waren (ab 1942 nur noch mit einem Zünderstellbecher), und der zur Fahrbarmachung des Geschützes notwendige Sonderanhänger.

Ein grundsätzliches Problem stellte die geringe Lebensdauer der 8,8-cm-Flak-Rohre dar. Sie lag mit dem ursprünglich verwendetem Nitroglyzerin-Treibladungspulver bei 900 Schuss, stieg nach der Einführung von Diglykol (Röhrenpulver B) auf 2000 bis 2500, bei Verwendung des Röhrenpulver M sogar auf 6000 Schuss. Die Verschleißerscheinungen lagen im hinteren Teil des Seelenrohres. Der Gedanke, nur diesen auszuwechseln, führte zu verschiedenen Vorschlägen, die Rohrkonstruktion zu ändern. Angenommen wurde ein fünfteiliger Rohraufbau, bei dem nach Erreichen der Verschleißgrenze nur der vordere Teil des Futterrohres ausgewechselt werden musste. Geschütze mit diesem Rohraufbau erhielten die Bezeichnung »8,8-cm-Flugzeugabwehrkanone 36«. Weitere Merkmale des Modells waren ein neues Lafettenkreuz, eine Konstruktion der Firma der Firma Gottfried Lindner AG / Ammendorf bei Halle, von der auch der mit Geschütz 8,2 t schwere, zweiteilige Anhänger (Sd.Ah. 202) kam. Die »8,8-cm-Flugzeugabwehrkanone 37« unterschied sich durch den Folgezeiger für das indirekte Richten, der an die Stelle des bisher üblichen Lampenempfängers trat.

Zur Familie dieser Flugzeugabwehrgeschütze gehört das Modell 37/41, dessen Konstruktion im April 1943 abgeschlossen worden ist (vgl. Kapitel 9). Es lässt sich als kriegsbedingter Notbehelf charakterisieren, bei dem das Rohr der 8,8-cm- Flugzeugabwehrkanone 41 (Rohrlänge 6548 mm), mit einer Mündungsbremse kombiniert, in die Flak-37-Lafette eingebaut wurde. Sie sollte mit Hilfe leistungsgesteigerter Munition dazu beitragen, die zunehmende Lücke zwischen der Schusshöhe und der Angriffshöhe alliierter Bomberströme zu schließen. Schließlich entschied aber der Reichskanzler und Oberbefehlshaber der Wehrmacht, Adolf Hitler, Mitte Oktober 1943, die Produktion der 8,8-cm-Flugzeugabwehrkanone 37 gänzlich zugunsten des Modells 41 umzustellen. Eine Bedingung war, keine Einbußen in der monatlichen Fertigung in diesem Kaliberbereich hinnehmen zu müssen.

»Beweglichkeit und Schnelligkeit sind zwei der wichtigsten Forderungen an die Flakartillerie, die nur von einer vollmotorisierten Truppe erfüllt werden können«, schrieb Gerhard Jaeckel in seiner vor Ausbruch des Zweiten Weltkrieges veröffentlichten Arbeit »Flak – Grundlagen, Waffen und Einsatz der Flakartillerie«. »Geschütze, Geräte, Mannschaften, Munition und Troß einer einzigen Batterie beanspruchen einen großen Fahrzeugpark.« Als Zugmittel für die auf dem zweiteiligen Sonderanhänger (Sd.Ah. 201, bei der 8,8-cm-Flak 36 und 37 der Sd.Ah. 202) fahrbaren Geschütze kamen in den 1930er Jahren mittlere geländegängige Lastkraftwagen 3 t (6x4) zum Einsatz. An ihre Stelle traten ab 1934/1935 mittlere Zugkraftwagen 8 t (Sd.Kfz. 8), von denen bis 1945 verschiedene Baureihen hergestellt wurden. Während des Krieges fanden ersatzweise andere, weniger gut geeignete Zugmittel, teils aus Beutebeständen (u.a. schwere Radschlepper (f) Latil TAR H 2) Verwendung. Flak-Transportbatterien in den teilmotorisierten oder ortsfesten Flakabteilungen und -regimentern erhielten 1943/1944 auch Gleisketten-Lastkraftwagen 2 t »Maultier« (Sd.Kfz. 2).

Die geforderte hohe Beweglichkeit der Flakartillerie konnte noch auf einem anderen, wesentlich aufwendigeren Weg sichergestellt werden – mit Selbstfahrlafetten. Bekannt geworden sind die 8,8-cm-Flak 36 auf Lastkraftwagen 6,5 t (6x4) Vomag Typ 6 LR 653, von denen die I. Abteilung / Flakregiment 42 im Herbst 1940 zwölf Stück übernommen hat. Auch die 8,8-cm-Flak 37 auf schweren Zugkraftwagen 18 t Famo F 3 blieb ein Exot. Nicht zur Gruppe der Flugzeugabwehr-Selbstfahrlafetten gehörten die zehn 8,8-cm-Flak 18 (Sf.) auf schweren Zugkraftwagen 12 t DB 10, die ab 1938 hergestellt worden waren. Sechs von ihnen fanden im Mai/Juni 1940 während des Westfeldzuges in einer Kompanie der Panzerjägertruppe des Heeres Verwendung.

Organisatorisch zählten vier 8,8-cm-Flugzeugabwehrgeschütze zu einer Flakbatterie der Luftwaffe. Drei Batterien bildeten, ergänzt durch leichte Flak und Scheinwerferbatterie, eine Abteilung. 1939 gehörten zu einem Flakregiment zwei Flak- und eine Scheinwerferabteilung. Im Kriegsverlauf ergaben sich zahlreiche Änderungen, auf die an dieser Stelle aus Platzgründen nicht im Detail eingegangen werden kann.

Von dem grundsätzlich richtigen Gedanken, mit der durchgängigen Motorisierung der Flakartillerie auf die allen Luftkampfmitteln eigene hohe Flexibilität zu reagieren, musste man sich im Verlauf des Krieges verabschieden. Es mangelte zunehmend an Fahrzeugen und Gerät, Ersatzteilen, Treib- und

Halbversenkter Geschützstand mit einfacher Bohlenwand aus Rundhölzern und Erdwall. Beachte die Munitionsverschläge in den Ecken der Stellung.

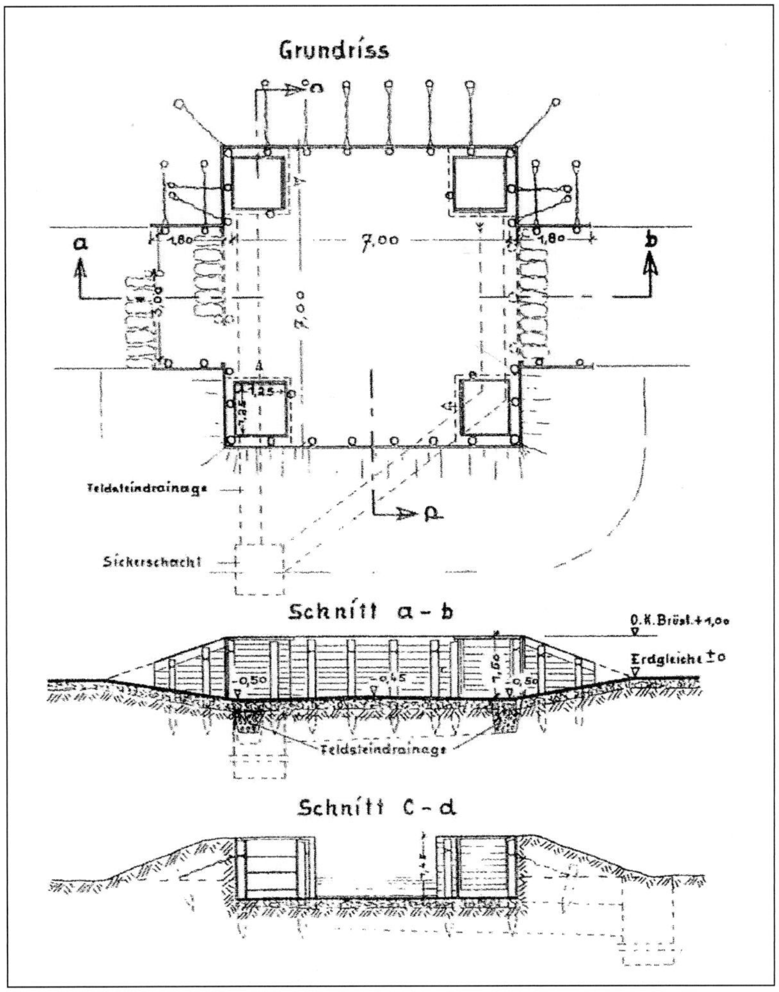

8,8-cm-Flak 37 in ortsfester Aufstellung.

8,8-cm-Flak 18 auf Geschützwagen III (E) mit zwei Staukästen für Munition. Es gab auch Geschützwagen mit zwei 8,8.cm-Flak. Von den im August 1944 vorhandenen 10.930 8,8-cm-Flak 18, 36 und 37 war nur eine geringe Zahl auf Geschützwagen (E) lafettiert. Im Februar 1944 waren es noch 41.

Schmiermitteln. Zunächst bildete man teilmotorisierte Flakabteilungen. Später wurden im Umfeld kriegswichtiger Industrieanlagen ganze Abteilungen mit ortsfesten 8,8-cm-Flugzeugabwehrkanonen in Stellung gebracht. Schon im September 1942 hatte es im Zusammenhang mit der Steigerung des monatlichen Ausstoßes von 300 auf 400 Rohre die Forderung gegeben, 75% davon für den ortsfesten Einbau vorzusehen. Dadurch war es möglich, bis zu zwölf »Acht-acht« in Großbatterien zusammenzufassen. Das ganze Dilemma einer zunehmend auf die Flakartillerie abgestimmten Reichsluftverteidigung machte die Ende November 1944 vorgenommene Einführung von Behelfslafettenkreuzen zur Fahrbarmachung von 8,8-cm- Flugzeugabwehrkanonen 37 (ortsfest) deutlich.

Eine Alternative zur schnellen Verlagerung und Schwerpunktbildung der Flakartillerie bot die Verlastung auf Eisenbahnwagen. Hier konzentrierte man sich vor allem auf die Kaliber 10,5 cm und 12,8 cm. Im Februar 1945 gab es aber auch 41 solcherart beweglich gemachte 8,8-cm-Geschütze.

Der Grundsatz, die Flugzeugabwehr als ausschließliche Aufgabe der Luftwaffe zu betrachten, ließ sich im Krieg nicht durchsetzen. Unter dem Einfluss der Erfahrungen aus den ersten Blitzkrieg-Feldzügen stellte das Heer im Sommer 1941 zehn gemischte Flakabteilungen mit jeweils zwei Batterien (8,8 cm) und einer leichten Batterie (2 cm) auf – der Grundstock der schließlich 55 Abteilungen umfassenden Heeres-Flakartillerie. Ähnlich verlief die Entwicklung bei der SS-Verfügungstruppe (Waffen-SS).

Unter dem Eindruck einer schwächelnden, ohnehin mit Luftwaffenhelfern verstärkten Reichsluftverteidigung etablierte sich ab Ende 1943 auf diesem Feld der Kriegführung eine andere Organisation – der Reichsarbeitsdienst. Im Einvernehmen mit dem Oberbefehlshaber der Luftwaffe verstärkten insgesamt 420 RAD-Flakbatterien (in Abteilungen zusammengefasst) den Flakschutz im rückwärtigen Front- und im Reichsgebiet. Hinsichtlich ihrer Organisation, Bewaffnung und Ausrüstung folgte man den Vorgaben der Luftwaffe.

In der Erinnerungsliteratur wurde die 8,8-cm-Flugzeugabwehrkanone oft zur legendären »Acht-acht« hochstilisiert. Das provoziert eine kritische Auseinandersetzung.

8,8-cm-Flak 36 auf Lastkraftwagen 6,5 t (6x4) Vomag 6 LR 653. Mit diesen Selbstfahrlafetten wurde im Herbst 1940 die I. Abteilung / Flakregiment 42 (mot) ausgestattet. Umbenannt in I. Abteilung / Flakregiment 42 (sf), verfügte sie über drei Batterien mit zwölf Selbstfahrlafetten.

1. Flak-Schießverfahren

Voraussetzung für den erfolgreichen Feuerkampf war die stabile Schießplattform, weshalb grundsätzlich im abgeprotzten Zustand von der Kreuzlafette geschossen werden musste. Eine eingespielte Bedienung benötigte dafür nur wenig Zeit (Feuerbereitschaft in zwei Minuten). Die Probleme waren aber wesentlich komplexer. Herkömmliche Artillerie beobachtete bei der Bekämpfung von Zielen auf der Erde die Einschläge ihrer Geschosse und konnte korrigierend eingreifen, bis sie genau im Ziel lagen – nicht so bei der Bekämpfung von Zielen im Luftraum. Im Verständnis der Zeitgenossen handelte es sich bei Luftzielen um Flugzeuge, einzelne, Gruppen, auch große Formationen, die sich mit hoher Geschwindigkeit, mit variabler Flughöhe und extremer Manövrierfähigkeit fortbewegen konnten. Im Luftraum gibt es keine Vergleichspunkte für die Trefferlage. Diesen Herausforderungen mussten sich die Flakartilleristen stellen. Sie waren auf die von Entfernungs- bzw. Funkmessgeräten ermittelten, mit Hilfe der Kommando- und Kommandohilfsgeräte errechneten Werte angewiesen. Dazu gehörten:

- die Treffpunktermittlung in der Horizontal- und in der Vertikalebene,
- die Bestimmung der ballistischen Werte,
- die Korrektur der Paralaxe[6], der Gebrauchsstufe, der Ladeverzug, der Drall und die Windgeschwindigkeit sowie -richtung,
- die laufende Verbesserung der Seiten- und der Höhenrichtung sowie der Zündereinstellung.

Eine wichtige Rolle spielte die Winkelgeschwindigkeit, die bei Annäherung des Luftzieles die Zeit zum Nachrichten verringerte. Eine konstante Geschwindigkeit von 360 km/h vorausgesetzt, waren es bei 3000 m Entfernung noch 13,25 s, bei 500 m nur noch 4,25 s. Das erschwerte die auf Grund der schnellen Bewegung des Ziels notwendige Korrektur der Vorhaltwerte nach der Entfernung, der Höhe und der Seite.

2. Munition

Standard bei der Bekämpfung von Luftzielen mit der 8,8-cm-Flak 18, 36 und 37 war die 8,8-cm-Sprenggranatpatrone L/4,5[7] mit dem Zeitzünder S/30[8]. Beide gab es in verschiedenen Ausführungen, die hier nicht dargestellt werden können, ausgenommen munitionstechnische Veränderungen, die zum Verständnis der Wirksamkeit von 8,8-cm-Flugzeugabwehrkanonen mit einer Rohrlänge L/56 (Flak 18, 36 und 37) unverzichtbar sind.

Dazu einige Fakten: eine Sprenggranatpatrone wog 14,7 kg, ein Geschoss 9 kg, wovon 0,385 kg auf den Zeitzünder S/30 entfielen. Die Sprengladung gab es gegossen oder gepresst. Ihr Gewicht schwankte zwischen 0,74 und 0,785 kg, in Unterlagen aus dem Jahr 1944 sind sogar 0,935 kg angegeben. Die Geschosswand zeigte eine Dicke von 15,3 mm. Vor dem Krieg war man der Meinung, dass die Wirkung der Detonationswelle und die Splitter dieses Geschosses auch bei einer Schussablage von 30 m ausreichen würden, den Absturz des Flugzeuges herbeizuführen. Wie sich zeigen sollte, war das falsch. Beim Zerknall des Ge-

[6] Parallaxe (griech. Vertauschung), Winkel zwischen den Verbindungsgeraden zu einem, in dem konkreten Fall sich schnell bewegenden Punkt – dem Luftziel –, von zwei verschiedenen Beobachtungspunkten aus, deren geradlinige Verbindung, die Basis, bekannt ist.

[7] L/4,5 = Geschosslänge in Kalibern, hier 4,5 x 88 mm

[8] S/30 = Uhrwerkszünder mit einer maximalen Laufzeit von 30 s. Seine Funktionsweise kann mit der einer mechanischen Eieruhr verglichen werden.

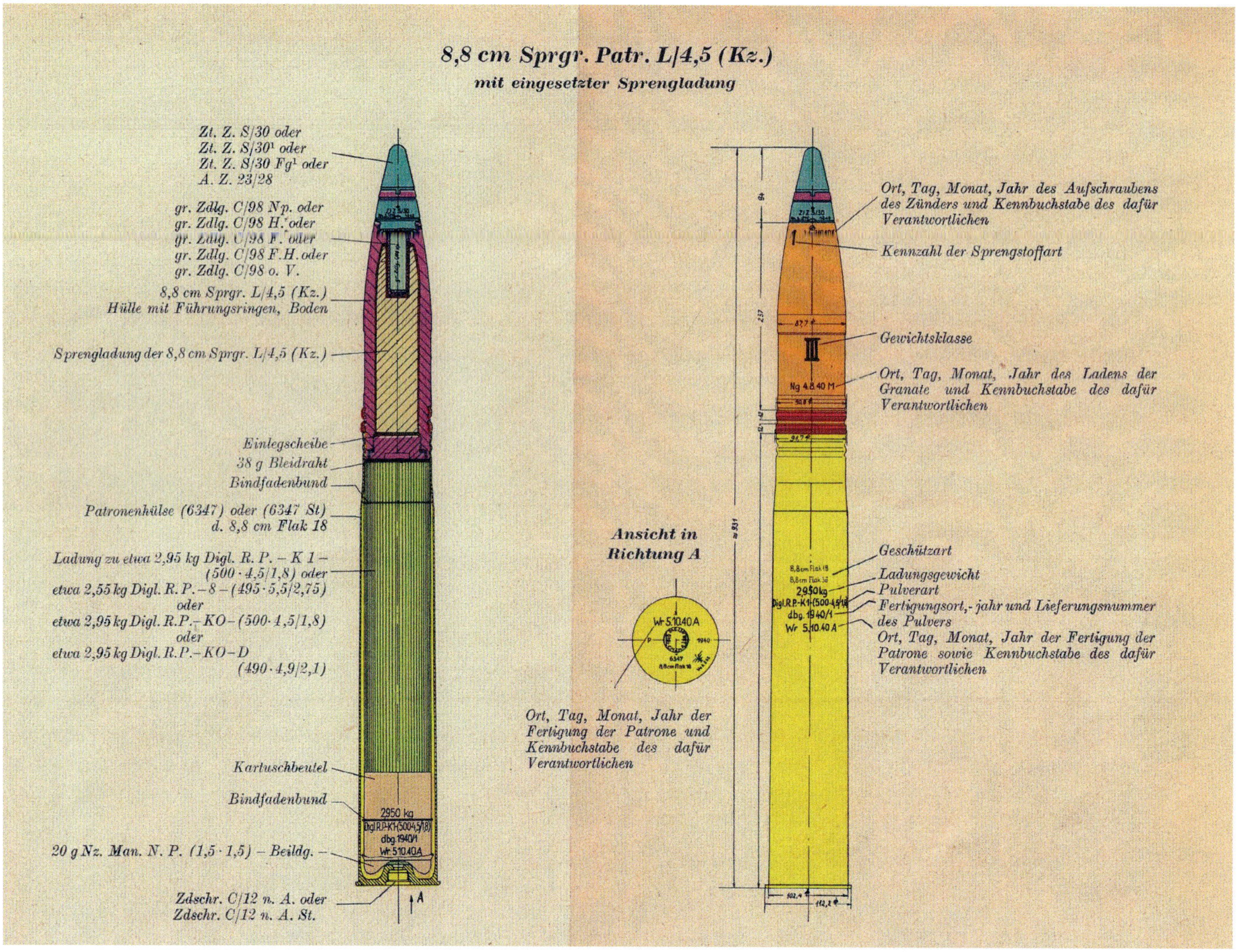

schosses rechnete man mit 500 bis 650 Splittern, der geringere Teil mit einem Gewicht von über 10 g. Der Geschossboden fiel in der Regel unzerlegt zur Erde. Aus dem Bemühen, die Splitterwirkung zu verbessern, ergaben sich während des Krieges verschiedene, auch durch die Auswertung erbeuteter russischer Munition angeregte, Verbesserungen:

- Ab Frühjahr 1943 wurden Geschosshülsen vorgerillt, um eine Zerlegung in weniger, aber größere Splitter mit höherer Zerstörungsleistung zu erzielen.
- Ab Dezember 1943 verwendete man weicheren Stahl, der die Ausbildung größerer Splitter begünstigte. Auf das vom Arbeitsgang her aufwendige Rillen konnte verzichtet werden.

Dem im Kriegsverlauf beständig steigenden Verbrauch an Flak-Munition standen Engpässe in der Sprengstoff-, Treibladungspulver- und der Stahlfertigung entgegen. So beklagte der Reichsminister für Rüstung und Kriegsproduktion, Albert Speer, in einem Reisebericht vom 24. November 1944 den »außerordentlichen Mangel an Flak-Munition« im Ruhrgebiet. Es hatte bis dahin in regelmäßigen Abständen Forderungen zur Produktionssteigerung gegeben. Der im August 1944 angemahnte kurzfristige Hochlauf auf 2,5 Millionen Schuss im Monat wurde nie erreicht. Der Höchstausstoß im Krieg lag bei 1,455 Millionen 8,8-cm-Granatpatronen.

Im Bereich der 8,8-cm-Flakmunition gab es eine Vielzahl von Projekten, Versuchen und Behelfslösungen: letztere vor allem, um dem steigenden Bedarf zu entsprechen. Ein anderes Tätigkeitsfeld war die Verbesserung der Geschosswirkung. Untersucht wurden Geschosse, die sich vom Sprengpunkt aus in Diskusscheiben zerlegten und selbst in 30 m Entfernung eine starke Schneidwirkung gegen die Flugzeugzellen zeigten. Der geplante Truppenversuch kam nicht zustande, weil man keinen Hersteller für die in Auftrag gegebenen 25.000 Schuss gefunden hat.

Ein weiteres Geschoss, das 8,8-cm-Brandschrapnell, das schon am 30. September / 1. Oktober 1943 während einer Rüstungskonferenz zwischen Hitler und Speer thematisiert worden war, kam Mitte 1944 zur Truppe. Die Übernahme in die Serienfertigung hat fast ein Jahr gedauert. Sie lief nicht ohne gut eingespielte, zuverlässige Arbeitskräfte und erforderte viel Zeit, dreimal so viel wie für eine 8,8-cm-Sprenggranate L/4,5. Gegen anfliegende Luftziele zeigten die kleinen zylindrischen Brandkörper, die aus den Schrapnellen ausgestoßen wurden, auf 100 m und mehr eine gute Wirkung, gegen abfliegende Ziele blieb sie auf 5 bis 10 m vom Ausstoßpunkt beschränkt. Ihre Durchschlagleistung ließ schnell nach.

Noch einige Sätze zum Zeitzünder S/30, einem nicht sprengkräftigen, transport-, lade- und rohrsicheren Zünder mit einstellbarem Uhrwerk. Die Zündverzögerung konnte mit einem Zünderstellschlüssel oder einer Zünderstellmaschine eingestellt werden. Er wurde nicht ausschließlich für Flakmunition gefertigt, weshalb auch die Forderung nach einer monatlichen Produktion von zwei Millionen Stück nicht ungewöhnlich ist. Im August 1942 lieferte die Industrie tatsächlich 2,2 Millionen Zeitzünder dieses Typs aus. Anfänglich fand Messing Verwendung, das durch Leichtmetall abgelöst wurde. Mit dem Übergang zu Zündergehäusen aus Stahl war der Ausstoß rückläufig und es bereitete Mühe, die monatliche Ausbringung wieder auf die notwendige Höhe zu steigern.

1943 stellte man schließlich fest, dass die Effizienz der Flakartillerie bei Verwendung eines Flakzünders mit Zeit- und Aufschlagfunktion gesteigert werden kann. Konkrete Maßnahmen zur Umstellung der Produktion bzw. Umarbeitung der Zeitzünder liefen allerdings erst in der Mitte des Folgejahres an. Ab Februar 1945 begann die Auslieferung an die Truppe[9].

Es ergibt sich abschließend die Frage nach den Erfolgen der deutschen Flakartillerie bei der Abwehr von Luftangriffen während des Zweiten Weltkrieges. Zahlenmäßig waren Flugzeugabwehrkanonen der Modelle 18, 36 und 37 das Rückgrat der bodengebundenen deutschen Luftverteidigung.

Einsätze im »scharfen Schuss« hatte es zuerst während des Bürgerkrieges in Spanien 1936 bis 1939 gegeben. 71 8,8-cm-Flugzeugabwehrkanonen 18 waren dorthin geliefert worden. Die Erfahrungen hielten sich, gemessen an später anzulegenden Maßstäben, in Grenzen. Auch aus Ermangelung geeigneter Luftziele standen sie öfter im Erdeinsatz[10]. Das änderte sich in den folgenden Jahren des Zweiten Weltkrieges. Eine Zäsur für die strategische Luftkriegführung gegen das Deutsche Reich stellten die auf der alliierten Konferenz in Casablanca (14.-26. Januar 1943) gefassten Beschlüsse dar. Wörtlich heißt es: »Deutschlands militärisches, wirtschaftliches und industrielles Gefüge ist so weitgehend zu erschüttern und zu zerstören und die Moral des Volkes so zu untergraben, dass es die Fähigkeit zum militärischen Widerstand verliert«. Was folgte, waren Serien von Großangriffen auf Städte östlich der Ruhr, auf Berlin und ein Dreitausendbomber-Angriff auf Hamburg – der Anfang vom Ende. Merkmale der Bomberoffensive waren:

- eine wachsende Zahl ins Reichsgebiet einfliegender viermotoriger Bomber mit Jägerbegleitschutz,
- aus Höhen bis zu 8000 m Tag und Nacht durchgeführte Flächenbombardements,
- eine widerstandsfähige Konstruktion und starke Abwehrbewaffnung der Kampfflugzeuge der Royal- und der US Air Force.

Die Alliierten eroberten den Himmel über Deutschland. Ihre Bomberströme wurden von Begleitjägern eskortiert, gegen die die Jagdflieger der Reichsluftverteidigung zunehmend ins Hintertreffen gerieten. Damit gewann die Flakartillerie an Bedeutung. Ende 1944 standen dafür neben leichten und mittleren

Schnittmodell eines 8,8-cm-Brandschrapnells. Gut zu erkennen die drei Ringe mit den Bariumnitrat-Brandkörpern.

[9] Der General der Flakartillerie a.D. Otto Wilhelm von Renz äußerte auf Grund eigener Erfahrungen, dass die Abschusszahlen verdreifacht wurden. (Ebender: Deutsche Flugabwehr im 20. Jahrhundert, Berlin und Frankfurt a.M., 1960, S. 135)

[10] Der Einsatz der 8,8-cm-Flak als Feldartillerie und zur Panzerabwehr wird im Teil 2 behandelt.

Kalibern[11] rund 10.000 schwere Flugzeugabwehrkanonen im Einsatz. Für ihre Bedienung und die der Flakschweinwerfer, der Horch-, Entfernungs- bzw. Funkmessgeräte, der Kommandogeräte sowie den Unterhalt des Nachrichten- und Flugmeldewesens wurden über eine Million Männer und Frauen benötigt. Das sind Zahlen, die bei der Bewertung der »Acht-acht« Berücksichtigung finden müssen.

Im Februar 1945 verfügte die Luftwaffe über 31.569 Flugzeugabwehrkanonen, davon 12.179 schwere. In dieser Kategorie stellten 8,8-cm-Flak der Modelle 18, 36 und 37 mit 9302 den größten Anteil, vom Modell 37/41 gab es 13 Stück. Eine zunehmende Zahl der Geschütze stand in den zum Schutz der Treibstoffindustrie aufgebauten Flakgürteln, so im Umfeld der Leunawerke bei Halle, wo etwa 1000 Geschütze konzentriert waren.

Im Verlauf des Jahres 1944 registrierte man auf alliierter Seite eine zunehmende gegnerische Flakdichte. Das widerspiegelte die steigende Zahl der von der Flakartillerie verursachten Schäden an den Flugzeugen. Sie übertraf erstmals jene, die das Ergebnis von Luftkämpfen mit deutschen Jagdfliegern waren. Bei den Totalverlusten bot sich ein ähnliches Bild: über 50% waren auf Flakbeschuss zurückzuführen. Immer öfter wurde vor den Einsätzen, nicht nur der taktischen Fliegerkräfte, die Frage gestellt: »Wo befinden sich die verfluchten deutschen Flakstellungen?« Um ihre Wirkung abzuschwächen, wichen die Bomberformationen in größere Höhen aus, wurden in die Breite gezogen. Dort, wo die Flakartillerie ihre Feuerkraft zur Geltung bringen konnte, zwang sie die Bomber, ihre Abwurflast über dem Zielgebiet in größerer Höhe auszulösen. Das beeinflusste ihre Trefferlage. Bei der Bombardierung Dresdens am 13./14. Februar 1945 fehlte die Flak – mit verheerenden Folgen. Die Angriffshöhe der Bomber lag zwischen 4000 und 5000 m, optimal zur Zerstörung des Stadtgebietes.

Mit solchen taktischen Maßnahmen gerieten die 8,8-cm-Flugzeugabwehrkanonen[12] an Grenzen ihrer Leistungsfähigkeit. Sie lag mit der Sprenggranatpatrone L/4,5 bei einer V_0 von 820 m/s bei 9750 m Schusshöhe und 14.860 m Schussweite. Die Zünderlaufzeit reichte für 10.600 m.

Aus statistischer Sicht hatte man 1942 für einen Abschuss 3343 Sprenggranatpatronen der schweren Flak benötigt[13]. Der General der Flakartillerie a.D. Otto Friedrich von Renz, 1942-1944 Chef der Amtsgruppe für Flakentwicklung, benennt in seiner Arbeit »Deutsche Flug-Abwehr im 20. Jahrhundert« die Zahl der Flugzeugabschüsse für Januar bis April 1944 mit 379, für Mai und Juni 1944 mit 286, beruft sich dabei auf amerikanische Berichte. Nach von Renz schoss die Flak im Verlaufe des Jahres 1944 2570 Flugzeuge über dem Reichsgebiet ab; im Januar 1945 kamen dazu noch einmal 218, im Folgemonat 182 hinzu. Hinzugerechnet werden muss eine wesentlich höhere Zahl beschädigter Maschinen, die zu ihren Einsatzflughäfen zurückkehren konnten. Für die Berechnung der Munitionsmenge für einen Abschuss ist die Zahl der Totalverluste interessant, die man der Flugzeugabwehrartillerie zuerkannt hat. Danach ergibt sich für das letzte Kriegsjahr folgendes Bild:

Munitionsbedarf der schweren Flak für den Abschuss eines viermotorigen Bombers[1]

Kaliber und Modell der Flak	Schusszahl		Gesamtgewicht der Patronen	davon Geschossgewicht	Sprengstoffanteil
	mit Zeitzünder	mit Doppelzünder			
8,8-cm-Flak 18, 36 und 37	16.000	5000	23,52-7,35 t	14,40-4,45 t	1,552-0,435 t
8,8-cm-Flak 37/41 und 41	8500	3000	16,32-5,76 t	7,99-2,82 t	0,731-0,538 t
10,5-cm-Flak 38 und 39	6000	2000	15,60-5,20 t	9,06-3,02 t	0,90-0,3 t
12,8-cm-Flak 40	3000	k.A.	14,31-?	7,80-?	1,02-?

[1] Die Tabelle vermittelt nur einen Anhalt, da die Verluste auf dem Transport, durch Feindeinwirkung und aus anderen Gründen vermutlich in die Verbrauchzahlen nicht eingerechnet wurden.

Übliche Verpackung für die 8,8-cm-Sprenggranatpatrone L/4,5 war der Patronenkorb mit den Abmessungen 360x140x997 mm. Sein Gewicht mit drei schussfertig gelieferten Patronen lag im Mittel bei 55,3 kg. Links von der Sprenggranatpatrone ist der selten verwendete luftdichte Patronenkasten (Stahl) zu sehen.

[11] 2-, 3,7- und 5-cm-Flak
[12] ausgenommen 8,8-cm- Flak 37/41 und 41
[13] Bezogen auf die Geschosse der 8,8-cm-Flak waren das 30,87 t Geschoss- und 1,287 t Sprengstoffmasse.

Erinnert sei an dieser Stelle daran, dass der Verschuss von 16.000 Sprenggranaten L/4,5 bedeutete, 16.000 Zeitzünder, 16.000 Uhrwerke in die Luft zu schießen. Das Gewicht der benötigten Munition – über 23 t 8,8-cm-Granatpatronen – entsprach knapp der Hälfte des maximalen Startgewichtes eines viermotorigen Bombers der Alliierten. Das ist nicht nur ein Zahlenspiel. Und es macht durchaus Sinn, noch einmal an die eingangs erwähnte Romanfigur zu erinnern, die Dieter Noll sagen lässt: »Wir sind unten und schießen nach oben, und die sind oben und schmeißen nach unten«.

8,8-cm-Flugzeugabwehrkanone 36 und 37

Taktisch-technische Daten	
Kaliber:	88 mm
Rohrlänge:	4930 mm = L/56
Anfangsgeschwindigkeit (V_0):	820 m/s (Sprenggranate)
Feuergeschwindigkeit:	20 Schuss/min
Schussweite:	14.860 m
Schusshöhe:	9750 m (Zünderreichweite 10.600 m)
Höhenrichtbereich:	- 3 Grad / + 85 Grad
Seitenrichtbereich:	360 Grad
Gewicht, Fahrstellung:	8200 kg
Gewicht, Feuerstellung:	5000 kg
Arbeitsstunden:	4500
Herstellungspreis:	33600,– RM

Schnittzeichnung des Zeitzünders S/30.

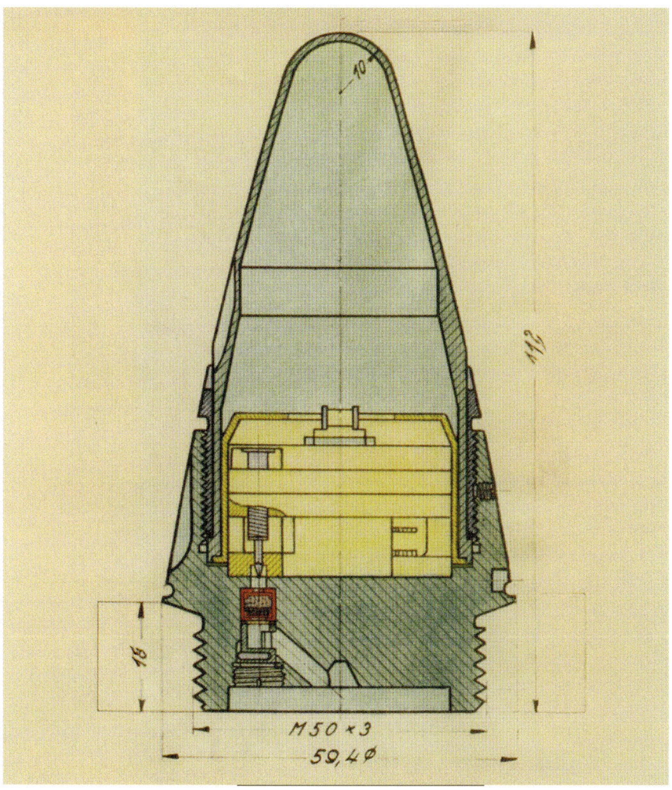

8.2. Panzerabwehr

Schwerpunkt der Darstellung war bis jetzt die Verwendung des 8,8-cm-Geschützes zur Flugabwehr. Dafür hatte man es entwickelt, diesem Zweck entsprach seine Konstruktion.

Die Auseinandersetzung mit der Legende bleibt lückenhaft, würde man auf die Darstellung des Einsatzes der Kanone gegen Ziele am Boden, insbesondere zur Panzerabwehr, verzichten.

Die Eigenarten des Schießens auf Luftziele hat die taktisch-technischen Parameter der 8,8-cm-Flugzeugabwehrkanone bestimmt. Sie machten sie aber auch für den Einsatz gegen Bodenziele interessant. Hervorzuheben sind die große Anfangsgeschwindigkeit und Reichweite der Geschosse, die hohe Feuergeschwindigkeit und Treffgenauigkeit, ebenso die Beweglichkeit. Im Vergleich zu den Geschützen der Feld- und der Panzerabwehrartillerie waren diese Leistungen mit einem komplizierten Rohraufbau und Lafettenkonstruktion, hohem Fertigungsaufwand[14] und großer Feuerhöhe erkauft.

An die präzisen Schießleistungen der 8,8-cm-Flak 18 erinnerte man sich 1938 im Zusammenhang mit den Vorbereitungen für den Angriff auf die Tschechoslowakei (Fall »Grün«). Hitler forderte am 21. April des Jahres nach Beginn der Operation »blitzartiges Handeln« und erwartete innerhalb von nur Tagen greifbare militärische Erfolge. Zu den Risiken des Plans gehörte der Wall von Befestigungsanlagen, mit dessen Bau die Tschechoslowakische Republik 1935 in ihren Grenzgebieten begonnen hatte und die – nach Eduard Beneš, dem Ministerpräsidenten des Landes benannt – auch als »Beneš-Linie« bekannt geworden ist. Der Wall war noch nicht fertig, stellte aber dennoch ein ernstzunehmendes Hindernis dar. Ein Kampfmittel, um sich den Weg freizuschießen, war die 8,8-cm-Flak 18. Entsprechende Einsatzerfahrungen gab es aus Spanien. Im Mai 1938 fand auf dem Artillerieschießplatz Jüterbog ein Vergleichsschießen von Artilleriewaffen aller Art gegen betonierte Befestigungsanlagen statt, bei dem die »Acht-acht« mit Abstand die besten Ergebnisse erzielte. Auf 900 m Entfernung[15] zeigten 30% aller Treffer mit Panzergranaten auf Bunkerscharten zerstörende Wirkung. Das Geschütz war der ideale »Bunkerknacker«.

[14] Fertigungsaufwand der 8,8-cm-Flak im Vergleich mit Feld- und Panzerabwehrgeschützen als Anhalt (Stand 1944)

Geschützart und -typ	Gewicht in Feuerstellung (kg)	Rohstoffbedarf (kg)	Arbeitsstunden (h)	Preis (in Reichsmark)
8,8-cm-Flak 18, 36 und 37	5000*	10.331	4500	36.600.-
7,5-cm-Panzerabwehrkanone 40	1425	6428	2200	12.000.-
10,5-cm-leichte Feldhaubitze 18	2040	6263	3200	16.400.-

* ohne Schutzschild

[15] das entspricht der Schussweite mit der 8,8-cm-Panzergranate beim Schießen im direkten Richten (V_0 795 m/s + 100 m als Anhalt)

Am 15. August 1938 erhielt die Rheinmetall-Borsig GmbH / Düsseldorf den Auftrag, in enger Zusammenarbeit mit dem Heereswaffenamt/WaPrüf 4 und Dienststellen der Luftwaffe die 8,8-cm-Flak 18 in kürzester Zeit für die neue Verwendung zu modifizieren. Dazu wurden die Lafettierung verändert sowie der Höhenrichtbereich auf -3° (später -4°) und +15° begrenzt. Das Geschütz erhielt ein Schutzschild, einen Kasten für sechs Granatpatronen Bereitschaftsmunition auf der linken Seite und das abgeänderte Flak-Zielfernrohr 20 E. Zur Bekämpfung von Luftzielen war der »Bunkerknacker« nicht mehr geeignet. Bereits am 27. August 1938 fand in Kummersdorf ein Versuchsbeschuss statt. Zwischen dem 10. und 30. September wurden 50 Geschütze dieser Bauart hergestellt und in zwei Ausführungen an das Heer geliefert:

1. als gepanzerte Selbstfahrlafette auf dem Fahrgestell des schweren Zugkraftwagen 12 t (Sd.Kfz. 8). Für die Fahrzeuge war die Daimler-Benz AG / Berlin-Marienfelde zuständig, die schon nach wenigen Tagen ein Holzmodell auf dem Fahrgestell DBs 8 geliefert hat. Mit dem Geschütz, der zwischen 8 und 10 mm starken Panzerung, dem Munitionsvorrat und der Besatzung ergab sich ein Gewicht von 17 t. Das war zu viel. Nach der Verstärkung des Rahmens und der Federung war es auch möglich, den Panzerschutz zu verstärken (maximal 15 mm). Die Feuerhöhe der Selbstfahrlafette ist mit 2,60 m angegeben.

30 8,8-cm-Selbstfahrlafetten sind bestellt worden. Daimler-Benz sagte die Lieferung der ersten zehn (nun unter Verwendung der Fahrgestelle schwerer Zugkraftwagen 12 t DB 10) noch für November 1938 zu, wovon das Heer 1940 sechs in der 1. Kompanie/Panzerjägerabteilung 8 eingesetzt hat (Kriegsstärkenachweisung Nr. 1146 vom 1. Februar 1940). Über weitere Lieferungen ist nichts bekannt.

2. als provisorisches Sturmgeschütz auf dem Sonderanhänger, mehrachsig (Sd.Ah. 201), von dem aus geschossen wurde. Die Kreuzlafette zeigte verkürzte seitliche Holme, die in Schussposition mittels Fußauslöser ausgeschwenkt und nach dem Feuerüberfall auch wieder so eingeschwenkt werden konnten. Die Feuerhöhe lag bei 1,60 m. Als Zugmittel lieferte Krauss-Maffei 25 Stück der gepanzerten Ausführung des mittleren Zugkraftwagen 8 t KM m 11 (Sd.Kfz. 7). Einschließlich der sechs Granatpatronen im Bereitschafts-Munitionskasten gehörten 30 Granatpatronen zur Munitionsausstattung.

36 dieser provisorischen Sturmgeschütze wurden im Herbst 1939 den neu aufgestellten Panzerabwehrabteilungen 525, 560 und 605[16] zugewiesen. Jede ihrer drei Kompanien verfügte in den ersten beiden Zügen über je zwei 8,8-cm-Geschütze (mot Z) und über einen 3. Zug mit vier 3,7-cm-Panzerabwehrkanonen L/45 (mot Z) (KSTN Nr. 1149 vom 1. Februar 1940). Bestehende Fehlstellen an Zugpanzern wurden mit ungepanzerten Zugkraftwagen 8 t KM m 11 (Sd.Kfz. 7) aufgefüllt. Eine der Abteilungen wurde der 7. Infanteriedivision unterstellt und beschoss am 11. Mai 1940 am Albertkanal bei Langerlo Bunker der Dyle-Stellung. Eine Woche später stand sie bei Heidenbroek im Gefecht mit englischen Kampfwagen.

Zu einem Einsatz der »Bunkerknacker« gegen die tschechoslowakischen Befestigungen war es nicht mehr gekommen. Am 29./30. September 1938 wurde das Münchener Abkommen unterzeichnet. Die deutschen Streitkräfte marschierten in die böhmischen Grenzgebiete ein. Die vorgefundenen Bunker waren

Der Zeitzünder S/30 Fg[1] mit Fliehkraftentsicherung. Er wog 0,385 kg und war 1942 von der Firma Rodi & Wienenberger AG, Doublé-Ketten im badischen Pforzheim (ccv) produziert worden. Als Hersteller traten weiterhin die Matthias Hohner AG, Harmoniefabrik / Trossingen (edb), die Rachmann Metallwerke / Haida im Sudetengau (cxl) und die Gebrüder Thiel-Seebach GmbH in Seebach bei Rhula (hhl) in Erscheinung.

[16] ab April 1940 in »Panzerjägerabteilungen« umbenannt. Analog dazu wurden die Panzerabwehrkanonen als »Panzerjägerkanonen« bezeichnet. Korrekterweise muss diese Bezeichnung auch für die 8,8-cm-Geschütze angewendet werden.

nun begehrte Objekte für die Waffenerprobung und kriegsnahe Ausbildung. Das Heereswaffenamt prüfte ihre Widerstandsfähigkeit im Dauerbeschuss, wechselweise mit Panzer- und Sprenggranaten, wobei das Kaliber 8,8 cm die hochgesteckten Erwartungen erneut bestätigen konnte. Trotzdem blieben die Spezialgeschütze eine Episode in der Geschichte der Artillerietechnik.

Wenden wir uns wieder der 8,8-cm-Flak und ihrer Verwendung im Rahmen der Luftwaffe zu. Während des Feldzuges gegen Polen im September 1939 wurden sie wiederholt als Feldartillerie eingesetzt, wie z.B. bei der I. Abteilung / Flak-Regiment 22 bei Iłża-Pilotka. Sie musste die 3. Leichte Division bei der Abwehr von Angriffen überlegener polnischer Kräfte unterstützen. Im Westfeldzug im Mai und Juni 1940 gewährten zwei Flak-Korps den Luftschutz der in den Hauptstoßrichtungen angreifenden gepanzerten Großverbände. Ihre starke artilleristische Ausstattung ermöglichte es auch immer wieder, erfolgreich in die Kämpfe am Boden einzugreifen. Bevorzugtes Ziel war die gegnerische Artillerie, soweit diese von der überwiegend mit Haubitzen ausgestatteten eigenen Feldartillerie nicht erreicht werden konnte[17]. Über die Brauchbarkeit der 8,8-cm-Flugzeugabwehrgeschütze beim Beschuss von Bunkerscharten und -türmen lagen ja bereits Erfahrungen vor. Sie spielten eine wichtige Rolle bei der Überwindung holländischer, belgischer und französischer Befestigungsanlagen. Darüber schrieb Oberstleutnant i.G. Wolfgang Pickert in seiner Arbeit »Unsere Flak-Artillerie«: »Es gab keine Bunker und kein Panzerwerk, das nicht durch unsere Flakartillerie zerschlagen oder wenigstens durch Beschuss kampfunfähig gemacht werden konnte. Schießscharten wurden zerschlagen …, Panzerkuppeln zersprangen oder klemmten sich so fest, dass sie nicht mehr gebrauchsfähig waren.«

Im Verlaufe des Feldzuges im Westen ergab sich eine weitere wichtige Aufgabe für die Flugzeugabwehrkanonen – der Kampf gegen Panzer. Darüber wird im Erinnerungsbuch der 57. Infanteriedivision berichtet, die am 28. Mai 1940 im Brückenkopf von Abbeville auf der ganzen Front von starken französischen Panzerkräften (4. DCR unter General Charles de Gaulle) attackiert wurde. »Die Panzerabwehr hatte sich heldenhaft geschlagen, aber die Wirkung ihrer Geschosse war durch die überstarke Panzerung beträchtlich gemindert. … Die Panzerabwehr wurde überwalzt, die schutzlos gewordene Infanterie musste ausweichen. … Der Panzerschreck ist den Soldaten mächtig in die Glieder gefahren.« Über Nacht wurden 8,8-cm-Flak in Stellung gebracht, verstärkten die Panzerabwehr, was bei neuerlichen Angriffen der Franzosen am Vormittag des folgenden Tages Wirkung zeigte. »Auf einen halben Kilometer sind sie jetzt heran, …

[17] Vergleich taktisch-technischer Daten der wichtigsten Geschütze der Feldartillerie und der 8,8-cm-Flak 18, 36 und 37

Geschützart und -typ	Kaliber (cm)	Feuergeschwindigkeit (Schuss/min)	Geschossgewicht (kg)	Geschossgewicht pro Minute (kg)	Schussweite maximal (m)
10,5-cm-leichte Feldhaubitze 18	10,5	6-8	14,81	118,48	10.675
15-cm-schwere Feldhaubitze 18	14,91	4	43,5	174	13.325
8,8-cm-Flak 18, 36 und 37	8,8	15-20	9,4	188	14.815

Neben den Herausforderungen des Wettkampfes zwischen der Angriffs- und der Abwehrtechnik waren die Angehörigen der Flakartillerie im letzten Kriegsjahr im Kampf gegen den nicht versiegen wollenden Strom alliierter Bombergroßverbände großen physischen und psychischen Belastungen ausgesetzt.

Eine Batterie 8,8-cm-Flak 18 in Feuerstellung. Charakteristisch für die Geschütze war der markante peitschende Abschuss. Um ihn zu verschleiern war im Erdkampf ein gleichzeitiges Feuern mit den Geschützen der Feldartillerie anzustreben.

vielleicht 30 Panzer, gefolgt von Infanterie. Da beginnen die Hecken hinter uns Feuer zu speien, da knallen die ohrenbetäubend scharfen Abschüsse der Flak. ... Schon liegen wieder einige regungslos, schon reißt einem die Seitenwand auseinander und dicker Qualm schlägt heraus. Eine Raupenkette schlängelt sich davon und der Panzer ruckt hilflos im Kreise.« Pickert nannte hunderte von Panzerwagen, die bis zum Ende des Westfeldzuges Opfer der Flakartillerie geworden sind. Kein Wort darüber, dass es das Ergebnis einer aus der Not geborenen Behelfslösung war.

Die Panzerjägertruppe hatte mit ihrem Standardgeschütz, der 3,7-cm-Pak L/45[18] einen schweren Stand gegen die dick gepanzerten französischen Kampfwagen; gegen den Char B 1 bis mit 60 mm Frontpanzerung blieb sie chancenlos. Gleiches galt für die englischen Infanteriepanzer Mk I und Mk II »Matilda«.

Die Verwendung der 8,8-cm-Flak bei der Bekämpfung von Bodenzielen, insbesondere bei der Panzerabwehr, sollte im folgenden Jahr auf dem nordafrikanischen Kriegsschauplatz und in der Sowjetunion eine noch viel größere Bedeutung gewinnen. Vorerst war man bemüht, die Erfahrungen des Westfeldzuges auszuwerten und Einsatzgrundsätze, Ausbildung und Technik der Flakartillerie an die neuen Anforderungen anzupassen. Zu den Schwerpunkten gehörte die Schießausbildung, die eine verstärkte infanteristische Ausbildung der Flakartilleristen ergänzte. Die Geschütze in den Flak-Verbänden der Luftwaffe (ausgenommen in der Reichsluftverteidigung) wurden mit Schutzschilden nachgerüstet. Diese wogen 400 kg und boten Schutz vor dem Beschuss aus Infanteriewaffen und vor Granatsplittern. Die Dienstvorschrift dazu erschien am 22. Juni 1941. Auch für die Zieleinrichtungen ergaben sich kleinere Änderungen.

Am 14. Februar 1941 landeten die ersten deutschen Truppen in Nordafrika. Zum Deutschen Afrika-Korps gehörten zwei Flak-Abteilungen der Luftwaffe – die I./Flak-Regiment 18 und die I./Flak-Regiment 33. Ihre Aufgabe war die Flugzeugabwehr in dem weitgehend deckungslosen Gelände. Neben den 60 2-cm-Flak standen dafür 24 8,8-cm-Flak zur Verfügung. Die britische Führung überraschte ihre Verwendung als Universalgeschütze im engen Zusammenwirken mit motorisierten Schützen und Panzern (»anti-aircraft, anti-tank und anti-social«). So war es möglich, den für die Deutschen bei weitem gefährlichsten Gegner, den Infanteriepanzer Mk II »Matilda«, bereits aus großer Distanz (unterhalb 2000 m) außer Gefecht zu setzen. Das konnte mit der Bewaffnung der deutschen Panzer und Panzerjäger nicht geleistet werden[19]. So gehörten die 8,8-cm-Geschütze der Luftwaffe in den Kämpfen um den Halfaya-Pass (Mitte Juni 1941) und in der sogenannten »Winterschlacht« zwischen Sollum und Tobruk (zweite Novemberhälfte 1941) zu den Stützen der deutschen Kriegführung.

In den Morgenstunden des 22. Juni 1941 traten deutsche und verbündete Streitkräfte im Osten zum Angriff gegen die Sowjetunion an. An dieser Front war die Flakartillerie vom ersten Tag an dauerhaft in die Lösung der Doppelaufgabe der Luft- und der Erdzielbekämpfung eingebunden. Im Erdeinsatz zeichnete sich als Schwerpunkt die Panzerabwehr ab. Bis Ende Dezember 1941 sollen 2200 russische Panzerwagen Opfer der Flak

8,8-cm-Flak 18 auf schwerem Zugkraftwagen 12 t DB 10 (Sd.Kfz. 8). Aufnahme vom Mai 1940. Gut zu erkennen ist der Kasten für die Bereitschaftsmunition auf der linken Seite des Geschützes (eine Granatpatrone fehlt). Weitere 48 Granatpatronen sind dahinter zu je drei Stück in Patronenkörben für die 8,8-cm-Flak 18 gelagert. Jeder gefüllte Korb wog 54,3 kg.

8,8-cm-Flak 18 auf Sonderanhänger, mehrachsig (Sd.Ah. 201) in Feuerstellung. Aufnahme aus der Zeit des Westfeldzuges 1940. Zu den charakteristischen Merkmalen gehören das Schutzschild und der Kasten für sechs Granaten Bereitschaftsmunition, darunter der Kasten für das Flak-Zielfernrohr. Die verkürzten seitlichen Holme der Kreuzlafette sind ausgeschwenkt. Beachte den Fußauslöser.

[18] Durchschlagleistung mit der 3,7-cm-Panzergranate mit Bodenzünder und Lichtspur: 29 mm Panzerstahl bei 500 m Entfernung und 600 Auftreffwinkel

[19] mit der 5-cm-KwK L/42 gab es Erfolgsaussichten erst auf Entfernungen unterhalb 400 m, mit der 7,5-cm-KwK 37 L/24 wurde keine Wirkung erzielt

geworden sein. In einem rückblickend vom Generalkommando V. Armeekorps (Heeresgruppe Mitte) am 15. Dezember des Jahres zusammengestellten Erfahrungsbericht wurde eingeschätzt: »Das Vertrauen der Infanterie zur eigenen Panzerabwehr (3,7- und 5-cm-Pak) ist erschüttert.« Oft löste allein das Erscheinen russischer Panzer den »Panzerschreck« aus. Für die Infanteriedivisionen wurde deshalb eine Waffe mit der Wirkung der 8,8-cm-Flak gefordert. Sie konnte den mittleren Panzer T-34 bereits auf Entfernungen unterhalb von 1000 m wirksam bekämpfen und zeigte auch bei der Abwehr des schweren Panzers KW große Erfolge.

Durchschlagleistung der 8,8-cm-Flak 18, 36 und 37 gegen Panzerstahl (Auftreffwinkel 60°)

Munitionsart und -typ	Gewicht (kg)	davon Spreng-stoff (kg)	V_0 (m/s)	Durchschlagleistung (mm)				
				100 m	500 m	1000 m	1500 m	2000 m
8,8-cm-PzGr 39	10,2	0,155	795	127	117	106	96	88
8,8-cm-PzGr 39/1	9,5	0,064	810	98	93	87	80	72
8,8-cm-PzGr 39/HL	7,65	0,64	600	90	90	90	90	90

Bilder-Ziele für die panzerbrechende Munition der 8,8-cm-Flak:
a. Panzerkuppel einer Kasematte der Maginotlinie.

Die Munition zur Panzerbekämpfung wurde 1942 durch die Granatpatrone 39/HL ergänzt. Ihrer gleichbleibend hohen Durchschlagleistung stand eine geringere Schussweite im direkten Richten (etwa 700 m) gegenüber. Fehlten Panzer- oder Hohlladungsgranaten, konnten auch 8,8-cm-Sprenggranatpatronen L/4,5[20] verwendet werden. Bei Ende 1942 durchgeführten Beschussversuchen hatte sich gezeigt, dass bei Einstellung des Aufschlagzünders 23/28 auf Sofortzündung Erfolge gegen Kampfwagen erzielt werden konnten. Beim T-34 führten Treffer unter den Wangen der Turmfront oder unter dem Turmheck zum Abheben und Verkanten des Drehturms. Vergleichbare Ergebnisse zeigte der Beschuss von Infanteriepanzern Mk II »Matilda«. Auch das macht deutlich: die 8,8-cm-Flak war in der Panzerabwehr unverzichtbar. Zum einen wegen ihrer Leistungsfähigkeit, zum anderen, weil dem Heer im Juni 1942 noch 2900 5- und 7,5-cm-Panzerjägerkanonen zur Sollausstattung seiner Verbände fehlten. Mit der 1941 in Angriff genommenen Aufstellung von Flak-Abteilungen des Heeres und ihrer Eingliederung in motorisierte und gepanzerte Verbände sollte zwar in erster Linie der Schutz vor Luftangriffen verbessert werden. Angesichts überall spürbarer Schwächen in der Panzerabwehr waren sie mit ihren acht schweren Geschützen aber auch auf diesem Gebiet eine wertvolle Verstärkung. Am 14. Januar 1944 erhielt die Heeresflak-Artillerie, die 1945 68 Abteilungen umfasste, eine eigene Waffeninspektion (In. 13). Die Sollausstattung für Flak-Abteilungen von Luftwaffen-Feld- und Fallschirmjägerdivisionen sah neben der üblichen leichten Batterie drei schwere Batterien mit zusammen zwölf 8,8-cm-Flak vor. Die Fallschirm-Panzerdivision »Hermann Göring« verfügte sogar über ein eigenes Flak-Regiment.

Neben den Aufgaben in der Flugzeug- und Panzerabwehr leisteten 8,8-cm-Flugzeugabwehrkanonen weiterhin einen wich-

Bilder-Ziele für die panzerbrechende Munition der 8,8-cm-Flak:
b. der französische Kampfwagen Char B 1 bis.

[20] L/4,5 = Geschosslänge in Geschosskalibern (hier 4,5 x 88 mm)

Bilder-Ziele für die panzerbrechende Munition der 8,8-cm-Flak:
c. der englische Infanteriepanzer Mk II »Matilda«

Bilder-Ziele für die panzerbrechende Munition der 8,8-cm-Flak:
d. der russische mittlere Panzer T-34, Modell 1941

tigen Beitrag als »Bunkerknacker« – so während der Kämpfe um die »Stalin«-Linie im Sommer 1941 – und als weitreichende Feldartillerie. Einer der Höhepunkte war zweifellos die Belagerung der Festung Sewastopol (Operation »Störfang«) im Juni 1942. Erneut hinterließen 8,8-cm-Flak mit Präzisionsschüssen auf Bunkerscharten einen nachhaltigen Eindruck. Überdies ergänzten mehrere Flak-Regimenter die Feld- und Belagerungsgeschütze im Artilleriekampf. Der Munitionsverbrauch lag in den

Bilder-Ziele für die panzerbrechende Munition der 8,8-cm-Flak: e. der russische schwere Panzer KW-1, Modell 1941 mit verstärkter Panzerung.

drei Wochen bei 181.800 8,8-cm-Granatpatronen. Standardgeschoss bei der Bekämpfung lebender, nicht oder nur leicht gepanzerter Ziele sowie von Feldstellungen war die 9,4 kg schwere Sprenggranate L/4,5 mit dem Aufschlagzünder 23/28, der je nach Einstellung den Zündvorgang mit oder ohne Verzögerung auslöste. Granaten mit Zündverzögerung ergeben bei einem Fallwinkel unter 20⁰ Abpraller. Das Geschoss detoniert dann etwa 50 m vor dem Auftreffpunkt, die Splitter streuen in der vorgegebenen Flugrichtung. Die Verwendung des Zeitzünders S/30[21] ermöglichte Sprengpunkte am Ende der Flugbahn, wobei eine Höhe von 10 m über dem Ziel angestrebt werden sollte. Je nach Ausführung des Geschosskörpers ergaben sich beim Zerknall zwischen 300 und 650 Granatsplitter.

In den letzten beiden Kriegsjahren zwangen Schwierigkeiten bei der Munitionsversorgung dazu, eine sparsamere Munitionstaktik vorzugeben. Im Oktober 1944 wurde der Verbrauch für die 8,8-cm-Flak im Einsatz gegen Bodenziele, auch in Krisenfällen, auf zehn Schuss pro Rohr und Minute begrenzt. Leere Patronenhülsen sollten unbedingt über die Munitionsausgabestellen zurückgeführt werden. Dabei berücksichtigte man die vergleichsweise geringe Lebensdauer der Rohre (6000 Schuss – Stand 1944).

Gespannte Lagen machten das vermehrte Eingreifen schwerer Flak in den Erdkampf notwendig. Üblich waren gemischte Flak-Kampftrupps aus zwei 8,8-cm-Geschützen und einem Zug 2-cm-Flak mit drei Geschützen. Gegen Panzer wurde ab 1500 m geschossen, gegen T-34 mit verstärkter Panzerung gab es erst ab 600 m abwärts Erfolgsaussichten. Starke feindliche Panzerangriffe rechtfertigten den Einsatz kompletter schwerer Batterien.

[21] maximale Laufzeit 30 Sekunden

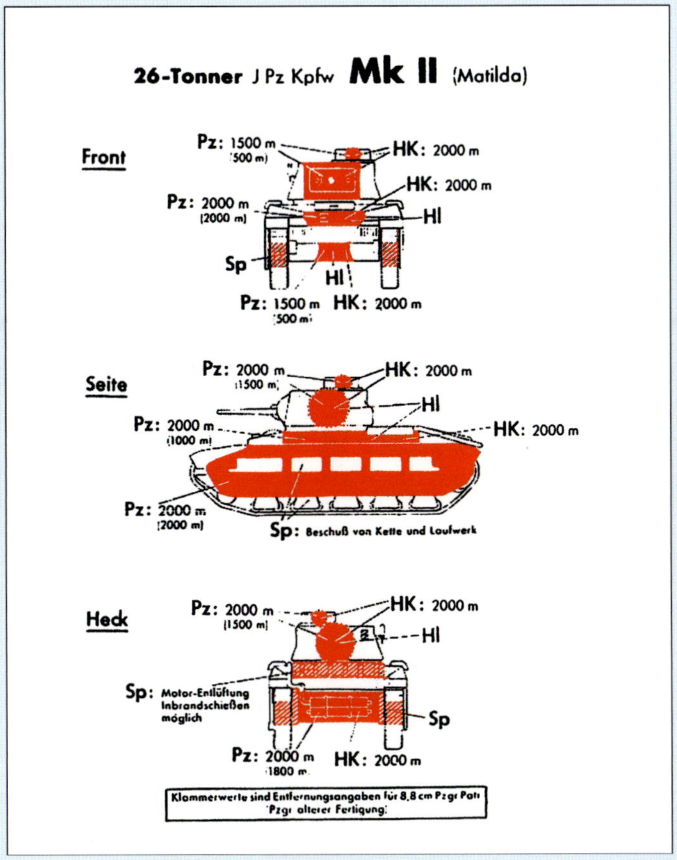

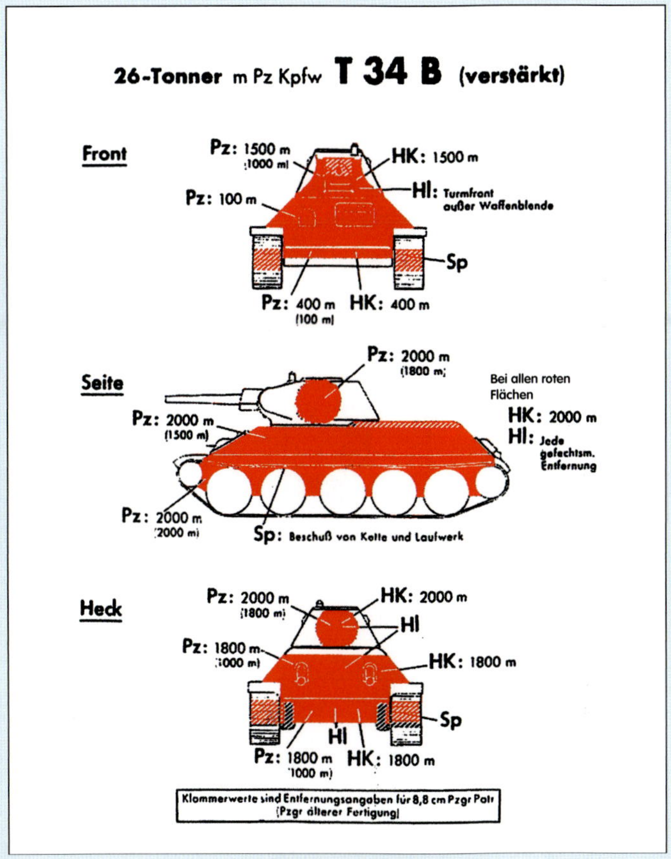

Panzerbeschusstafeln zur Bekämpfung schwer zu bekämpfender Panzerfahrzeuge mit den 8,8-cm-Flak 18, 36 und 37 bei Verwendung von Panzergranatpatronen älterer Fertigung (Anlage zur H.Dv. 469/3d, Stand 19. April 1943.)

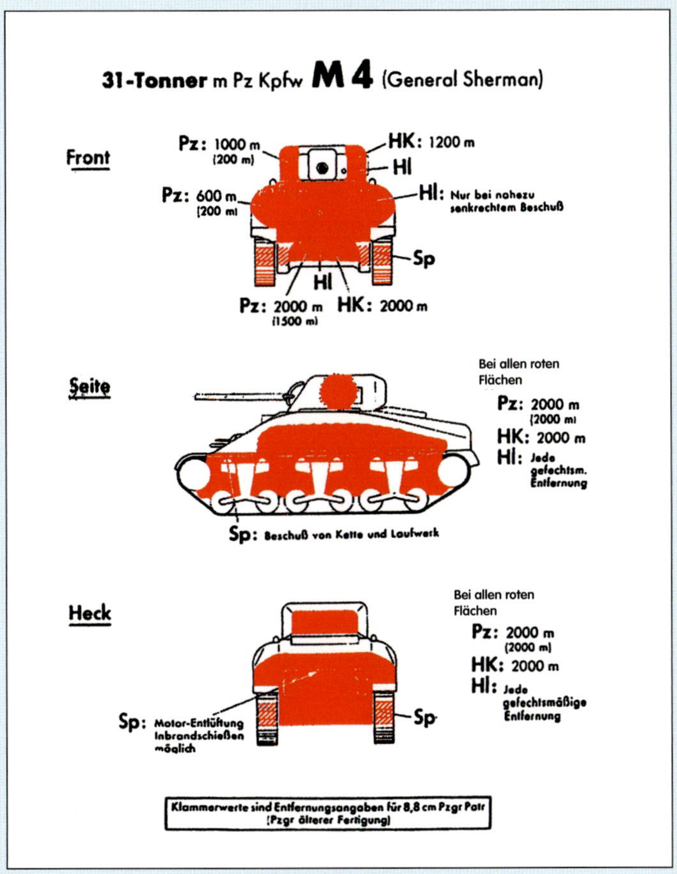

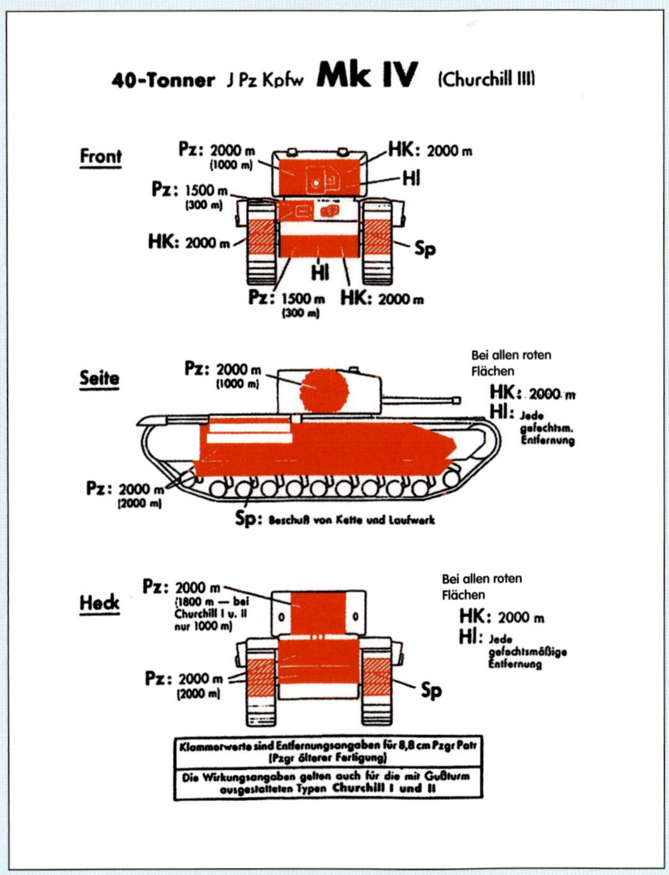

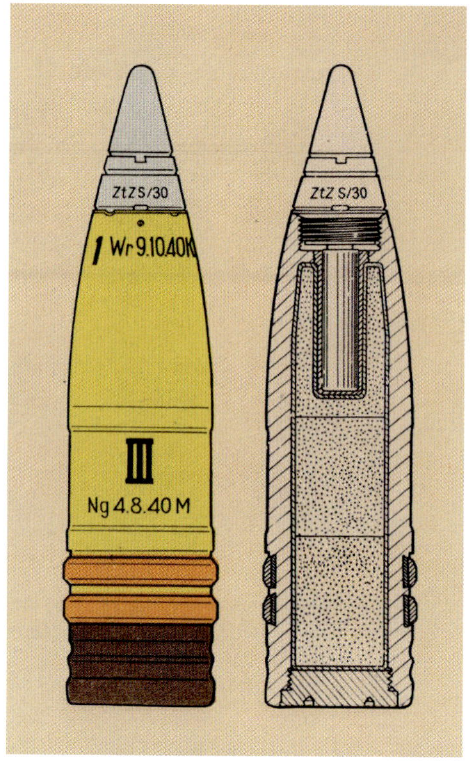

8,8-cm-Sprenggranatpatrone L/4,5 mit Zeitzünder S/30. Alternativ konnte der Aufschlagzünder 23/28 verwendet werden

»Die feindlichen Panzer mieden auffällig jede Berührung mit schweren Flakbatterien. In flankengeschützten Räumen traten sie dagegen massiert, in Begleitung aufgesessener und sichernder Infanterie auf«. Das bedeutet, die schweren und auffälligen, ohne ihre Zugkraftwagen in Feuerstellung unbeweglichen 8,8-cm-Flak wurden ausmanövriert, umgangen und mussten von ihren Bedienungen aufgegeben werden. Am 20. Mai 1944 schätzte die Abteilung Ausbildung beim Generalinspekteur der Panzertruppen rückblickend ein: »Anfangs des Krieges war die schwere Flak die wirksamste Waffe gegen feindliche Panzer. *Heute* haben wir zahlreiche eigens dafür konstruierte und noch leistungsfähigere Waffen zur Verfügung. … Anfangs des Krieges war auch der Luftgegner unterlegen und ließ die Verwendung der Flak zu anderen Aufgaben zu. ***Heute ist die***

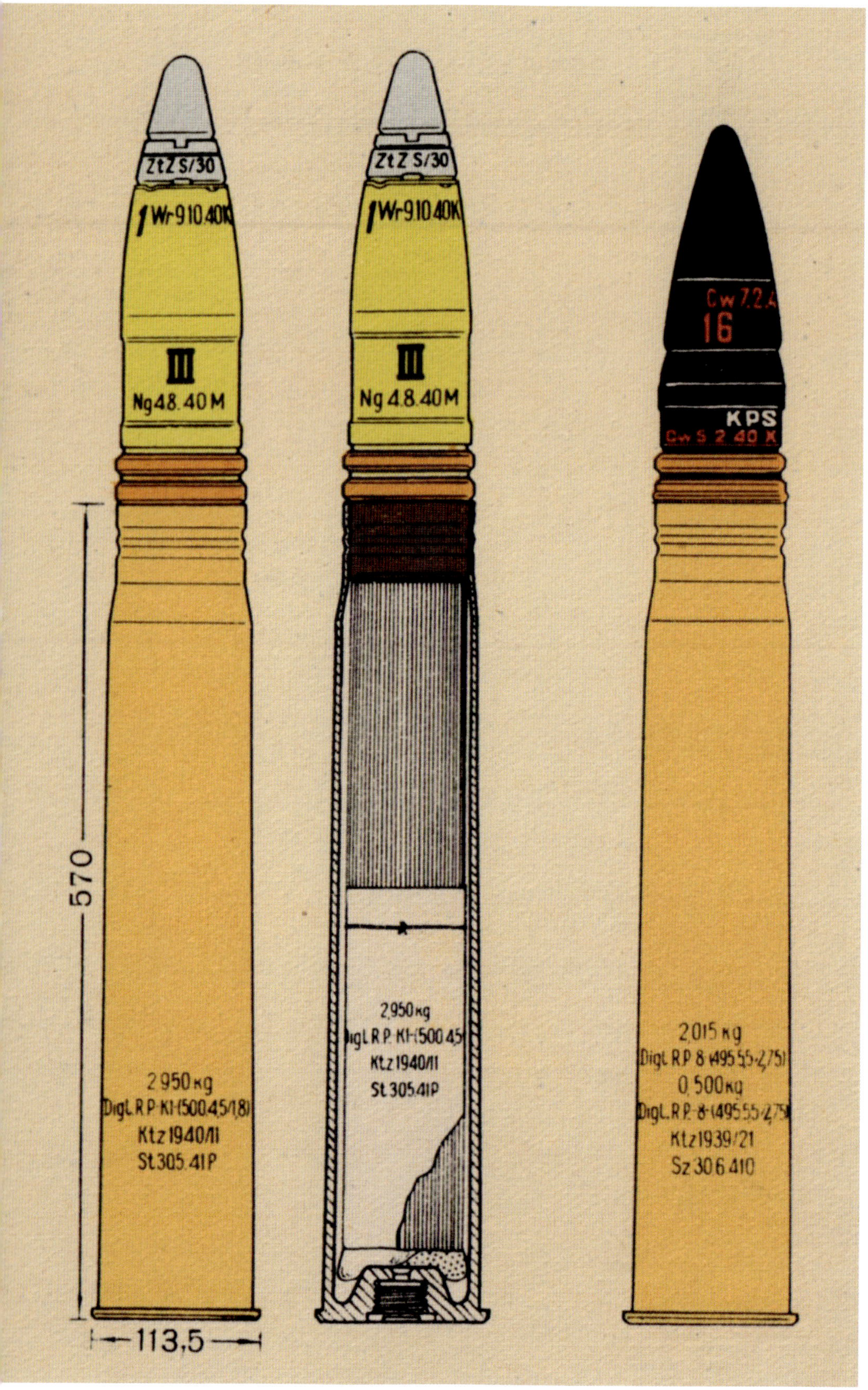

Die Munition der 8,8-cm-Flak 18, 36 und 37. 8,8-cm-Sprenggranatpatrone L/4,5 mit Zeitzünder S/30 (links) und 8,8-cm-Panzergranatpatrone (rechts).

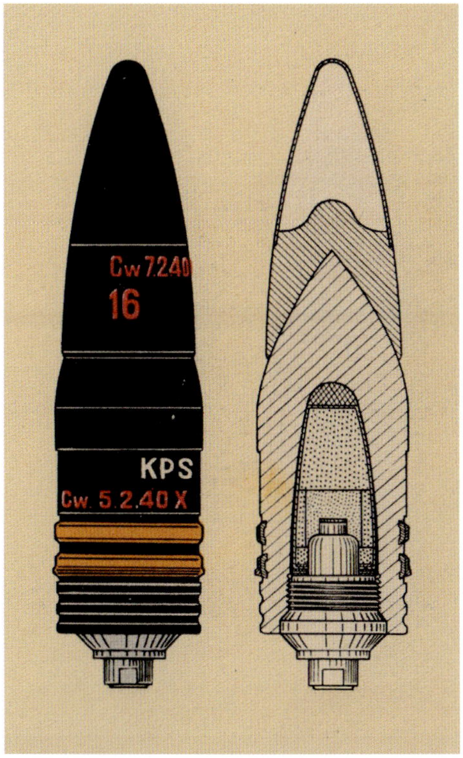

8,8-cm-Panzergranatpatrone mit Bodenzünder für die 8,8-cm-Panzergranatpatrone und Lichtspurhülse (KPS-Führung).

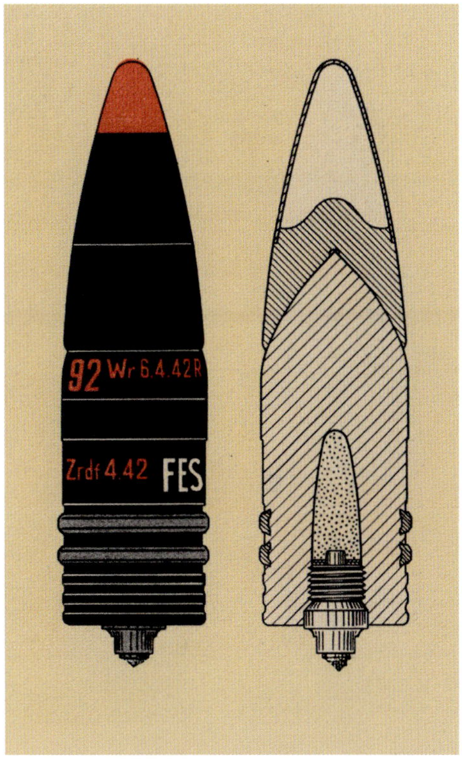

8,8-cm-Panzergranatpatrone 39 mit Bodenzünder 5127 und Lichtspurhülse (FES-Führung).

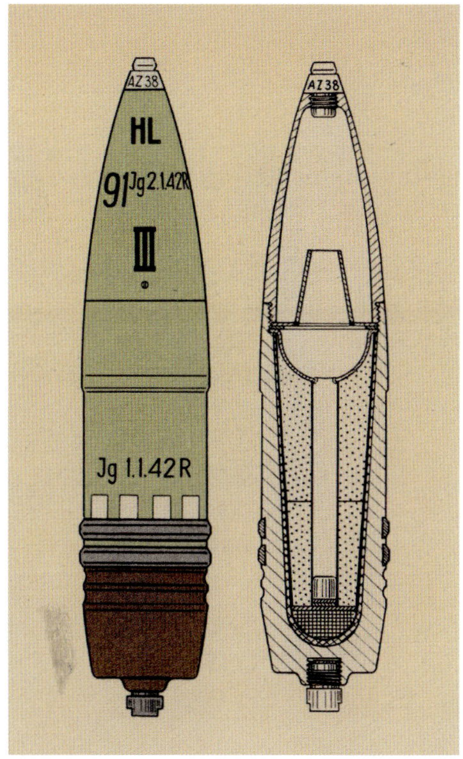

8,8-cm-Granate 39/HL.

Lage umgekehrt. Für den Artilleriekampf hat die Waffe gegenüber der Erdartillerie einen viel zu hohen Rohrverschleiß …«. Von der Operations- und Ausbildungsabteilung beim Chef des Generalstabes des Heeres gab es knapp drei Monate später die folgende Einschätzung: »Bei den letzten Kämpfen im Osten sind durch falschen Einsatz der Flakartillerie (Heeresflak und Flakartillerie der Luftwaffe) unnötig hohe Verluste an hochwertigem und unersetzlichem Material entstanden«. Zu den häufigsten Fehlern zählte man ihre Verwendung dicht hinter der Hauptkampflinie, zur Lösung von Aufgaben in der Panzerabwehr und als Feldartillerie, zur Deckung von Absetzbewegungen ohne infanteristischen Schutz sowie das Fehlen von Zugmitteln. Auch der General der Heeres-Flak äußerste sich unter Bezugnahme auf eine Auskunft aus dem Reichsministerium für Rüstung und Kriegsproduktion zur falschen Verwendung der 8,8-cm-Flak. Der im Vergleich zur 8,8-cm-Pak 43 wesentlich höhere Fertigungsaufwand rechtfertigte diesen Einsatz nicht. »Es ist daher nicht tragbar, daß 8,8-cm-Flak-Geschütze … ohne zwingenden Grund zur Erdzielbekämpfung vorzeitig verbraucht werden. Der Erdeinsatz muß auf örtliche Krisenlagen beschränkt bleiben«, heißt es wörtlich.

Betrachtet man die Verwendung der Flakartillerie in den Endkämpfen 1945 auf deutschem Boden, offenbart sich ein völlig anderes, von den zitierten Erfahrungsberichten, Merkblättern und Dienstvorschriften abweichendes Bild. Vielerorts waren es Batterien der Reichsluftverteidigung, die artilleristisch Widerstand leisten konnten. So war es am 10. April im Raum Hannover (wo 113 schwere Flak standen), so war es einen Tag später bei Braunschweig (94 schwere und 133 leichte Geschütze), um nur zwei Beispiele zu nennen. Im Gebiet um Leuna-Merseburg bereitete sich zu dieser Zeit die 14. Flakdivision mit fast 1000 Flak (darunter 505 der Kaliber 8,8, 10,5 und 12,8 cm) darauf vor, den Vorstoß der 1. US-Armee zur Elbe aufzuhalten. Ihr gelang es zwischen dem 17. und dem 20. April wiederholt, den amerikanischen Panzerspitzen empfindliche Verluste beizubringen – ohne nachhaltigen Einfluss auf den Ausgang der Kämpfe.

Der Schwerpunkt des Einsatzes der Flakartillerie war das östliche Vorfeld der zum Verteidigungsbereich ernannten Reichshauptstadt Berlin. In diesem Zusammenhang ist ein von der Luftwaffe erstelltes und bereits am 6. Februar 1945 an den Chef des Wehrmachtführungsstabes, Generaloberst Alfred Jodl, übersandtes Dokument aufschlussreich: »Die krisenhafte Lageentwicklung an der Ostfront führte zum Einsatz der Flakkräfte der Luftflotte 6 zur Panzerabwehr und zur erdartilleristischen Unterstützung des Heeres. Darüber hinaus erfolgt zum Aufbau einer Verteidigungsfront an der Oder die Zuführung zahlreicher motorisierter Verbände von allen übrigen Kriegsschauplätzen und sämtlicher behelfsmäßig motorisierter Verbände des Luftflottenkommandos Reich«. Zwischen dem 12. Januar und dem 6. Februar waren das 327 schwere Flakbatterien. In der Perspek-

8,8-cm-Flak 18 mit Erdkampf-Schutzschild als Panzersicherung an einer Rollbahn an der Ostfront. Das Schild mit abgewinkelten Seiten war erstmals im Frühjahr 1941 während des Balkan-Feldzuges (Operation »Marita«) in Erscheinung getreten. Es ermöglichte die Bekämpfung von Luft- und Bodenzielen.

tive sollte ihre Zahl weiter – auf 531 – anwachsen, davon 30 aus der Luftverteidigung Berlins (1. Flakdivision, Stand 4. April 1945). »Neben den Angriffen der russischen Luftwaffe ... über dem Gefechtsfeld ... muß unter Umständen mit starken Angriffsschlägen der anglo-amerikanischen Kampfverbände gegen Versorgungsanlagen und -einrichtungen der Wehrmacht und gegen die Bodenorganisation der eigenen Luftwaffe gerechnet werden.« Das zeigt, in welchem Dilemma sich die an den Grenzen ihrer Möglichkeiten stehende Flakartillerie befand. Unbeeindruckt davon stellte Hitler am 30. März 1945 in seinem Befehl an die Heeresgruppe Weichsel noch einmal klar, dass er ihren Einsatz mit Masse im II. Verteidigungsstreifen der Oderfront, 10 bis 20 km hinter den vordersten Stellungen sah. Spätestens hier sollte es gelingen, die zu erwartenden russischen Panzereinbrüche aufzufangen.

Vielen Geschützbedienungen, Angehörigen der Luftwaffe oder des Reichsarbeitsdienstes fehlten Ausbildung und Erfahrungen im Erdkampf. Das Luftflottenkommando 6 forderte deshalb ausdrücklich die Bereitstellung starker, kampferfahrener und ausreichend beweglicher Kräftegruppen zur Schwerpunktbildung. Den aus der Luftverteidigung abgezogenen Flakeinheiten mangelte es außerdem an Erdzieleinrichtungen und Nachrichtenmitteln. Die Beweglichkeit konnte nur behelfsmäßig sichergestellt werden, mit zivilen Lastkraftwagen – darunter Fahrzeugen der Reichspost – und mit Traktoren aus der Landwirtschaft. Das Ergebnis der Bemühungen ist bekannt. Die Rote Armee überwand mit erdrückender Überlegenheit in schweren und verlustreichen Kämpfen den deutschen Widerstand, erreichte am 20. April den Stadtrand von Berlin, deren Verteidiger am 2. Mai kapitulierten.

Es bleibt die Frage: Was trug zur Legendenbildung um die 8,8-cm-Flak bei? Über ihre Vorzüge in der Panzerabwehr und im erdartilleristischen Einsatz wurde in diesem Kapitel berichtet. In der Panzerbekämpfung hatte sie zum Ende des Krieges ihre Überlegenheit weitestgehend eingebüßt. Der Panzerschutz der meisten Kampfwagen war verstärkt worden, beim russischen »Stalin«-Panzer beispielsweise im Frontbereich auf 100 mm bei 60° Neigung. Fortschritte in der Militärtechnik ergeben sich als

8,8-cm-Flak 36 mit Erdkampf-Schutzschild in Erwartung eines Panzerangriffes an der Ostfront, 1942. Die beiden gleichen Fahrgestelle (Sd.Ah. 202) sind davor und dahinter abgestellt. Um das Geschütz wieder fahrbar zu machen, mussten sie über die Auslegerarme des Lafettenkreuzes gefahren, das Lafettenkreuz mittels eingebauter Kettenwinden angehoben, mit Klauenverriegelung verzurrt, die seitlichen Holme eingeklappt und alles mit Bolzen gesichert werden. Das Auf- und Abprotzen wurde ausbildungsmäßig exerziert und nahm nur wenige Minuten in Anspruch.

Ergebnis der Konfrontation von Zerstörung und Schutz, von Angriff und Verteidigung.

Dennoch: Die Einsatzerfolge der 8,8-cm-Flak 18, 36 und 37 sind unbestritten. Dabei ist es interessant, ihre taktisch-technischen Daten mit denen anderer moderner Flugzeugabwehrgeschütze der Zeit zu vergleichen. Sie zeigen nur geringe Unterschiede. Antworten findet man eher auf dem Gebiet der operativen und taktischen Konzepte, der kriegsnahen Ausbildung und der Auswertung von Kriegserfahrungen. Hier hatten die deutschen Streitkräfte zeitlich einen Vorsprung, der half, zeitweilig auftretende Krisen, zum Beispiel in der Panzerabwehr, zu überwinden. Im Kriegsverlauf wurde das allerdings ein Dauerzustand.

8.3. Die Verwendung der 8,8-cm-Flak in Festungsanlagen und auf Fähren

Über den Einsatz der 8,8-cm-Flak gegen Luftziele, ihre Verwendung als »Bunker- und Panzerknacker« sowie als Feldartillerie wurde oben berichtet. Doch ohne die Betrachtung weiterer Verwendungsmöglichkeiten bliebe die Geschichte des »Universalgeschützes« unvollständig.

1. Die Verwendung der 8,8-cm-Flak zur Armierung von Festungsanlagen

Von der präzisen Schießleistungen der Kanone und der großen Durchschlagleistung der Munition war schon die Rede. Sie machten das Geschütz für die Festungsinspektion (InFest) im Allgemeinen Heeresamt interessant, deren Aufmerksamkeit 1938 verstärkt auf die Landesbefestigungen im Westen – den späteren »Westwall« – gerichtet war. Frankreich verfügte über eine zahlenmäßig starke Panzerwaffe. Für den Kampf an ständigen und befestigten Fronten galten bei der Panzerabwehr abweichende Grundsätze. Ihr fehlte die Beweglichkeit und damit die Fähigkeit zur Schwerpunktbildung. Besonderer Wert wurde auf den geschützten Einbau der Panzerabwehrwaffen, auf flankierendes Feuer und eine größere Tiefenstaffelung gelegt. Die »Acht-acht« eignete sich für diese Kampfweise. Sie konnte das Feuer auf große Distanz und mit zerstörender Wirkung führen.

Im Gefecht mit Kampfwagen der britischen Streitkräfte in Nordafrika. Grundsätzlich sollte von der Bettung geschossen werden. Bei der Überraschung durch den Gegner konnte der Feuerkampf auch vom Sonderanhänger geführt werden, allerdings nur in Fahrtrichtung mit etwa 12° Abweichung nach jeder Seite. Dabei wurden die seitlichen Holme ausgeklappt und mit untergelegten Patronenkörben abgestützt.

8,8-cm-Flak der Luftwaffe im Erdkampf. In der Panzerabwehr waren die beiden Geschütze eines Flakkampftrupps auf Zusammenarbeit angewiesen. Eine Flak sollte in der Tiefe und seitlich gestaffelt als Lauergeschütz erst lagebedingt das Feuer eröffnen. Der 2-cm-Zug überwachte das Gefechtsfeld gegen andere Ziele und wehrte Tiefflieger ab.

Im Rahmen des »Limes-Programmes«[22] waren zwei Schutzbauwerke (sogenannte Regelbauten) für das Geschütz vorgesehen:

a. der Schartenstand für 8,8-cm-Flak für Panzerabwehr mit 65° seitlichem Schwenkbereich und 1,5 m Wandstärke (nach Zeichnung Nr. 870 B 2 »h« vom 16. Juli 1938, als Regelbauwerk unter roter Nr. 22 geführt). Generalleutnant Hans Krötzert hatte sich in seiner Eigenschaft als Artillerieoffizier West für die Landesbefestigungen während eines Besuches in der Eifel Mitte Januar 1939 nach dem Fortgang der Arbeiten auf diesem Gebiet erkundigt. Zwischen dem 25. und 28. Juli d.J. wurden auf dem Rheinmetall-Schießplatz Unterlüß Versuchsbeschüsse mit der 8,8-cm-Flak aus einem Schartenstand durchgeführt. Die Kanone war auf dem Pivot montiert, der Bunker mit einer Bretterwand angedeutet. Wegen der hohen V_0 und der zum Boden fast waagerechten Flugbahn ließ sich das Geschoss bis ins Ziel gut verfolgen. Allerdings musste der Beobachter einen vom Geschütz abgesetzten Standpunkt einnehmen. Die Rauchwolke beim Abschuss schränkte die Sicht ein. Das Generalkommando Saarpfalz wünschte noch Änderungen an der Zieleinrichtung, um mit dem Geschütz auf 4000 m ein wirksames Feuer führen zu können.

b. Geschützstand (offen) für 8,8-cm-Flak für Panzerabwehr mit 60° seitlichem Schwenkbereich und 0,6 m Wandstärke (der Stand war auf der Zeichnung Nr. 870 B 2 »i« vom 16. Juli 1938 noch als »Fundament« bezeichnet worden und erhielt als Regelbauwerk die rote Nr. 22 b).

Nach einer Mitteilung des Allgemeinen Heeresamtes (In-Fest) von Ende Juni 1939 sollten die für den Bereich Saarpfalz vorgesehenen zwölf 8,8-cm-Flak nicht mehr eingebaut werden. Das Oberkommando des Heeres wollte dieses Geschützmodell gänzlich zurückziehen und beabsichtigte an seiner Stelle 7,65-cm-Flak 37 (t)[23] zuzuweisen. Wie viele Schartenstände und Fundamente für die 8,8-cm-Flak zur Panzerabwehr fertiggestellt und wie viele tatsächlich armiert worden sind, ist nicht bekannt[24].

Schartenstände für Flugzeugabwehrgeschütze sollten auch den »Atlantik-Wall« verstärken. Dafür war der Regelbau Nr. 692, Schartenstand für 8,8-cm-Flak mit 60° seitlichem Schwenkbereich, vorgesehen. Für seine Herstellung wurden 430 m³ Beton, 20 t Rundstahl und 6,7 t Formstahl benötigt. Nach vorliegenden

8,8-cm-Flak fand im Juni 1942 bei der Belagerung der Festung Sewastopol als weitreichende Feldartillerie Verwendung. Die dabei gesammelten Erfahrungen sind in der D (Luft) 1412 vom September des Jahres zusammengefasst: »… der geschlossene Einsatz ganzer Abteilungen und Regimenter unter einheitlicher Führung und Feuerleitung …« kann bei der Belagerung großer Städte, starker Festungen sowie bei der Abwehr von starken Feindangriffen erforderlich sein.

Das Ende in Berlin. 8,8-cm-Flak 36, links vom Reichstagsgebäude. Aufnahme von Anfang Mai 1945.

[22] nach dem römischen Grenzwall »Limes« benanntes Bunker-Bauprogramm mit verbindlichen Regel-Bauzeichnungen und Ausbaustufen

[23] tschechische 8-cm-Flak vz. 37 (tatsächliches Kaliber 76,5 mm)

[24] Festungsforscher konnten einen Standort für einen Schartenstand für 8,8-cm-Flak für Panzerabwehr im Raum Bergzabern verifizieren.

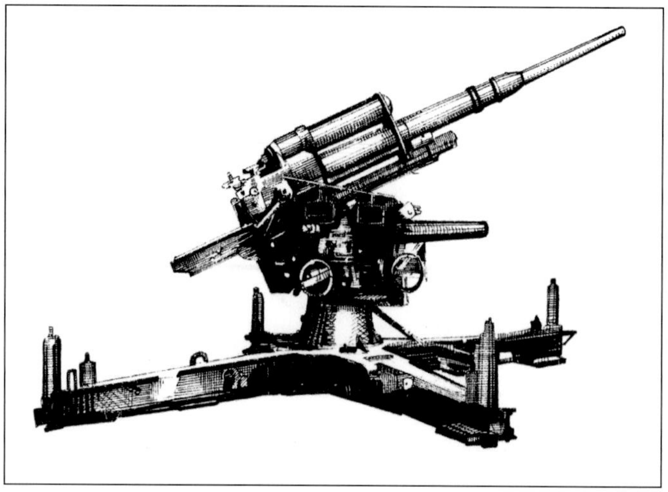

Zeichnung 8,8-cm-Flak 36.

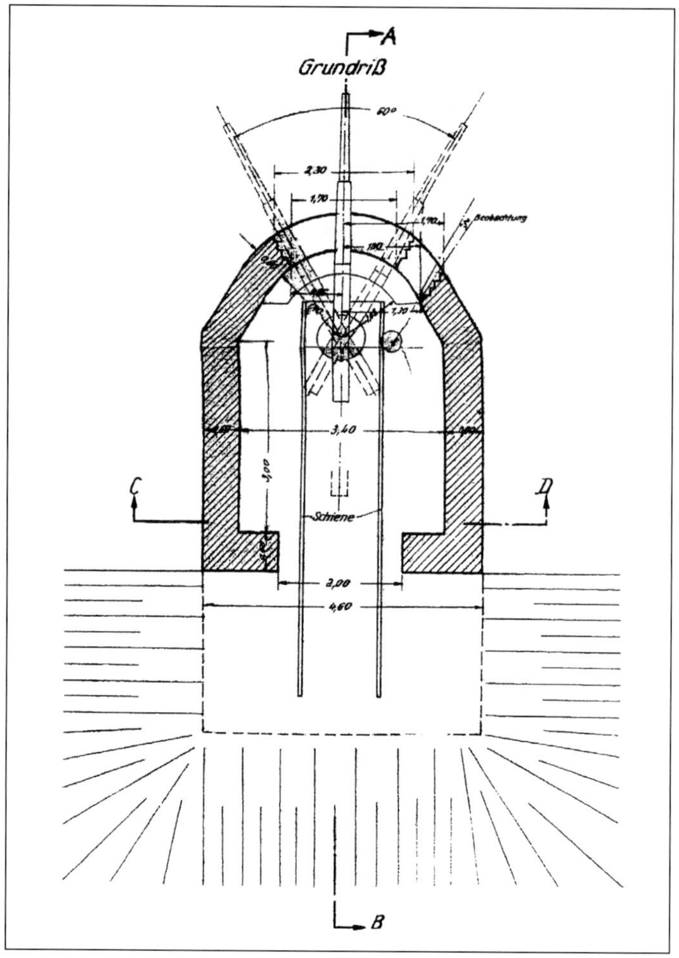

Das Fundament für die 8,8-cm-Flak zur Panzerabwehr, später im »Limes«-Programm unter der roten Nummer 22 A als Geschützstand (offen) aufgelistet.

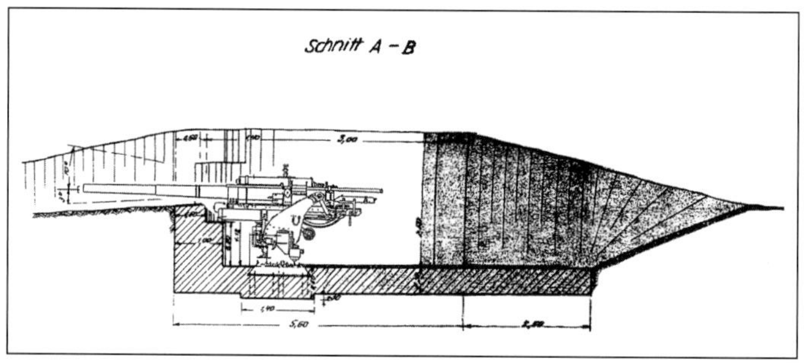

Angaben sah man an Stelle der Geschütze deutscher Herkunft 7,62/8,8-cm-Flak M 31 (r), M 38 (r) oder 8,5/8,8-cm-Flak M 39 (r), alternativ auch 8,35-cm-Flak 22 (t)[25] vor. Verbindliche Angaben über die Umsetzung dieser Pläne liegen nicht vor.

Stahl und Beton zum Schutz der 8,8-cm-Flak spielten beim Heer auch im weiteren Kriegsverlauf eine Rolle. Allerdings erzwang die Kriegslage eine Konzentration der Rüstung auf besonders wichtige Vorhaben. Die Widersprüchlichkeit zeigen zwei Beispiele. Im Mai 1944 war die Inspektion der Landbefestigungen bereit, auf den »Panzerschutz für 8,8- und 10,5-cm-Flak« zu verzichten, während an der Panzerkasematte für die 8,8-cm-Flak 37 auf Drehbettung weitergearbeitet werden sollte. Grundlage dafür war eine sogenannte Führerforderung.

In der Zuständigkeit der Luftwaffe wurde ein eigenes Programm von Regelbauten aufgelegt. Dazu gehörten u.a. die Geschützstände für 8,8- und 10,5-cm-Flak (Nr. L 401 und 401 A) sowie der Schartenstand für 8,8-cm-Flak (Nr. L 416 A), nicht zu

Der Geschützstand für 8,8-cm-Flak zur Panzerabwehr wurde im »Limes«-Programm als Regelbau unter der roten Nummer 22 geführt.

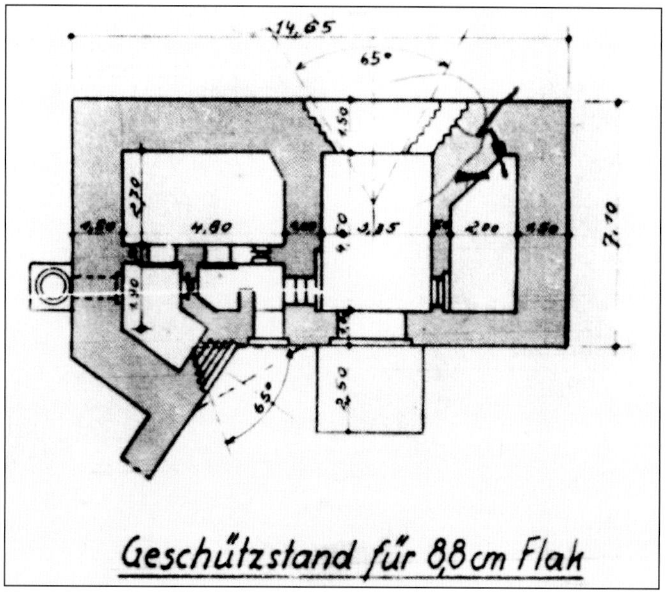

[25] Russische Beutegeschütze wurden für die Munition der 8,8-cm-Flak 18 eingerichtet, a. mit aufgebohrtem Seelenrohr oder b. durch den Einbau eines 8,8-cm-Flakrohres.

vergessen die gewaltigen Flakbunker in Berlin, Hamburg und Wien. Sie waren wegen der Bedeutung ihrer Standorte mit 10,5- bzw. 12,8-cm-Flak bestückt.

2. Die Verwendung der 8,8 als Fährenflak

Am 16. Juli 1940 erließ Hitler die Weisung Nr. 16 zur Vorbereitung einer Invasion der britischen Inseln (Unternehmen »Seelöwe«). Die Beschaffung des dafür benötigten Schiffsraumes war Teil der von allen drei Wehrmachtteilen zu lösenden Aufgaben. Darunter befanden sich 1277 – teils provisorisch als Landungsfahrzeuge hergerichtete – Prähme und Leichter, zu deren Bewaffnung auch 8,8-cm-Flak bereitgestellt wurden. Parallel dazu gab man neue amphibische Landungsfahrzeuge in Auftrag. Sie erhielten bis zu zehn 2- und 3,7-cm-Flak, weiterhin zwei 8,8-cm-Schnellfeuerkanonen aus Marine-Beständen.

Das Heer beschaffte Landungs- und Landungssturmboote, ebenso Landungsfähren, und stattete damit Heerespioniereinheiten und -verbände aus. Ihre Bewaffnung bestand aus 2- und 3,7-cm-Flak sowie 5-cm-Kampfwagenkanonen in Sockellafetten. 8,8-cm-Flak konnten sie nicht aufnehmen.

Die Luftwaffe beauftragte die Siebel-Flugzeugwerke GmbH in Halle/Saale mit dem Bau einer Fähre in Katamaranbauweise. Deren Hauptbaugruppen bestanden aus zwei eisenbahnverladefähigen Sektionen und einer Trägerrost-Plattform mit 300 m^3 Fläche. Von den 100 bestellten »Siebel«-Fähren wurde etwa die Hälfte geliefert. Üblich war die Bewaffnung mit einer 8,8-cm-Flak und mehreren 2-cm-Geschützen. Einige sind als sogenannte »Kampffähren« mit zwei bis vier 8,8-cm-Flak und einer Anzahl mittlerer und leichter Flak bestückt worden. Ihre Aufgaben waren in der D (Luft) 1412 »Einsatz, Verwendung und Kampfführung der Flakartillerie im Osten« vom September 1942 zusammengefasst:

»**a.** Flakschutz und Bekämpfung von Erd- und Seezielen bei eigenen Landungsunternehmungen,

b. Flakschutz und Schutz gegen feindliche Landungen in Häfen und im Küstenvorfeld an besonders wichtigen Punkten,

c. Flakschutz für den Verkehr zwischen Festland und küstennahen Inseln,

d. Flakschutz von Geleitzügen auf kurzen Strecken unter der Voraussetzung, dass der Geleitzug eine Geschwindigkeit von 6 bis 8 Seemeilen nicht überschreitet. Hierbei Bekämpfung von Seezielen zum Schutz der Schiffe.«

Die zweckmäßige Konstruktion der S-Fähren veranlasste das Heer zur Übernahme des Geräts. Dafür wurde am 24. Januar 1942 in Lindau am Bodensee der Pionierlandungs-Regimentsstab (S.F.) 770 gebildet; seine Aufgabe war die Ausbildung an »Siebel«-Fähren. Er kam später zur Heeresgruppe Nord an die Ostfront.

8,8-cm-Flak 36 in Feuerstellung auf einem Fährprahm.

3. 8,8-cm-Flaklafette als Kinderkarussell

Zu den Hinterlassenschaften des Zweiten Weltkrieges zählen Unmengen von Schrott, darunter 8,8-cm-Flak der verschiedenen Baureihen. Nicht alle fanden den Weg in die Stahlwerke; einige wurden zerlegt und in Teilen vergraben, andere wiederum fanden eine zivile Weiterverwendung. Bekannt geworden sind u.a. Flakrohre, die man als Torpfosten oder als Stützen für Schleppdächer verbaut hat. Zu den zweifelsohne kuriosesten Belegstücken gehört ein Lafettenkreuz mit Sockel, das für die Aufnahme eines Kinderkarussells umgewidmet worden ist. Das Ge-

schütz war zum Kriegsende im Landkreis Dippoldiswalde im Osterzgebirge zurückgelassen worden. Irgendwann haben es Handwerker aus der Region umgebaut. Das Karussell fand bis zum Ende der DDR im Ferienheim des Möbelherstellers Deutsche Werkstätten Hellerau (bei Dresden) in Geising Verwendung. Im März 1995 wurde es geborgen, später restauriert und blieb so als interessanter Sachzeuge der Geschichte erhalten.

Oben: Das Kinderkarussell in Geising. Aufnahme aus dem Jahr 1977. Vom ehemaligen Geschütz ist nur der Sockel zu sehen. Die Kreuzlafette bedeckt eine Grasnarbe.

Mitte: »Siebel«-Fähren mit 8,8-cm-Flak während eines Einsatzes. Bei Kampffähren wurde das Brückenhaus in die Mitte verlegt.

Unten: Bodenfunde. Zwei Lafettenkreuze von 8,8-cm-Flak 36. Die in den gabelförmigen Seitenträgern gelagerten Klappholme und die Geschützsockel fehlen.

Kapitel 9:

HOCH HINAUS – DIE 8,8-CM-FLUGZEUGABWEHRKANONE 41

Mit den 8,8-cm-Flak 18, 36 und 37 standen der deutschen Flugabwehrartillerie leistungsfähige Geschütze zur Verfügung. Angesichts der raschen Entwicklung auf dem Gebiet der Flugzeugtechnik, der damit verbundenen hohen Fluggeschwindigkeit (90-120 m/s) und Flughöhe (9000-10.000 m) drängte sich die Frage auf, ob sie zukünftigen Anforderungen noch gerecht werden würden. Ohne dass ein Auftrag der Flakinspektion (L In6 / GL / FlakRü) aus dem Luftwaffenministerium vorlag, hatte die Amtsgruppe für Flakentwicklung (GL / L Flak) folgende Forderungen für eine neue 8,8-cm-Flak aufgestellt:

- Gewicht in Feuerstellung: maximal 8000 kg,
- Feuergeschwindigkeit: 25 Schuss/min,
- Geschossgewicht: 9,5 kg,
- Anfangsgeschwindigkeit: 1000 m/s,
- Schusshöhe: 15.000 m.

Den Auftrag übernahm Rheinmetall. Die Entwicklung lief zunächst unter der Bezeichnung »Gerät 38«, nach Einbeziehung von Krupp »Gerät 41 (Rheinmetall)«. Anfang 1941 stand das erste Geschütz für die Erprobung zur Verfügung. Es zeigte eine Reihe von mit Risiken verbundenen Neuerungen. An Stelle des Sockels verwendete man einen Drehkranz. Die Schildzapfen waren weit hinten angeordnet. Ein hydropneumatischer Rollenansetzer erleichterte es, die 1200 m langen – elektrisch abgefeuerten – Granatpatronen zu laden. Das eigentliche Problem war das 6548 mm (=L/74) lange Rohr mit einem komplizierten, dreiteiligen Rohraufbau. Der beim Schuss im Ladungsraum entstehende große Gasdruck brachte Schwierigkeiten beim Auswurf der Stahlhülsen (Hülsenklemmer). Deshalb vergab die Luftwaffe einen zweiten Entwicklungsauftrag an Krupp. Die Arbeiten am »Gerät 41 (Krupp)« liefen durchaus erfolgversprechend, mussten Anfang 1943 aber wegen neuer Forderungen des Auftraggebers eingestellt werden. Elemente des Rohraufbaus übernahm Rheinmetall für das inzwischen eingeführte und ab 9. März 1942 als »8,8-cm-Flak 41« bezeichnete Hochleistungsgeschütz.

Von der 8,8-cm-Flak 41 gab es drei Ausführungen, die sich im Rohraufbau unterschieden:

1. mit dreiteiligem Rohr. Sie funktionierten nur zufriedenstellend, wenn Messinghülsen zur Verfügung standen und waren mit einem gelben M auf dem Bodenstück gekennzeichnet. 152 Geschütze wurden hergestellt.
2. mit zweiteiligem Rohr. 133 Geschütze wurden hergestellt.
3. mit schwerem, zweiteiligem Mantelrohr ohne Futterrohr. Davon sind 271 Stück geliefert worden.

Als Hersteller des 60.000 Reichsmark teuren Geschützes trat die Rheinmetall-Borsig GmbH / Düsseldorf in Erscheinung, die es in dem vormaligen Skoda-Werken in Dubnica fertigen ließ. Seine den 8,8-cm-Flak 18, 36 und 37 und auch den 10,5-cm-Flak 38 und 39 überlegenen Leistungen verdeutlicht die nachfolgende Tabelle.

	8,8-cm-Flak 41	8,8-cm-Flak 18, 36 und 37	10,5-cm-Flak 38 und 39
Kaliber	88 mm	88 mm	105 mm
Rohrlänge	6548 mm = L/74	4930 mm = L/74	6648 mm = L/74
V_0 Sprenggranate Panzergranate	1000 m/s 980 m/s	820 m/s 795 m/s	880 m/s 860 m/s
Feuergeschwindigkeit	22-25 Schuss/min	20 Schuss/min	15 Schuss/min
Schussweite	20.000 m	14.860 m	17.700 m
Schusshöhe	14.700 m	10.600 m	12.800 m
Richtbereich	360^0 $-3^0/+90^0$	360^0 $-3^0/+85^0$	360^0 $-3^0/+85^0$
Rohrlebensdauer [1]	1500 Schuss	2500-6000 Schuss	1500-3500 Schuss
Gewicht Sprenggranate	9,4 kg	9 kg	15,1 kg
Gewicht, Fahrstellung	11.200 kg	7000-8200 kg	14.600 kg
Gewicht, Feuerstellung	8000 kg	5000 kg	10.240 kg
Preis	60.000 RM	32.750 RM bis 33.600 RM	75.000 RM bis 85.000 RM

[1] Die Rohrlebensdauer wird vom Treibladungspulver in den Granatpatronen beeinflusst.

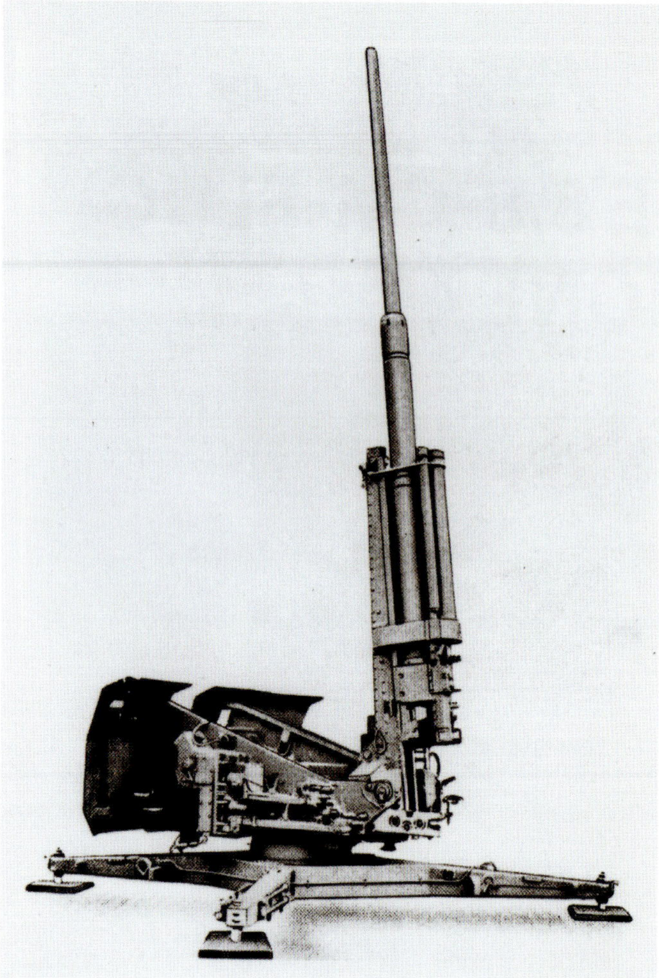

Die 8,8-cm-Flak in Feuerstellung. Auffällig sind der niedrige Aufbau des Geschützes, was auf die Lagerung der Oberlafette mit Schutzschild und Rohr auf einem in der Unterlafette gelagertem Drehkranz zurückzuführen ist, sowie die weit hinten angeordneten Schildzapfen. Die Zünderstellmaschine 41 ist an der linken Seite der Oberlafette montiert.

Unabhängig von den bereits erwähnten »Kinderkrankheiten« verwundert den Betrachter nach dem Vergleich der taktisch-technischen Parameter die widerspruchsvolle Einsatzgeschichte der 8,8-cm-Flak 41. Der Reichsminister für Rüstung und Kriegsproduktion, Albert Speer, lehnte ihre Serienfertigung ab. Je Geschütz wurden über 2000 kg Rohstoffe mehr benötigt, darunter Aluminium. Auch die Arbeitszeit war gegenüber den 8,8-cm-Flak 18, 36 und 37 gestiegen – von 4500 auf rund 5500 Stunden. Hitler entschied am 19. März 1942, die Fertigung nach Auslieferung der Nullserie einzustellen. Am 9. September des Jahres befahl er, mit den 44 vorhandenen Geschützen zwei Abteilungen auszustatten und diese nach Nordafrika zu verlegen. Die Amtsgruppe für Flakentwicklung (GL / LFlak) und der General der Flakwaffe wandten sich gegen die Verwendung zur Panzerabwehr – ohne Erfolg. Etwa die Hälfte der Geschütze wurde bei der Überführung im Mittelmeer versenkt, der Rest musste im Frühjahr 1943 bei der Kapitulation der Panzerarmee Afrika aufgegeben werden.

Anfang August 1943 kam die Wende. Jetzt sollten monatlich 400 8,8-cm-Flak hergestellt werden, der Anteil an 8,8-cm-Flak 41 wurde Mitte Oktober sogar auf 100 Geschütze erhöht. Nun aber wirkten sich die Entscheidungen vom März 1942 auf das Anlaufen der Serienfertigung nachteilig aus. Einen Überblick über die Fertigungszahlen bis zum Ende des Zweiten Weltkrieges gibt die nachfolgende Tabelle (Angaben in Stück):

	1942	1943	1944	1945
Januar		11	12	23
Februar		6	12	33
März		18	12	19
April		12	3	?
Mai		12	10	
Juni		5	33	
Juli		7	29	
August		12	41	
September		12	25	
Oktober	20	7	41	
November	6	6	20	
Dezember	18	14	53	
Summe: **521**	**44**	**111**	**291**	**75**

Speer verfolgte nun die Absicht, die Fertigung älterer 8,8-

Fahrbar war die 8,8-cm-Flak 41 auf dem Sonderanhänger, zweiachsig (Sd.Ah. 202). Sein Gewicht ist mit 3240 kg angegeben.

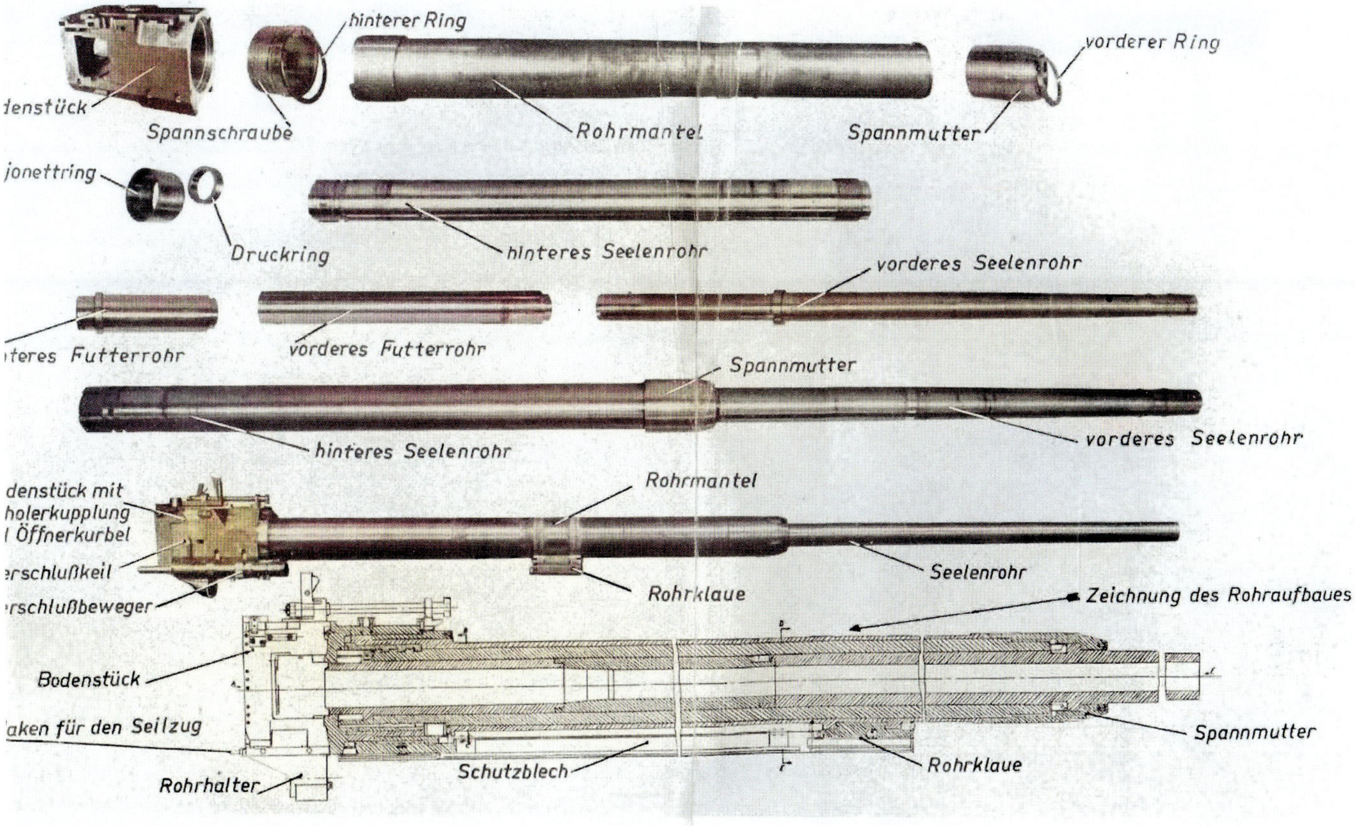

Rohraufbau der 8,8-cm-Flak 41.

cm-Flak-Geschütze stark zu drosseln, die der 10,5-cm-Flak 39 zugunsten der 8,8-cm-Flak 41 sogar ganz einzustellen. Das ließ sich nicht umsetzen.

Im Februar 1945 waren 279 8,8-cm-Flak 41 Teil der Luftverteidigung im Reichsgebiet. Sie kamen in Batterien zu vier, ab Oktober 1944 zu sechs Geschützen in Verbindung mit Funkmessgerät FuMG 62, Kommandohilfs- und Entfernungsmessgerät oder mit Kommandogerät 40 zum Einsatz.

Mit den 8,8-cm-Flak 18, 36 und 37 wurden für den Abschuss eines viermotorigen Bombers zwischen 5000 und 16.000 Schuss mit Doppel- bzw. Zeitzündern S/30 benötigt. Bei der 8,8-cm-Flak 41 sank der Munitionsaufwand auf 3000 bis 8500 Schuss. Das änderte grundsätzlich nichts am Mangel an Munition für dieses Geschütz, die nicht in ausreichender Menge hergestellt werden konnte.

Um die ausgezeichneten ballistischen Werte des Rohres der 8,8-cm-Flak 41 für die Leistungssteigerung der 8,8-cm-Flak 18, 36 und 37 nutzen zu können, legte man es in eine etwas abgeänderte Lafette ein. Die Feuergeschwindigkeit war etwas geringer, was auf die Freigabe zur Serienfertigung unter der Bezeichnung »8,8-cm-Flak 36/41« keinen Einfluss haben sollte. Hitler wurde am 14. April 1943 darüber informiert. Am 1. Mai 1943 griff Albert Speer ein. Nun sollten die Rohre mit Mündungsbremse in 8,8-cm-Flak 18-Lafetten eingelegt werden, deren Bestand zu dieser Zeit noch bei zirka 2000 Geschützen lag. Sie erhielten Zünderstellmaschinen, eine neue Ladevorrichtung sowie verstärkte Ausgleichsfedern. Die Modernisierung lief nur langsam an. Bis zum Februar 1945 sind nur 13 Geschütze so modifiziert worden. Gescheitert ist überdies die Absicht, 8,8-cm-Flak 41-Rohre mit der Lafette der 10,5-cm-Flak 39 zu kombinieren.

Die nachfolgend genannten Verwendungsformen und Projekte sind bekannt geworden.

1. 8,8-cm-Flak 41 auf Sonderanhänger, zweiachsig (Sd.Ah. 202)

Das Geschütz besteht aus der Oberlafette mit Schutzschild, der Unterlafette und dem Sonderanhänger. Die Unterlafette ist als Drehkranz auf Kreuzbettung ausgebildet. Als Zugmittel fanden Zugkraftwagen 8 t (Sd.Kfz. 7) oder Zugkraftwagen 12 t (Sd.Kfz. 8) Verwendung. Der Mangel an motorisierten Zugfahrzeugen erzwang Ende 1944 die Einführung des sechsspännigen Pferdezuges, um ortsfest aufgestellte Geschütze verlegen zu können.

2. 8,8-cm-Flak 41 auf gepanzerter Selbstfahrlafette Versuchsflakwagen II (VFW II)

Die Entwicklung wurde im September 1942 angeregt. Der Versuchsflakwagen mit einer 16 bis 30 mm starken Panzerung entstand unter Verwendung von Baugruppen des Panzerkampfwagens »Leopard«. Übernommen wurden der Motor (Maybach HL 157 mit 550 PS und 3500 U/min) und das Getriebe. Das um 360° schwenkbare Geschütz war mit dem Schutzschild in einem aus abklappbaren Seitenwänden und der Rückwand gebildeten Kampfraum lafettiert. Das Gewicht lag bei 26 t. 36 Granatpatronen konnten mitgeführt werden. Es blieb bei der Herstellung und Erprobung eines Prototyps.

8,8-cm-Flak 41 auf zweiachsigem Sonderanhänger (Sd.Ah. 202) und schwerer Zugkraftwagen 12 t (Sd.Kfz. 8) nach der Kapitulation der deutschen Streitkräfte in Nordafrika am 12. Mai 1943.

3. 8,8-cm-Flak 41 auf Flakpanzer

Bei der 1943 begonnenen Entwicklung eines Flakpanzers mit 8,8-cm-Flak 41 mussten zahlreiche konstruktiv anspruchsvolle Probleme gelöst werden, um das Geschütz in einem voll schwenkbaren, oben offenen Drehturm unterbringen zu können. Am 13. Januar 1944 wies Albert Speer die beteiligten Unternehmen – Krupp in Essen und Rheinmetall in Düsseldorf – an, die Arbeiten an dem Projekt einzustellen. Es blieb bei der Herstellung eines Holzmodells.

Die Munition der 8,8-cm-Flak 41. Für den Beschuss von Luft- und Erdzielen stand die 8,8-cm-Sprenggranatpatrone 41 (Bild links) zur Verfügung. Sie konnte mit Zeitzündern S/30 oder S/30 Fg[1], weiterhin mit dem Aufschlagzünder AZ 23/28 (nur gegen Erdziele) bezündert werden. Die Hülsen aus Messing oder Stahl nahmen 5,52 kg schwere Treibladungen auf. Der Geschosskörper war mit einer 1 kg schweren Sprengladung (Fp 60/40) laboriert. Zur Bekämpfung gepanzerter Ziele stand die 8,8-cm-Panzergranatpatrone 39-1 / Flak 41 (Bild rechts) zur Verfügung. Sie wog zwischen 22,2 kg (Messinghülse) und 20,9 kg (Stahlhülse), wovon 10,2 kg auf die mit 0,064 kg Sprengstoff gefüllte Granate entfielen. Auf 1500 m Entfernung konnten 142 mm Panzerstahl durchschlagen werden.

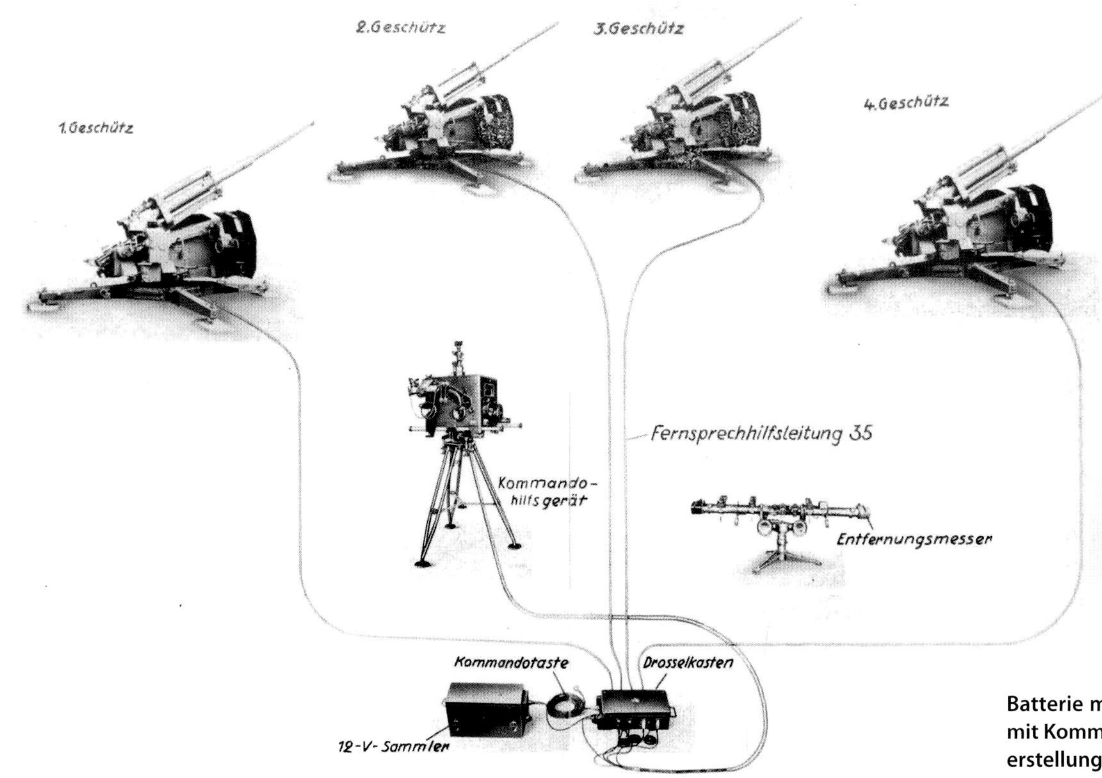

Batterie mit vier 8,8-cm-Flak 41 mit Kommandohilfsgerät in Feuerstellung.

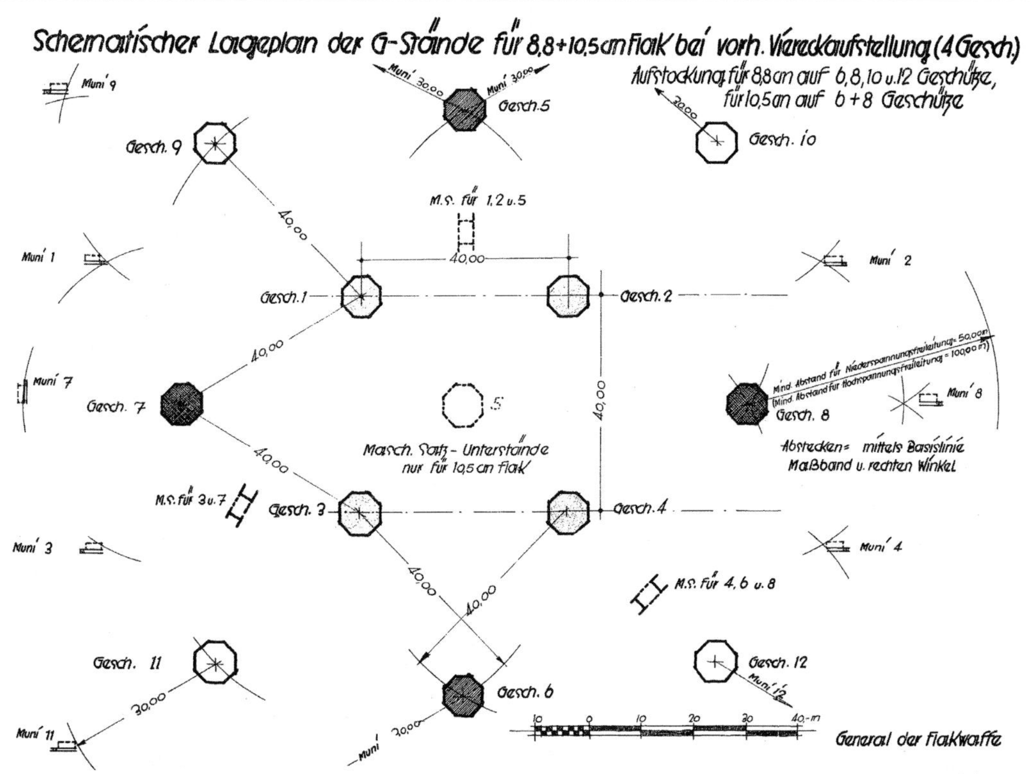

Im Mai 1944 ging man bei der Heimatflak zur Aufstellung von Großbatterien mit sechs bis zwölf Geschützen über (General der Flakwaffe VIA-A/C Nr. 01688/44 geh. vom 12.05.1944). Bei Einzelbatterien mit 8,8-cm-Flak 41 blieb man bei sechs Geschützen. Eine weitere Verstärkung war nicht vorgesehen.

Die 8,8-cm-Flak 41 auf gepanzerter Selbstfahrlafette Versuchsflakwagen II (VFW II). Das Fahrzeug war ursprünglich mit einer 8,8-cm-Flak 36 mit Schutzschild bestückt worden.

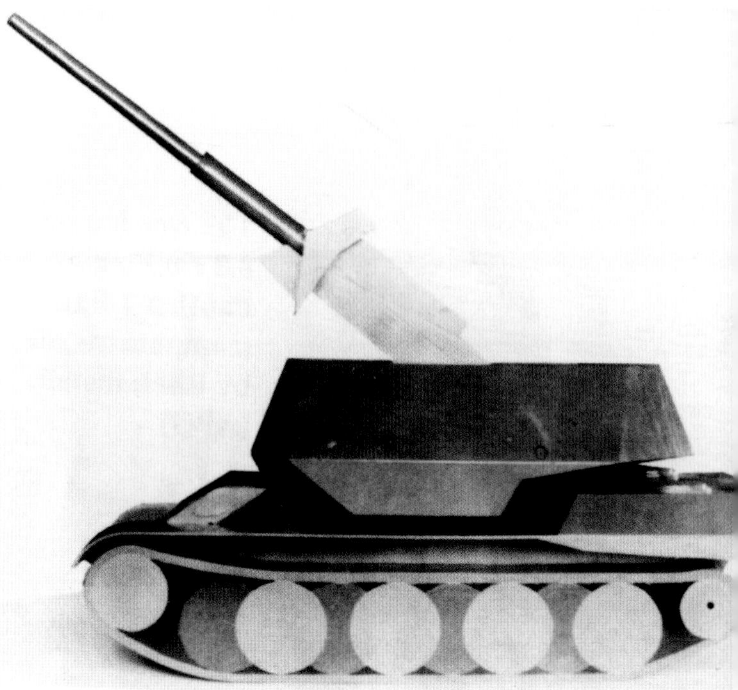

8,8-cm-Flak 41 auf Flakpanzer. Holzmodell der Firma Rheinmetall.

Der Mangel an motorisierten Zugmitteln und an Betriebsstoffen nahm 1944 dramatische Formen an und beeinflusste die Verlegung der Geschütze im Rahmen der Reichsluftverteidigung. Im Dezember 1944 veröffentlichte der General der Flakwaffe deshalb eine Anleitung zur Beweglichmachung der 8,8-cm-Flak im Pferdezug. Für die 8,8-cm-Flak 41 auf dem zweiachsigen Sonderanhänger war der sechsspännige Zug vorgesehen.

Verlegung einer 8,8-cm-Flak 41 der Reichsluftverteidigung mit einem handelsüblichen Schlepper. Aufnahme vom Frühjahr 1944.

8,8-cm-Flak 41 in Feuerstellung. Nach dem Ende des Zweiten Weltkrieges übernahmen die tschechoslowakischen Streitkräfte einige Geschütze dieses Typs.

Letztlich handelte es sich bei der 8,8-cm-Flak 41 um eine fortschrittliche Konstruktion. Außenballistisch erreichte sie die Leistungen der 12,8-cm-Flak 40, die in Feuerstellung aber 10.000 kg schwerer war. Widersprüchliche Entscheidungen auf den Führungsebenen verhinderten ein rechtzeitiges Hochlaufen der Serienfertigung – eine der vielen Fehlentscheidungen, die unter den zum Nachteil für das Deutsche Reich veränderten Bedingungen nicht mehr korrigiert werden konnten.

Kapitel 10:

Zur Geschichte der 10,5-cm-Flak 38 und 39

Die Vorteile des größeren Kalibers und Geschossgewichtes von Geschützen, die man zur Flugzeugabwehr herangezogen hat, war im deutschen Heer schon 1915 erkannt worden. Gelegentlich hatte man dafür auch 10,5-cm-leichte Feldhaubitzen 98/09 und 10-cm-Kanonen 04 bzw. 14 eingesetzt. Gegenüber den Geschützen mit einem Kaliber von 7,62 cm brachte das fast dreifach höhere Geschoss- und Sprengstoffgewicht Vorteile bei der Bekämpfung von Luftzielen. Natürlich gab es Nachteile. Einige sind nachfolgend genannt:

1. Die auf den Beschuss von Bodenzielen ausgerichtete Höhen- und Seitenrichtfelder der Konstruktionen reichten nicht aus. Ihre Vorholfedern wurden infolge starker Beanspruchung beim Schießen mit großem Erhöhungswinkel schnell verbraucht, Ersatzlieferungen gefährdet.
2. Ihre Feuergeschwindigkeit genügte zur erfolgreichen Bekämpfung von Luftzielen nicht.
3. Die 10-cm-Kanonen – nur in geringer Zahl bei der Fußartillerie beschafft – fehlten für ihre ursprüngliche Verwendung.

Folgerichtig gab das Kriegsministerium die Entwicklung von 10,5-cm-Flak-Geschützen bei den Firmen Henschel & Sohn / Cassel, Friedr. Krupp AG / Essen und Rheinmetall-Borsig AG / Düsseldorf in Auftrag. Bis zum November 1918 wurden 19 Geschütze für den Kraftzug und 20 für die ortsfeste Aufstellung fertig. Das Modell von Krupp verfügte wegen des hohen Gewichtes der Granatpatronen sogar über eine automatische Ladevorrichtung. Bei allen Geschützen bewertete man die Gewichtsverhältnisse und die Feuergeschwindigkeit als ungünstig, was ihre Verwendung nur im rückwärtigen Frontgebiet zuließ. Bessere Ergebnisse zeigte die 8,8-cm-Flak, deren Bestand im November 1918 mit 160 Stück angegeben ist.

Die Kriegserfahrungen beeinflussten in den 1920er Jahren die im Rahmen geheimer Rüstungsaktivitäten angeschobene Entwicklung neuer Flak-Geschütze. Gearbeitet wurde an 7,5-cm-, 8,8-cm- und 10,5-cm-Kanonen, ihrer Munition sowie an den Schießgrundlagen. In einer Denkschrift des Reichswehrministeriums über die zukünftige Flakwaffe vom 6. Dezember 1932 favorisierte man das Kaliber 8,8 cm. 7,5-cm-Geschütze wurden nur in geringer Zahl beschafft und später verkauft. Die Entwicklung der 10,5-cm-Flak, vornehmlich ein Vorhaben der Reichsmarine (10,5-cm-SK C/32 in 8,8-cm-Mittelpivotlafette C/30 und 10,5-cm-Mittelpivotlafette C/30 g.E.), verfolgte man nicht mit Dringlichkeit. Erst unter dem Eindruck der Fortschritte in der Luftrüstung hielten die zuständigen Ressorts eine größere Wirkungsreichweite (bis 7000 m) für unverzichtbar. Ende 1933 wurde die Industrie beauftragt, die Marinekonstruktion für die Verwendung als landgestütztes Flugzeugabwehrgeschütz weiterzuentwickeln. Zu den Merkmalen gehörten der Pivotsockel, die elektrisch betriebene Richtmaschine und die automatische La-

Die ortsfeste 10,5-cm-Flak L/35 von Rheinmetall wog mit ihrem 2699 mm langen Rohr in Feuerstellung 2710 kg, erreichte mit der 18,3 kg schweren Sprenggranate eine V_0 von 580 m/s. Das ermöglichte eine maximale Schussweite von 11.000 m und eine Schusshöhe von 5800 m. Die Feuergeschwindigkeit ist mit 8 Schuss/min angegeben.

Die 10,5-cm-Flak 39 steht in Feuerstellung auf den Horizontierungstellern des Lafettenkreuzes. Gut zu erkennen ist die hinten links von der Führungsschiene angeordnete Ladeeinrichtung. Sie besteht aus der Stellschale, der Ladeschale und dem Ansetzer. Letztere hatten einen elektrischen Antrieb, mit deren Hilfe die 26 kg schweren Granatpatronen (105x769 mm) von der Zünderstellmaschine in das Rohr befördert wurden.

devorrichtung (Ladeschale). Eingesetzt werden sollte die 10,5-cm-Flak in ortsfester Aufstellung, auf Eisenbahnwagen, weiterhin im Kraftzug fahrbar auf Sonderanhänger, zweiachsig (Sd.Ah. 203). Erste Geschütze erhielt die Luftwaffe im Jahr 1937. Die Firmenbeschreibung der Rheinmetall-Borsig AG wurde von der Luftwaffe 1938 als L.Dv. 631 (Entwurf) etatisiert. Bis zum September 1939 stieg die Zahl der 10,5-cm-Flak 38 auf rund 30. Im Verlauf des Truppenversuches zeigten vor allem die elektrischen Einrichtungen viele Störungen. Die damit gesammelten Erfahrungen flossen in die Arbeiten am Nachfolgemodell ein, das am 9. Februar 1940 offiziell als 10,5-cm-Flak 39 zur Einführung kam (R.d.L.u.Ob.d.L., 9.2.1940, Az. 73 L.Insp.d.Flakartl (IIC) Nr. 940/40). Wörtlich heißt es darin: »Die 10,5-cm-Flak 39 ist gegenüber der 10,5-cm-Flak 38 in ihrem Gesamtaufbau vervollkommnet. Auf Grund der verschiedenen Kraftstromarten[1] ist die Verwendung beider Geschütze innerhalb einer Batterie nicht möglich.« Die Fahrbarmachung der 10,5-cm-Flak 39 erfolgt wie bei der 10,5-cm-Flak 38 auf dem Sonderanhänger (Sd.Ah. 203). Eine allgemeine Beschreibung erschien im August 1941 (L.Dv. T. 1152/1), gefolgt von der vorläufigen Bedienungsanleitung für die elektrische Ausrüstung, einschließlich des Maschinensatzes 220/380 V (D. (Luft) T. 1153, Januar 1942).

Die widersprüchliche Geschichte der 10,5-cm-Flak 39 kann nicht ohne Bezüge zum Kaliber 8,8 cm dargestellt werden. Mit der 8,8-cm-Flak 41 stand mittlerweile ein Geschütz mit überlegenen ballistischen Leistungen zur Verfügung, das zudem fertigungstechnische Vorteile[2] bot. Verständlich, dass die Amtsgruppe für Flakentwicklung im Generalstab der Luftwaffe (GL/Flak-E) anregte, die Fertigung der 10,5-cm-Flak 39 auslaufen zu lassen. Dem widersetzte sich das Reichsministerium für Bewaffnung und Munition. Hitler entschied Anfang 1942, die

[1] 10,5-cm-Flak 38 mit Lampenempfänger und Gleichstrom, 10,5-cm-Flak 39 mit Folgezeitempfänger und Drehstrom.

[2] Für eine 10,5-cm-Flak 39 wurden 12.000 Arbeitsstunden benötigt, der Preis lag zwischen 75.000 und 85.000 RM. Für eine 8,8-cm-Flak 41 ergaben sich ein Arbeitsaufwand von rund 5500 Arbeitsstunden und ein Preis von 60.000 RM.

Schießausbildung an der 10,5-cm-Flak 39. Wegen ihres Gewichtes fanden sie nur im rückwärtigen Frontgebiet und in der Heimatluftverteidigung Verwendung. Ab Februar 1945 wurden schwere Flakbatterien (10,5-cm-Flak 39) für den Erdkampf an die Oderfront verlegt.

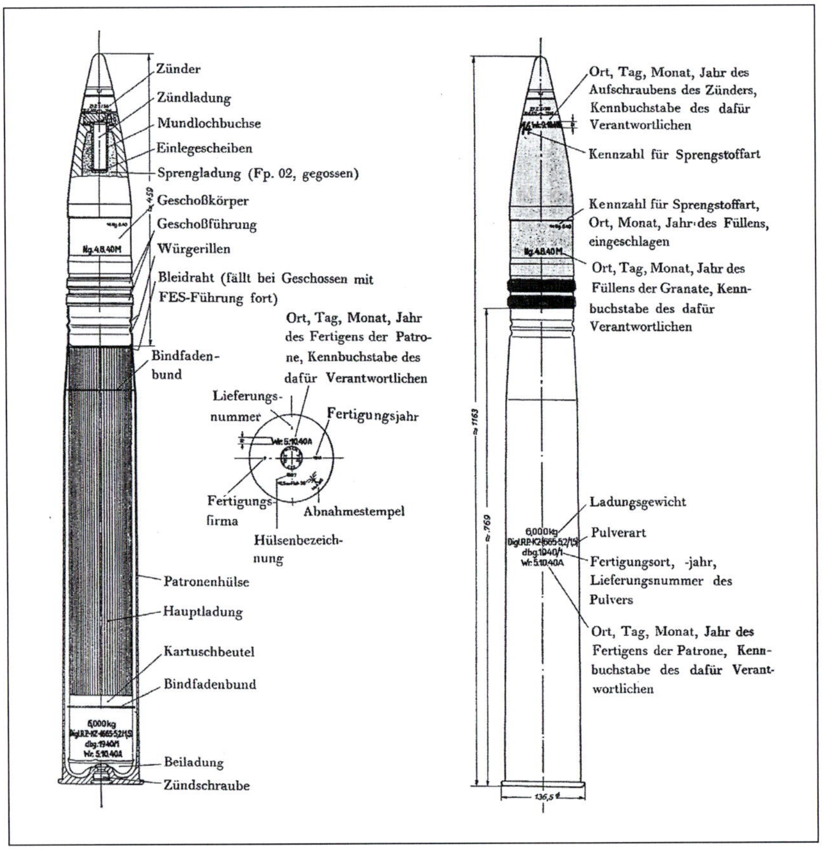

Fertigung des neuen 8,8-cm-Geschützes auf die Nullserie von 44 Stück zu begrenzen. Das änderte sich im Oktober 1943. Jetzt wurden monatlich 100, im Oktober 1944 500 8,8-cm-Flak 41 gefordert[3]. Dafür wollte man den monatlichen Ausstoß der 10,5-cm-Flak 39 drosseln, ja sogar einstellen. Entsprechend einer Forderung vom 29. August 1944 sollte die Herstellung des Geschützes wieder auf 200 Stück pro Monat gesteigert werden. Das war unrealistisch. Im Dezember 1944 verließen 84 10,5-cm-Flak 39 die Werkhallen der fünf Herstellerwerke. Folgerichtig war ihr Bestand rückläufig; im Februar 1945 standen noch 1863 Geschütze bei der Truppe.

Der Aufwand für den Abschuss eines viermotorigen Bombers der Alliierten war ohnehin mit hohen Anforderungen an die Rüstungsproduktion verbunden. In den letzten Kriegsjahren ging man davon aus, dass dafür 6000 Schuss 10,5-cm-Granaten mit Zeitzünder oder 2000 mit Doppelzünder notwendig waren. Fanden in der Feuerleitung Funkmessgeräte (Radar) Verwendung, verringerte sich der Munitionsbedarf auf 200-300 Granatpatronen. Die Zahlen sind beeindruckend. Unabhängig davon müssen bei der Bewertung der Effektivität der Flakartillerie weitere Faktoren berücksichtigt werden:

1. Der Anteil beschädigter Bombenflugzeuge, die zu ihren Ausgangsbasen zurückkehrten, war hoch.
2. Das Feuer der Flakartillerie zwang die angreifenden Bomberverbände in Höhen auszuweichen, aus denen die abgeworfenen Bomben die Ziele nicht mehr so genau treffen konnten.
3. Das Flakfeuer stellte eine beständige sowie extreme moralische Belastung für die Bomberbesatzungen dar.

Um die Leistungsfähigkeit der Flakartillerie weiter steigern zu können, musste man die ballistischen Parameter ihrer Geschütze, ebenso die Zerstörungsleistung ihrer Geschosse verbessern. Erfolge versprach die Weiterentwicklung der Munition. Diesen Weg beschritt die Luftwaffe auch bei der 10,5-cm-Flak 39. 1944 übernahm sie von der Kriegsmarine 10,5-cm-Sprenggranatpatronen C/32 L/4,9 mit Thermit-Brandkörpern. Neu entwickelt wurden Raketengranaten, Pfeil- und Spitzgeschosse. Für Geschützrohre mit konischem Rohraufsatz entstanden Treibspiegelgeschosse 10,5/8,8-cm (V_0 1065 m/s) und 10,5/7,5-cm (V_0 1350 m/s). Damit verbundene Nachteile waren die Verminderung der Rohrlebensdauer und das geringere Geschoss- und Sprengstoffgewicht der Munition. Allein die Unsicherheiten im

[3] Tatsächlich wurden im Oktober 1944 nur 53 8,8-cm-Flak 41 ausgeliefert.

10,5-cm-Sprenggranatpatrone mit 10,5-cm-Sprenggranate L/4,4 und Zeitzünder S/30. Von dem Gesamtgewicht (26 kg) entfielen 15,1 kg auf den Geschosskörper, 1,55 kg auf die Spreng-, 5,808 kg auf die Treib- und Zündladung. Die Patronenhülse (Stahl) wog 3,08 kg, die Zünderschraube C/22 0,0765 kg, der Zeitzünder S/30 0,385 kg.

Umgang mit dem Kaliber 10,5 cm grenzten die Weiterentwicklung auf diesem Gebiet ein. Wenig Erfolgsaussichten hatte auch die 1943 geforderte 10,5-cm-Flak 40, deren 17 kg schwere Sprenggranate mit einer V_0 1050 m/s verschossen werden sollte. Die Arbeiten wurden im Entwurfsstadium eingestellt.

Leistungsvergleich der 8,8-cm-Flak 18,36 und 37 sowie der 8,8-cm-Flak 41 mit der 10,5-cm-Flak 39

Geschütz	8,8-cm-Flak 18, 36 und 37	8,8-cm-Flak 41	10,5-cm-Flak 39
Kaliber	88 mm	88 mm	105 mm
Rohrlänge	4856 mm	6548 mm	6348 mm
V_0 Sprenggranate Panzergranate	820 m/s 840 m/s	1000 m/s 980 m/s	880 m/s 860 m/s
Schussweite, max.	14.860 m	20.000 m	17.300 m
Schusshöhe, max.	9.750-10.800 m	14.700-14.930 m	10.500-12.800 m
Zünderreichweite[1]	10.600 m	12.350 m	11.800 m
Feuergeschwindigkeit	20 Schuss/min	22-25 Schuss/min	12-15 Schuss/min
Geschossgewicht	9kg	9,4 kg	15,1 kg
Geschossgewicht / 60 s	180 kg	235 kg	226,5 kg
Höhenrichtbereich	$-3^0/+85^0$	$-3^0/+90^0$	$-3^0/+85^0$
Seitenrichtbereich	360^0	360^0	360^0
Gewicht der Waffe	1450 kg	2130 kg	2510 kg
Gewicht in Feuerstellung	3710 kg	8000 kg	10.240 kg
Gewicht in Fahrstellung	6851 kg	11.200 kg	14.600 kg
Konstruktive Details	Selbstspannender Schubkurbelverschluss, ab Modell 36 dreiteiliges Rohr, ab Modell 37 mit Folgezeigersystem, Lebensdauer des Rohres[2] 2000-6000 Schuss	halbautomatischer Verschluss mit hydraulisch-pneumatischem Rollenansetzer, zunächst fünfteiliges Rohr, ab Rohr Nr. 154 vierteilig, Lebensdauer des Rohres 1500 Schuss	Selbstspannender Schubkurbelverschluss, Ladeschale, geteiltes Rohr, Lebensdauer des Rohres 1500-3500 Schuss

Stahlronde zur Herstellung einer Patronenhülse 6307 in den Polte-Werken / Magdeburg (avt) (Maße 225x15 mm, Gewicht 3,6 kg). Für die Herstellung der Ganzteilhülse wurden die rotglühend gemachten Rohlinge in einem komplizierten Verfahren gezogen und gepresst. Die Luftwaffe hatte sich der Verwendung von Stahlhülsen lange widersetzt – ohne Erfolg. 1944 lag der durchschnittliche Monatsverbrauch beim Kaliber 10,5 cm bei 199.800 Schuss.

[1] gilt für Zeitzünder, z.B. S/30 – entsprechend der im Zeitzünder eingestellten Zündverzögerung und der in dieser Zeit zurückgelegten Strecke zerspringt das Geschoss im Zielraum.

[2] Die Lebensdauer des Rohres wird von dem für die Granatpatrone verwendetem Treibladungspulver bestimmt. Eine Überschreitung der genannten Schusszahlen beeinflusst die Treffgenauigkeit nachteilig.

Mit Zerstörerladung gesprengtes Rohr einer 10,5-cm-Flak 39 auf einem Kasernengelände in Halle/Saale. Gut zu erkennen ist der zweiteilige Rohraufbau (Seelen- und Mantelrohr).

Verwendungsformen der 10,5-cm-Flakgeschütze:

1. 10,5-cm-Flak 38 auf Sonderanhänger, zweiachsig (Sd.Ah. 203)

Das nur in geringer Zahl von Rheinmetall hergestellte Geschütz zeigte im Truppenversuch erhebliche Mängel. Nachfolgemodell war die 10,5-cm-Flak 39.

2. 10,5-cm-Flak 39 auf Sonderanhänger, zweiachsig (Sd.Ah. 203)

Nachfolgemodell der 10,5-cm-Flak 38 mit Folgezeigeempfänger und Drehstromversorgung. 10,5-cm-Flak 39 fanden vor allem im rückwärtigen Frontgebiet sowie zur Verteidigung des Luftraumes im Reichsgebietes Verwendung. Auf dem Sonderanhänger wurden sie üblicherweise von schweren Zugkraftwagen 12 t (Sd.Kfz. 8) gezogen.

Vier 10,5-cm-Flak 39 gehörten zu einer teilmotorisierten (tmot) oder verlegefähigen (v) schweren Flakbatterie in den gemischten bzw. schweren Flakabteilungen der Luftwaffe. Laut einer Aufstellung des Generalquartiermeisters im Generalstab der Luftwaffe gab es 1944 neun Abteilungen (tmot) und 46 Abteilungen (v). Im August 1944 verfügten Flakverbände beider Kategorien über 1025 Geschütze.

3. 10,5-cm-Flak 39 (o) in ortsfester Aufstellung

Ursprünglich war die Zahl ortsfester versockelter 10,5-cm-Flak gering. Zwölf davon fanden zwischen April 1941 und August 1943 in Batterien zu vier Geschützen im Rahmen der Turmflakabteilung 123 auf Berliner Flaktürmen Verwendung. Sie waren eine Übergangslösung und wurden durch 12,8-cm-Zwillingsflak ersetzt. Eine weit größere Zahl gehörte in den letzten Kriegsjahren zur Ausstattung ortsfester schwerer Flakabteilungen, in deren Batterien – Stand September 1944 – acht 10,5-cm-Flak 39 (o) zusammengefasst waren (vgl. Anlage 3c zu General der Flakwaffe, Abt. Befest. II A-712-27.9.44). Ihre Zahl ist für den August 1944 mit 877 angegeben.

4. 10,5-cm-Flak 39 (E) auf Geschützwagen IV (E) schwere Flak-Eisenbahn

Das Geschütz war auf einem vierachsigen Eisenbahnwagen mit einer beiderseits abklappbaren Bedienungsplattform und zwei gepanzerten Munitionsschränken lafettiert.

Die Zahl der eisenbahnbeweglichen schweren Flakartillerieabteilungen nahm im Winter 1943/1944 zu; im August 1944 waren es 41, jede mit vier oder fünf Batterien. Der Bestand an 10,5-cm-Flak 39 (E) ist für den August 1944 mit 166, für den Februar des Folgejahres mit 110 angegeben.

5. 10,5-cm-Flak 40

Versuch der Leistungssteigerung im Kaliberbereich 10,5 cm; blieb nur Projekt.

Die Reserve-Turmflakabteilung 123 in Berlin erhielt im Sommer 1941 als Übergangsausstattung 10,5-cm-Flak 39. Eigentlich sollten 12,8-cm-Zwillingsflak 40 installiert werden, deren Auslieferung sich aber verzögert hatte. Jeder Flakturm nahm eine Batterie mit vier Geschützen auf.

G-Stand mit 10,5-cm-Flak 39. Er ist halbversenkt, die Wände aus Faschinen oder Flechtwerk wurden mit einem Erdwall umgeben. Ortsfest aufgestellte Geschütze dieses Typs machten 1944 fast die Hälfte des Gesamtbestandes aus.

10,5-cm-Flak 39 (E) auf Geschützwagen III (E) schwere Flak (ursprünglich als »Geschützwagen I« bezeichnet) in Feuerstellung. Sie konnten zur schnellen Bildung von Flak-Schwerpunkten genutzt werden. Dem Vorteil stand aber angesichts der alliierten Luftüberlegenheit die Empfindlichkeit des Streckennetzes der Deutschen Reichsbahn gegen Luftangriffe entgegen.

Die Beschäftigung mit der Entwicklung, der Produktion und dem Einsatz der 10,5-cm-Flak 38 und 39 vermittelt, aus der Sicht des Verfassers, besonders interessante Einblicke in die Entwicklung der deutschen Flakartillerie bis zum Ende des Zweiten Weltkrieges. In der Nachkriegsliteratur hat man immer wieder den fehlerhaften Umgang mit beiden Geschützen hervorgehoben. Viele Entscheidungen waren trotz mangelnder Sachkenntnis getroffen worden, sind aber auch Ausdruck der Interessenkonflikte von Entscheidungsträgern im Reichsluftfahrtministerium, im Ministerium für Rüstung und Kriegsproduktion und im Führerhauptquartier. Es mangelte an einer klaren Linie. Komplizierte Fertigungsprozesse bei den Herstellern ließen sich nicht »per Dekret« umsteuern. Materialengpässe verstärkten die negativen Effekte. Für die Luftverteidigung hatte das dramatische Folgen, nachdem im Verlauf der Rückzugsbewegung auf das Reichsgebiet im Westen 60 Prozent der (häufig ortsfest aufgestellten Geschütze!) verloren gegangen waren[4]. Angesichts der großen Zahl von mittlerweile in die Jahre gekommenen 8,8-cm-Flak 18, 36 und 37 und der großen Zahl erbeuteter Flak, darunter Veteranen, mit denen die Sperrfeuerbatterien der Heimatflak aufgefüllt waren, gehörte die 10,5-cm-Flak 39 zu den Leistungsträgern unter den Geschützen der deutschen Flakartillerie.

[4] vgl. »Maßnahmen der 9. Amerikanischen Luftflotte gegen die deutsche Flak«, deutsche Übersetzung vom 20. März 1953, Bonn 1953.

Kreuzlafette einer 10,5-cm-Flak 39 (v), Aufnahme vom 27. März 2012 an der Nöthnitzer Straße zwischen Bannewitz und Rippien, nordöstlich von Dresden. Sie gehörte zu einer mit Funkmessgerät 62 »Würzburg« ausgestatteten RAD-Flakabteilung, die nach der Zerstörung Dresdens im Februar 1945 den Flakschutz der Elbmetropole verstärkt hat.

KAPITEL 11:

SCHWERE FLUGZEUGABWEHR-GESCHÜTZE (KALIBER 12,8, 15 UND 24 CM) 1936-1945

11.1. Die 12,8-cm-Flak 40 und ihre Abarten – Leistungsträger der Flugzeugabwehr

Der Chef der Amtsgruppe für Flakentwicklung (GL/Flak E) der Luftwaffe vergab 1936 Aufträge zur Entwicklung schwerer Flakgeschütze. Für das Kaliber 12,8 cm war Rheinmetall zuständig, für das Kaliber 15 cm Krupp und Rheinmetall. Das geschah vor dem Hintergrund zu erwartender Leistungssteigerungen bei der Entwicklung moderner Bombenflugzeuge. Rheinmetall stellte zwei Jahre später ein erstes Versuchsmodell vor, von dem nach erfolgreicher Erprobung eine Nullserie von 100 Geschützen bestellt worden ist. Ihre Fertigung zog sich hin – Ende 1941 kamen die ersten vier 12,8-cm-Flak 40 zur Auslieferung. Das fünfteilige Rohr war in einer Oberlafette mit Pivot auf der als Kreuz ausgebildeten Unterlafette gelagert. Das Geschütz verfügte über eine elektrisch angetriebene Richtmaschine und Ladevorrichtung. Sie ermöglichte die Abgabe von 12-14 Schuss in der Minute, was einer Geschossmasse von 312 bis 364 kg (Sprengstoffanteil 40,8 bis 47,6 kg) entsprach.

Bei der Umsetzung der Forderung, das in Feuerstellung 18.000 kg schwere Geschütz motorisiert beweglich zu machen, gab es Probleme. Der Vorschlag, es in zwei Lasten – Rohr und Lafettenwagen – zu transportieren, entsprach nicht den Vorstellungen des Auftraggebers. In Zusammenarbeit mit der Firma Meiller / München entstand ein vierachsiger Sonderanhänger (Sd.Ah. 220), auf dem die Flak einlastig transportiert und schneller in Stellung gebracht werden konnte. In Fahrstellung ergaben sich ein Gewicht von 26.450 kg und eine Länge von 15 m (Radstand 11,73 m). Das setzte dem beweglichen Einsatz Grenzen. Tatsächlich erlangten die ortsfeste Verwendung und der Einsatz auf Eisenbahnwagen größere Bedeutung.

Für die Armierung der im Bau befindlichen Flaktürme in Ballungsgebieten hatte man die 15-cm-Flak in Aussicht gestellt, deren Entwicklung nicht mehr abgeschlossen werden konnte. Deshalb entschied man sich für die 12,8-cm-Flak 40 in Zwillingslafette. Ihr Gewicht in Feuerstellung ist mit 27.000 kg angegeben. Bei der höchstmöglichen Feuergeschwindigkeit konnten zwischen 520,4 und 624,5 kg Geschoßmasse (Sprengstoffanteil zwischen 68 und 82 kg) in den Zielraum gebracht werden. Der

Die 12,8-cm-Flak 40 in Feuerstellung.

erste Flakturm in Berlin wurde 1942 von der als Übergangsausstattung installierten 10,5-cm-Flak 39 auf 12,8-cm-Flak-Zwillinge 40 umgerüstet. Sie waren ab August 1942 feuerbereit. Hitler hatte schon während der Rüstungskonferenz am 21./22. März des Jahres eine Prüfung angeregt, ob die 14 Zwillingsflak 40 für die vorgesehene Verwendung ausreichen würden und Folgeaufträge gefordert. Drei Monate später verlangte er eine Sonderaktion für das Geschütz. Ohne Erhöhung der Fertigungskapazität bei der Hanomag, Hannoversche Maschinenbau AG / Hannover-Linden, auf monatlich 30 12,8-cm-Rohre war das nicht möglich.

Inzwischen hatte sich die Luftkriegslage zu Ungunsten Deutschlands verschoben. Um die Rüstungsindustrie besser zu schützen, wurde im Oktober 1943 eine umfassende Steigerung der Flakproduktion gefordert. Geschütze des Kalibers 12,8 cm waren dabei ein Schwerpunkt. Monatlich wurden 100 Stücke in Einzel- und 25 in Doppellafetten für notwendig gehalten. Dafür wollte man sogar 100 10,5-cm-Flak 39 weniger in Kauf nehmen. Die Führerforderung vom August 1944 zielte auf eine weitere Steigerung – monatlich 300 12,8-cm-Einlinge und 50 12,8-cm-Zwillinge – ab. Das sollte schon im Dezember des Jahres erreicht werden. Wie unrealistisch das war, zeigt die nachfolgende Tabelle (Angaben in Stück).

Von der fahrbaren Version der 12,8-cm-Flak 40 wurden nur sechs Geschütze fertiggestellt. Sie war in einer Last auf dem vierachsigen Sonderanhänger (Sd.Ah. 220) verladen, gezogen von einem Zugkraftwagen 18 t (Sd.Kfz. 9). Das Gewicht in Fahrstellung ist mit 26.000 kg angegeben.

Jahr / Monat	Fertigung		Bestand	
	12,8-cm-Flak Einling	12,8-cm-Flak 40 Zwilling	12,8-cm-Flak Einling	12,8-cm-Flak 40 Zwilling
1941	4 [1]			
1942	65	10	32	10
1943	298	8	179	20
1944	664	26	525	31
Januar [2]			197	
Februar			220	20
März			260	20
April			298 [4]	24
Mai			325	24
Juni			348	24
Juli	38	1	393	24
August	38	2	449, davon mot. (6), o (242), E (201) [3]	27
September	38	4	486	32
Oktober	54	9	504	30
November	60	10	540	30
Dezember	71	12	581	31
1945				
Januar		1	570	33
Februar [5]			564, davon mot.(4), o (362), E (195)	33

[1] Abnahme im Dezember 1941
[2] Angaben über die monatliche Abnahme liegen nicht vollständig vor
[3] mot. bedeutet: fahrbar auf Sonderanhänger, vierachsig (Sd.Ah. 220)
o bedeutet: ortsfeste Aufstellung
E bedeutet: auf Eisenbahn
[4] 12,8-cm-Flak-Zwilling eingeschlossen
[5] 1945 liegen Angaben nur bis Februar vor

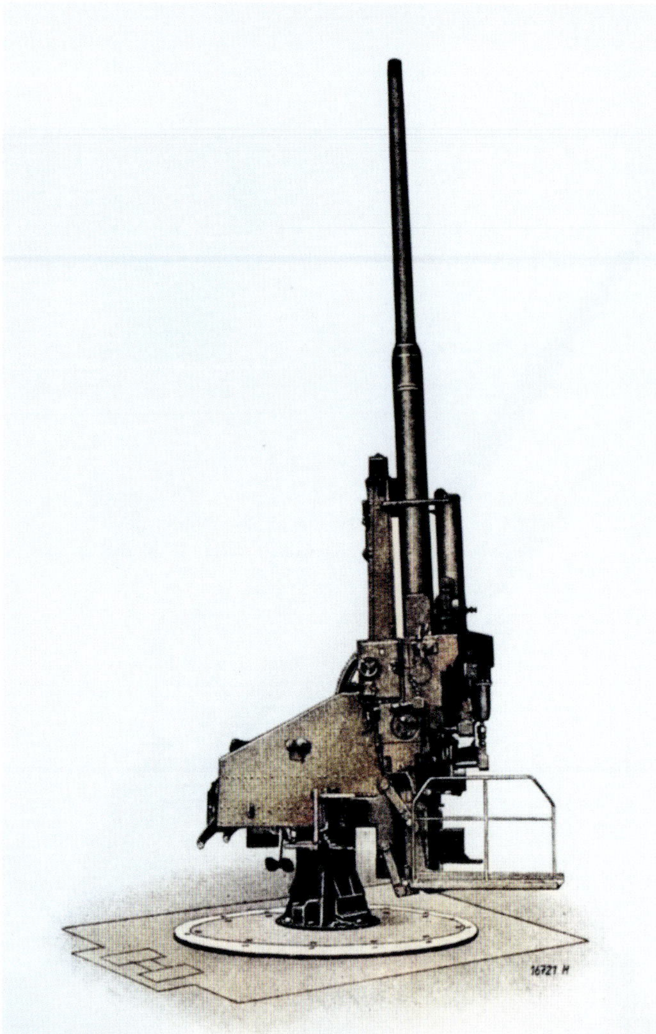

Die 12,8-cm-Flak 40 auf ortsfesten Sockel. Der Stellungswechsel erfolgte in zwei Lasten (Rohr auf dem Rohrwagen 40 und Lafette im Fahrgerüst für schwere Flak) auf dem Sonderanhänger, vierachsig (Sd.Ah. 220).

12,8-cm-Flak 40 in der Ausstellung der Wehrtechnischen Studiensammlung in Koblenz. Die Zünderstellmaschine mit Stellschalenträger und Stellschale sind auf der linken Seite angeordnet. Hinter dem Verschluss befinden sich die Ladeschale und der Ansetzer mit den Ansetzerrollen.

Zwischen April und November 1944 gingen 73 Flak dieses Kalibers verloren. Für den Abschuss eines viermotorigen Bombers wurden 3000 12,8-cm-Sprenggranatpatronen benötigt, deren Geschosse 26,02 kg wogen und mit 3,4 kg Fp 60/40[1] gefüllt waren. Ihr Verbrauch stieg von 14.000 Schuss im Juli 1943 auf 179.000 im November 1944, einschließlich 2000 12,8-cm-Panzergranatpatronen Flak 40. In diesem Monat wurde ein Bestand von 419.000 Spreng- und 86.000 Panzergranatpatronen registriert. Ende 1944 kam es mehrfach wegen mangelhafter Stahlqualität der Geschosse zu Rohrzerspringern. Weiterhin musste

[1] Füllpulver 60/40 besteht aus 50% TNT und 40% Ammonitrat. Mit der Vermischung geeigneter Sprengstoffe soll eine Leistungssteigerung, höhere Handhabungssicherheit oder Streckung (Rohstoffknappheit) erreicht werden

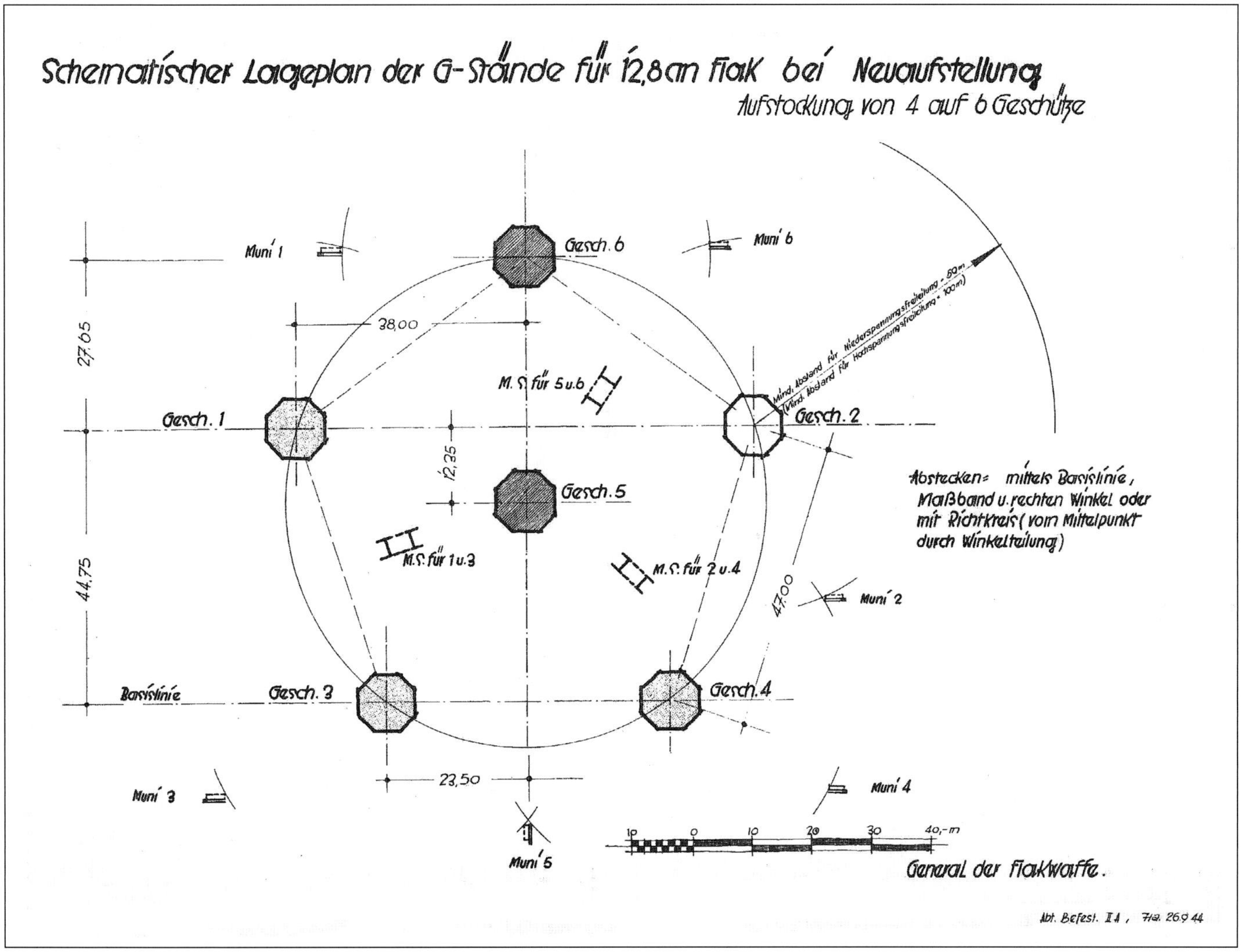

die Zusammensetzung der 9,62 kg schweren Treibladungen aus Diglykol-Röhrenpulver geändert werden, denn infolge von Luftangriffen waren Zulieferbetriebe ausgefallen.

Die 8,8-cm-Flak 41 hatte gezeigt, welche Leistungssteigerung bei diesem Kaliber möglich war. Das wollte man nun auch für das Kaliber 12,8 cm übernehmen. Hitler hatte im Verlauf der Rüstungskonferenz am 3./4. Januar 1943 gefordert, die Verlängerung der Rohrlänge L/61 des Geschützes auf L/70 zu prüfen. Wie üblich richtete sich die Aufmerksamkeit zuerst auf die Modernisierung der Munition, die Verbesserung ihrer ballistischen Leistungen und ihrer Zerstörungskraft. Angedacht wurde, die 28 kg schweren Geschosse mit konischen Geschosszapfen von der Kriegsmarine zu übernehmen. Tatsächlich hat man 12,8-cm-Brandschrapnells Flak 40 eingeführt. Bei einem Geschossgewicht von 25,25 kg nahmen sie 124 Barium-Nitrat-Brandkörper auf. An ihre Stelle traten im Februar 1945 Brandschrapnell-Füllkörper 44 mit Staudruckzündung. Fertigungsbedingt sah man sich gezwungen, auf die Zerlegung der Geschosshülle zu verzichten. Bereits im Januar 1945 war die Entscheidung gefallen, unabhängig von den Ergebnissen anderer Entwicklungen mit der Einführung eines 31 kg schweren Sprenggeschosses die Zerstörerleistung der 12,8-cm-Flak zu steigern.

Ein anderer Weg der Leistungssteigerung waren Treibspiegelgranaten und Geschosse mit Flügelstabilisierung. Für die bereits eingeführte 12,8-cm-Flak 40 wurden u.a. 12,8-cm-/10,5-cm-Sprenggranaten mit Treibspiegel (V_0 1109 m/s) und 12,8-cm-/8,8-cm-Treibspiegel-Brandschrapnells (V_0 1405 m/s) untersucht. Versuchsrohre mit geänderter Dralllänge hat man mit 12,8-cm-/7,5-cm-Treibspiegel-Sprenggranaten (V_0 1539 m/s) und mit flügelstabilisierten 12,8-cm-/7,3-cm-Granaten (V_0 1500 m/s) beschossen. Neben der Vergrößerung der Schusshöhe um bis zu 35% wurde die Flugzeit zum Luftziel verkürzt. Dieser Weg zur Leistungssteigerung war für die ballistische Forschung ohne Zweifel von großem Interesse, für die Lösung der aktuellen Probleme der Flugabwehr über dem Reichsgebiet aber nicht zielführend. Leichtere Geschosse mit geringerer Sprengladung (12,8-cm = 26 kg / 3,4 kg, 12,8-cm/8,8-cm = 9,4 kg / 0,87 kg) standen einer drastischen Verringerung der Rohrlebensdauer gegenüber.

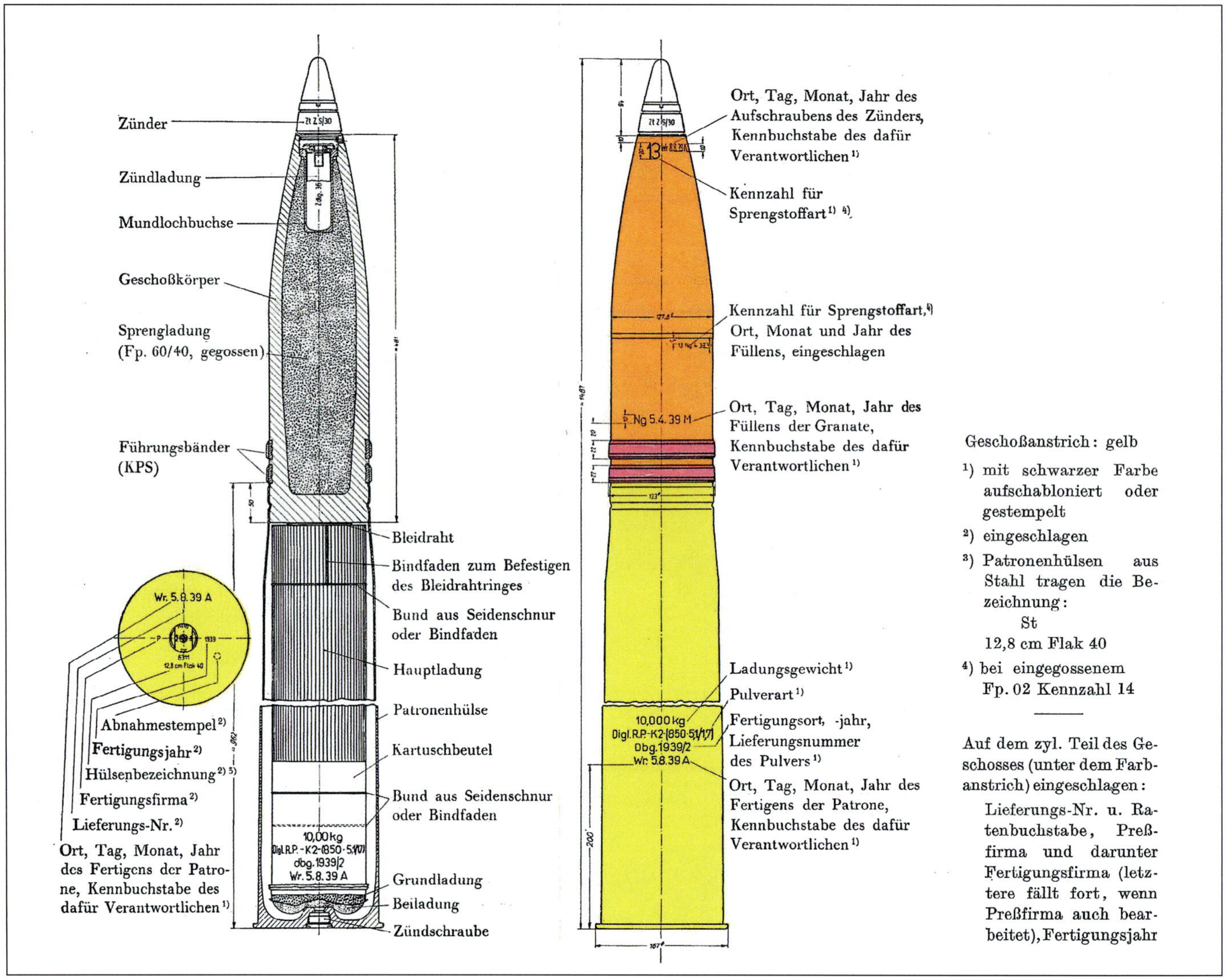

Die Munition der 12,8-cm-Flak 40. Es wurde nur Patronenmunition (Länge 1487 bzw. bei der Panzergranatpatrone 1277 mm) verschossen, die beim Schießen gegen Luftziele mit Zeitzündern S/30, beim Schießen auf Erdziele mit Zeit- oder Aufschlagzündern versehen waren. Die Einstellung der Zeitzünder erfolgte mittels Zünderstellmaschinen entsprechend der vom Kommandogerät ermittelten Werte. Mit der Panzergranate (Bild gegenüberliegende Seite) konnten auf 1500 m Entfernung 127 mm Panzerstahl durchschlagen werden.

Aufwändiger war es, konstruktive Änderungen am Geschütz vorzunehmen. Ziele der Entwicklungsarbeit waren die fertigungstechnische Vereinfachung der Geschütze und die Steigerung ihrer Leistungen. Entsprechende Forderungen enthielt bereits das am 1. September 1942 von Reichsmarschall Hermann Göring genehmigte neue Flakprogramm. An der Leistungssteigerung der 12,8-cm-Flak wurde ab Dezember 1943 mit Nachdruck gearbeitet. Im Mai 1944 waren nach der Einschätzung des Chefs der Amtsgruppe für Flakentwicklung (GL/Flak E), General der Flakartillerie Otto Wilhelm von Renz, die Vorarbeiten abgeschlossen. Beispielsweise hatte Rheinmetall am 27. Mai des Jahres die Zeichnungen für ein 12,8-cm-/9,6-cm-Rohr der Flak 40 mit konischem Rohrvorsatz vorgelegt. Es wog 4800 kg, das Geschoss 15,5 kg (V_0 1310 m/s).

Der Bericht über die Sitzung der Sonderkommission »Artillerie I« am 6. Oktober 1944 im Reichsministerium für Rüstung und Kriegsproduktion vermittelt einen Eindruck von dieser Aufgabe. Die Entwicklung erforderte den Spagat zwischen dem Streben nach Leistungssteigerung und der gleichzeitigen Entfeinerung des schweren Flakgeräts. Ein Schwerpunkt war der Übergang vom fünfteiligen zum zweiteiligen Rohraufbau mit – im Interesse einer geringeren Rohrabnutzung – verändertem Zugprofil. Bei der 12,8-cm-Flak 45 (Gerät 44) besaß das vordere Rohrstück eine größere Länge. Das Bodenstück musste angepasst werden. Die weiteren Entwicklungs- und Erprobungsarbeiten verliefen hektisch. Um die Frage nach der Lebensdauer der Rohre zu klären, wurden von der Amtsgruppe für Flakentwicklung (GL/Flak E) zwei komplette 12,8-cm-Flak 40, acht Rohre und für die 12,8-cm-Flak 45 vier weitere Rohre bestellt. Mit dem Ausstoß der leistungsgesteigerten Flak 45 wurde im Frühjahr 1945 gerechnet. Am 5. Januar 1945 fand in Unterlüß unter Leitung des Chefs der Technischen Luftrüstung (Chef TLR/Flak E)

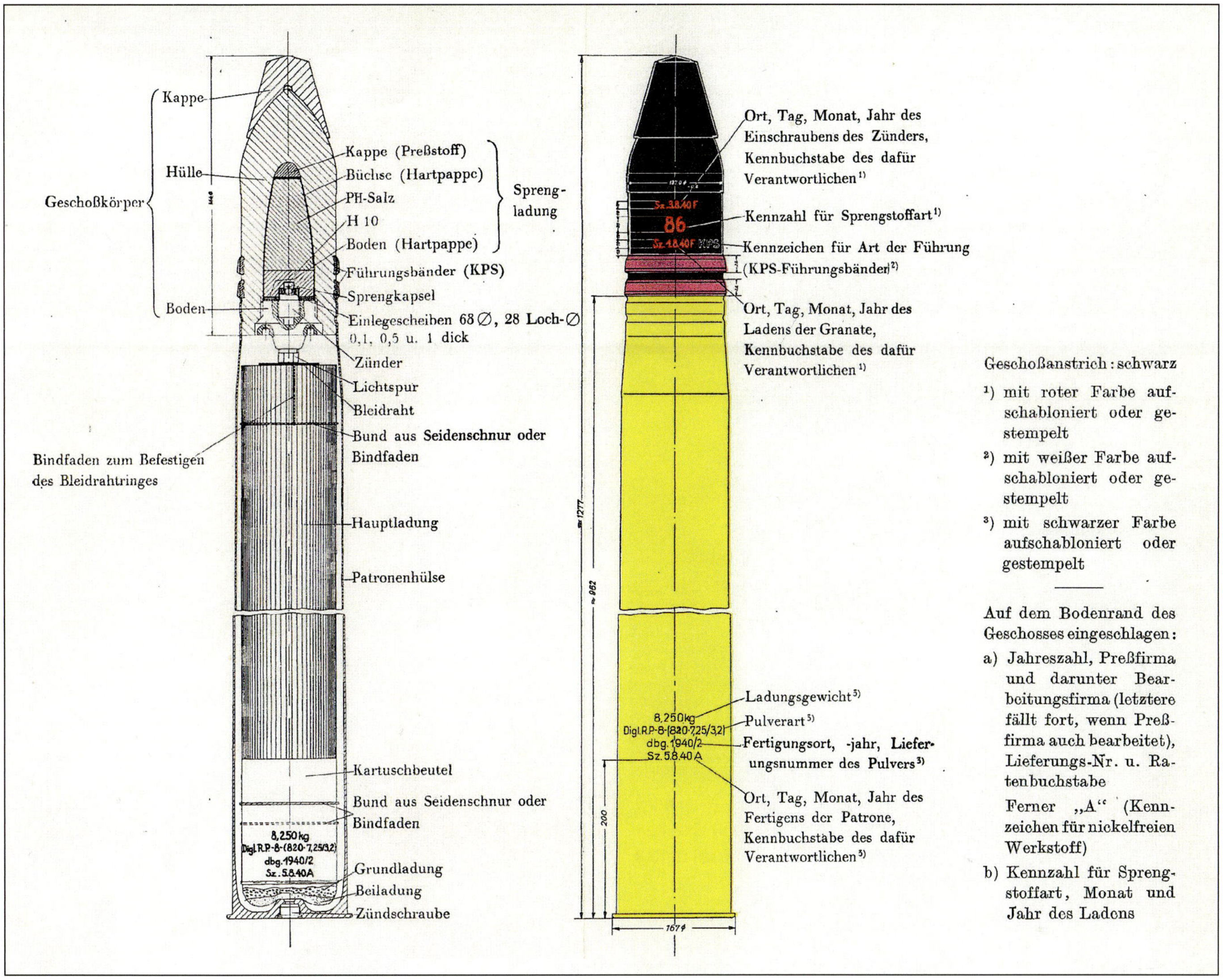

eine Vorführung der vereinfachten schweren Flakgeschütze statt. In einer Notiz der Amtsgruppe für Flakentwicklung (GL/Flak E) heißt es: »Es wurde Übereinstimmigkeit von allen fertigungsvereinfachten Maßnahmen zwischen Generalstab Quartiermeisterabteilung (Genst.Qu.6), General der Flakwaffe, Hauptausschuss Waffe und Flak E Rüst erzielt«. Alle Bemühungen führten nicht zum Erfolg. Bis zum Kriegsende blieb es bei Versuchsmustern. Eine Serienfertigung kam nicht mehr zustande.

11.2. Überschwere Flak-Geschütze – die Grenzen sind überschritten

Als grenzwertig kann man die Entwicklung von Flakgeschützen der Kaliber 15, 21 und 24 cm charakterisieren. Sie gehören in die Kategorie »Überschwere Flak«. Auslöser dafür waren Entwicklungsaufträge der Luftwaffe, die 1936 an Krupp und Rheinmetall vergeben worden waren. Rheinmetall konnte das Ergebnis seiner Arbeit bereits im Mai 1938 vorstellen. Ihr Geschütz – das Gerät 55 – erinnerte an eine vergrößerte 12,8-cm-Flak. Es besaß eine Kreuzlafette mit sechs Auslegern, eine Mittelpivotlafette, deren Oberlafette das fünfteilige Rohr und ein einteiliges Magazin aufnahm. Die elektrische Ladeeinrichtung mit Ladeschale und Schwinge ähnelte der des 12,8-cm-Geschützes, die Zünderstellmaschine machte die Bewegung der Schwinge mit. Fahrbar war das Gerät 55 in drei Lasten (Rohr, Lafette und Bettung) auf zweiachsigen Sonderanhängern (Sd.Ah. 203).

Die 15-cm-Flak von Krupp – das Gerät 50 – stand ab September 1938 für Versuche zur Verfügung. Grundsätzlich ähnelte sie dem Gerät 55, zeigte aber einige Neuerungen:

- um die Rohrabnutzung zu vermindern, hatte das Rohr Züge, deren Tiefe nach der Rohrmündung zu abnahmen,
- zur Beschleunigung des Ladevorganges verwendete man ein zweiteiliges Magazin, das – von Hand gefüllt und hinten am Verschluss angeordnet – halbautomatisch leergeschossen wurde.

Die Geschichte der 15-cm-Flakgeschütze ist kurz, obwohl Göring am 1. April 1939 die Herstellung von 120 Waffen befohlen hatte und eine Woche später die Endforderung von 600 Geräten bestätigte. Ihre Erprobung war ernüchternd. Mit ihren

1944 kam es infolge mangelhafter Stahlqualität der Geschosse zu Rohrzerspringern. Im Bild ist deutlich der mehrteilige Rohraufbau zu erkennen. Das Geschütz gehörte zur schweren Flakabteilung 406 (o) der 14. Flakdivision (Flakgruppe Halle-Leuna).

12,8-cm-Flak 40 Zwilling (Gerät 44) auf dem Schießplatz Unterlüß. Aufnahme vom 26. Februar 1942.

Leistungen übertrafen sie die 12,8-cm-Flak nur unwesentlich, in der Schusshöhe um 300 m, bezüglich der in einer Minute verfeuerten Geschossmasse um 66 kg (430 an Stelle von 364 kg). Das rechtfertigte das hohe Gewicht in Feuerstellung von 22.000 bzw. 32.000 kg in keinster Weise. Beide Geräte sind im Januar 1940 aufgegeben worden. Das galt im Oktober 1942 auch für die Arbeiten an allen beweglichen schweren Flakgeschützen. Man konzentrierte sich fortan auf die ortsfeste Aufstellung leistungsgesteigerter Kanonen. Die von der Amtsgruppe für Flakentwicklung (GL/Flak E) bei Krupp (Gerät 60) und Rheinmetall (Gerät 65) in Auftrag gegebenen Geschütze standen Anfang 1943 für Versuchsbeschüsse bereit. Sie erreichten bei einer V_0 von 950-980 m/s Schusshöhen bis 18.000 m. Nun ließ die Orientierung auf ausschließlich ortsfeste Aufstellung ohne Rücksichtnahme auf das Gewicht weitere Leistungssteigerungen erwarten. Bei Krupp und Rheinmetall entstanden die 15-cm-Flak Gerät 60 Fest und 65 Fest. Dank der verlängerten Rohre ergaben sich bei einer V_0 von 1230 m/s Schusshöhen bis 25.000 m. Das Gewicht stieg auf 79.850 kg. Mit den ersten Versuchsgeräten rechnete man Mitte 1944, mit dem Anlaufen der Serienfertigung im Frühjahr 1945. Im September 1943 – bei Krupp wollte man gerade die ersten Rohre beschießen – stoppte die Luftwaffe alle Arbeiten. Die Entwicklungs- und Produktionskapazität wurde auf die 12,8-cm-Flak ausgerichtet. 15-cm-Rohre und -Geschosse waren nur noch für die Forschung zugelassen, in deren Rahmen Ende 1944 eine 15-cm-Raketengranate erprobt worden ist. Das bedeutete das Ende der 15-cm-Flak. Ihre Zeit war abgelaufen.

Umso mehr verwundert die Tatsache, dass 1942 – wenn auch aus unterschiedlichen Gründen – Aufträge für Flakgeschütze der Kaliber 20,3 und 24 cm vergeben worden waren. Die 24-cm-Flak von Krupp (Gerät 80) und Rheinmetall (Gerät 85) sollten in Marine-Turmlafetten untergebracht werden. Die Marine bestellte 20,3-cm- und 24-cm-Geschütze (Skoda) in Zwillingstürmen, um die Flugabwehr im Umfeld ihrer Werftanlagen an der Nordseeküste verbessern zu können. Alle Vorhaben kamen über die Projektierung nicht hinaus und wurden im September 1943 eingestellt.

1. 12,8-cm-Flak 40 (mot) fahrbar auf Sonderanhänger, vierachsig (Sd.Ah. 220)

Es wurden sechs Geschütze dieser Bauart hergestellt und im Rahmen einer Flakbatterie (4 Geschütze) mit Zugkraftwagen 18 t (Sd.Kfz. 9) beweglich gemacht. Ihr Einsatz erfolgte zur Schwerpunktbildung in der Flugzeugabwehr. Im Februar 1945 waren noch vier 12,8-cm-Flak 40 (mot) einsatzbereit.

2. 12,8-cm-Flak 40 (o) zur ortsfesten Aufstellung in Geschützständen für 12,8-cm-Flak

Die mit Sockel versehenen Geschütze fanden in Batterien zu vier, ab dem 29.September 1944 zu sechs 12,8-cm-Flak 40 in der Luftverteidigung des Reichskriegsgebietes Verwendung.

Taktisch-technische Daten der schweren Flak (Kaliber 12,8 bis 24 cm)

	12,8-cm-Flak 40	12,8-cm-Flak 40 Zwilling	12,8-cm-Flak 45	15-cm-Flak		15-cm-Flak	
				Gerät 50 [4]	Gerät 55	Gerät 60	Gerät 65
Kaliber	128 mm	128 mm	128 mm	149,1 mm	149,1 mm	149,1 mm	149,1 mm
Rohrlänge	7835 mm = L/61	7835 mm = L/61	9984 mm = L/78	7753 mm = L/52	8250 mm = L/55		
V_0 Sprenggranate Panzergranate	880 m/s 860 m/s	880 m/s 860 m/s	930-940 m/s 1234 m/s [3]	890 m/s –	860 m/s –	980 m/s –	950 m/s –
Feuergeschwindigkeit	12-14 Schuss/min	20-24 Schuss/min	12-14 Schuss/min	10 Schuss/min	9 Schuss/min	10 Schuss/min	9 Schuss/min
Schussweite	20.900 m	20.900 m		21.000 m	21.000 m		
Schusshöhe	14.800 m [1]	14.800 m [1]		15.200 m	15.200 m	18.000 m	18.000 m
Richtbereich	-3^0 / + 87^0 360^0	0 / + 87^0 360^0	-3^0 / + 90^0 360^0	-1^0 / + 90^0 360^0	-3^0 / + 80^0 360^0	-3^0 / + 90^0 360^0	-3^0 / + 90^0 360^0
Rohr-Lebensdauer	1000-2000 Schuss	1000-2000 Schuss					
Gewicht Sprenggranate	26 kg	26 kg	28-31 kg 17,4/14,4 kg [3]	43 kg	43 kg	42 kg	42 kg
Gewicht Fahrstellung Feuerstellung	26.000 kg 17.000 kg	– 26.000 kg [2]		44.000 kg [5] bis 32.000 kg	40.000 kg [6] bis 22.200 kg	– 37.000 kg [2]	– 28.000 kg [2]
Preis	105.500 RM	202.000 RM					

	15-cm-Flak		20,3-cm-Flak [7]	24-cm-Flak		24cm-Flak Zwilling (Skoda)
	Gerät 60 F	Gerät 65 F		Gerät 80	Gerät 85	
Kaliber	149,1 mm	149,1 mm	149,1 mm	238 mm	238 mm	238 mm
Rohrlänge		15.000 mm = L/101	15.000 mm = L/101		16.800 mm = L/73	18.900 mm = L/79,4
V_0 Sprenggranate Panzergranate	950 m/s –	1230 m/s –	1230 m/s –	1040 m/s –	1000 m/s –	1030 m/s –
Feuergeschwindigkeit	9 Schuss/min			7 Schuss/min	3 Schuss/min	16 Schuss/min
Schussweite		36.000 m	36.000 m			48.000 m
Schusshöhe	18.000 m	22.000 m	22.000 m	30.000 m	23.000 m	36.000 m
Richtbereich	-3^0 / + 90^0 360^0	-3^0 / + 90^0 360^0	-3^0 / + 90^0 360^0	-10^0 / + 90^0 360^0	0 / + 90^0 360^0	-3^0 / + 90^0 360^0
Rohr-Lebensdauer						
Gewicht Sprenggranate	42 kg	45-48 kg	122 kg	200 kg	180 kg	205 kg
Gewicht Fahrstellung Feuerstellung	– 28.000 kg [2]			– 152.000 kg [2]	– 380.000 kg [2]	– 600.000 kg [2]
Preis						

[1] Zünderreichweite 12.800 m. Sie ist abhängig von der Laufzeit der Zeitzünder, z.B. ZZ S/30 = 30 Sekunden, ZZ S/60 = 60 Sekunden
[2] ortsfeste Aufstellung
[3] Treibspiegel-Sprenggranate
[4] auch auf Geschützwagen der Eisenbahn Gerät 50 F (E)
[5] vier Lasten auf Sonderanhänger, zweiachsige
[6] drei Lasten auf Sonderanhänger, zweiachsig
[7] entsprach der 20,3-cm-Schnellladekanone C/34 der Marine

Die Plätze der Geschützbedienung – Geschützführer und 21 Kanoniere – des 12,8-cm-Flak-Zwilling 40 in Schießstellung. Gegen Luftziele wurde nur im Gruppenfeuer geschossen.

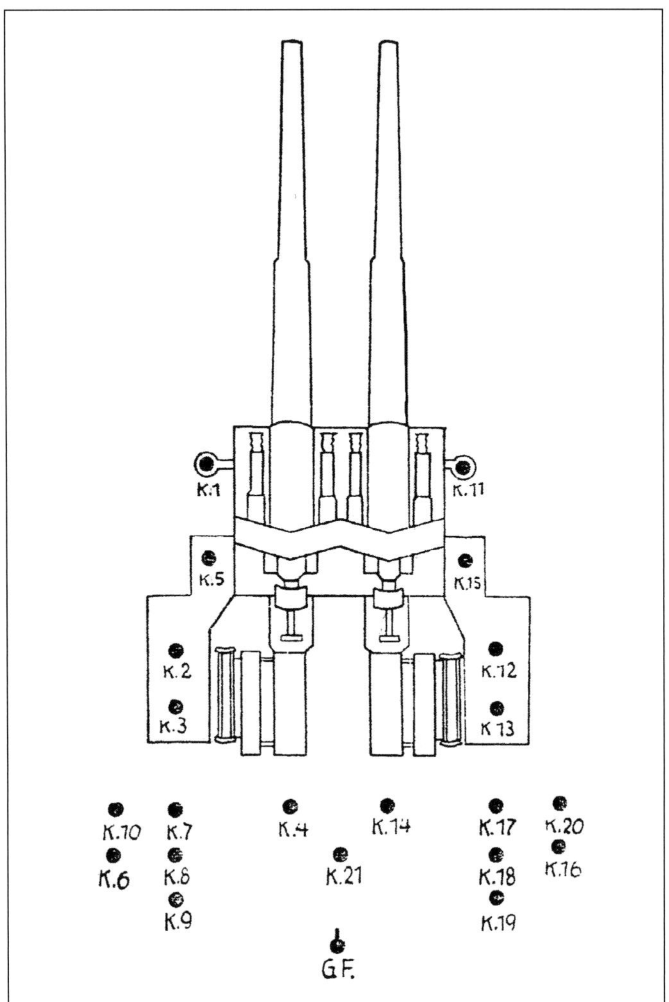

3. 12,8-cm-Flak 40 (E) auf Geschützwagen IV (E) schwere Flak

Sie kamen zum Einsatz in Eisenbahn-Flakbatterien zu zwei, später zu vier Geschützen mit eigenem Kommando- oder Funkmessgerät. Ihre hohe Beweglichkeit war an das Eisenbahnnetz gebunden und ermöglichte eine rasche Verschiebung und die Bildung von Flakschwerpunkten im Reichskriegsgebiet. Zum Kriegsende verfügten schwere Eisenbahn-Flakabteilungen in der Regel über Batterien mit je vier Geschützen.

Flakturm der Turmflakabteilung 123 (Berlin). Die Geschützbasis ist mit 70 m, die Höhe der Plattform mit 40 m angegeben. Auf den drei Gefechtstürmen der Abteilung war je eine Batterie mit vier 12,8-cm-Flakzwilling 40, vier 3,7-cm-Flak-Zwilling 43, acht 2-cm-Flak-Vierlingen sowie ein Kommandogerät 40 mit einem Entfernungsmessgerät 10 m Basis untergebracht. Der Leitturm nahm ein Funkmessgerät »Würzburg-Riese« und ein Kommandogerät 40 mit einem weiteren Entfernungsmessgerät 10 m Basis auf.

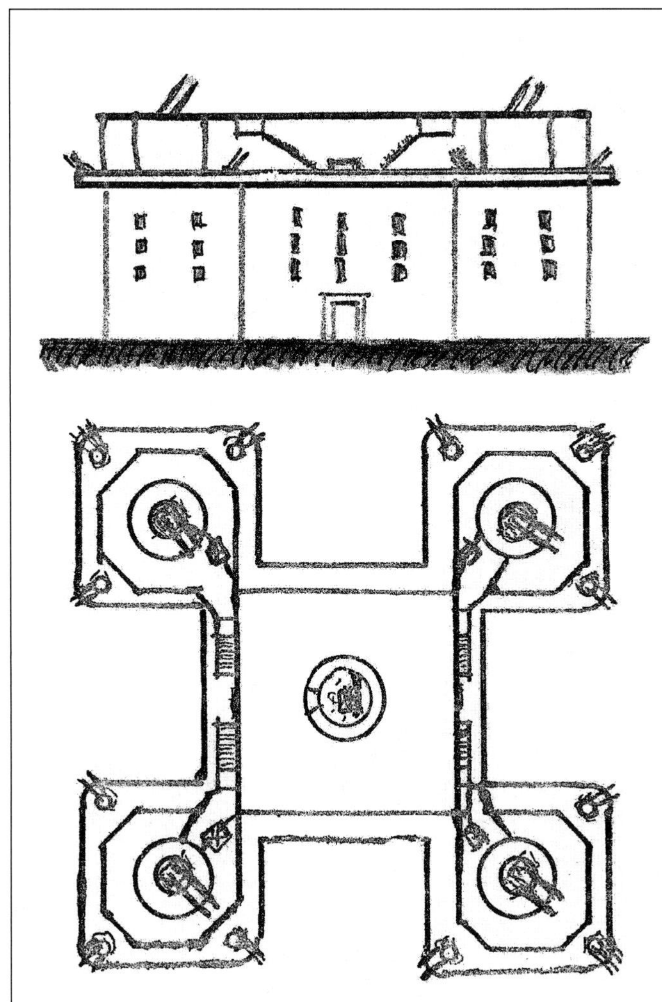

4. 12,8-cm-Flak 40 Zwilling (früher Gerät 44) zur ortsfesten Aufstellung auf Flaktürmen

Diese Verwendung war am 23. Dezember 1940 von der Flakinspektion angeregt worden. Das Zwillingsgeschütz stand ab Juni 1942 zur Verfügung (Gerät 44). Die Batterien der Turmflakabteilungen wurden, beginnend im August / September 1942, mit je vier 12,8-cm-Flak 40 Zwilling ausgestattet. Standorte waren im Jahr 1944 Berlin (Turmflakabteilung 123 mit Flaktürmen in Berlin-Zoo, Humboldthain und Friedrichshain), Hamburg (Turmflakabteilung 414 mit Flaktürmen in Heiligengeistfeld und Wilhelmsburg) sowie Wien (Turmflakabteilung 184 mit Flaktürmen in der Stiftskaserne und im Augarten).

5. 12,8-cm-Flak 45

Leistungsgesteigertes Geschütz, das bis zum Ende des Zweiten Weltkrieges nicht mehr in Serienfertigung gegangen ist.

6. 15-cm-Flak Gerät 50 (Krupp) fahrbar auf Sonderanhänger, zweiachsig

Versuchsmuster der Fr. Krupp AG / Essen aus dem Jahr 1938. Der Transport erfolgte in vier Lasten: Rohrwagen (12.000 kg), Wiegenfahrzeug mit Patronenmagazin (15.000 kg), Sockelfahrzeug (16.000 kg) und Bettungsfahrzeug (16.000 kg). Dafür wurden vier Zugkraftwagen 12 t (Sd.Kfz. 8) benötigt.

Der Flakturm an der Wiener Stiftskaserne (Aufnahme vom 11. Mai 1994). Er gehörte 1944 zur Turmflakabteilung 184.

15-cm-Flak Gerät 50. Die Werksbedienung der Firma Fr. Krupp AG vom Schießplatz Meppen ist dabei, das zehnschüssige Magazin nachzuladen.

Die 15-cm-Flak Gerät 50 F (E) von Krupp auf Geschützwagen (E) in Feuerstellung.

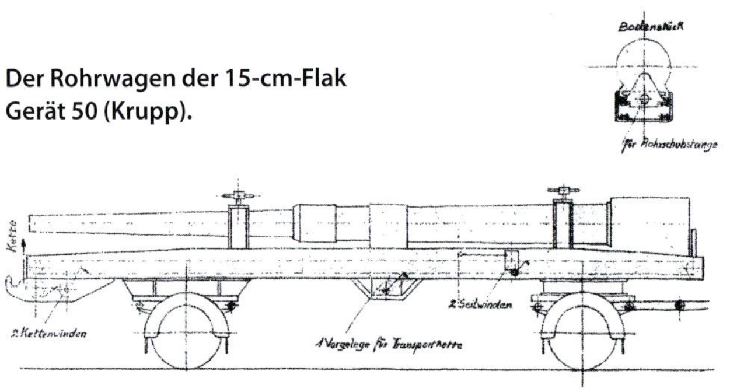

Der Rohrwagen der 15-cm-Flak Gerät 50 (Krupp).

7. 15-cm-Flak Gerät 50 F (E) (Krupp) auf Geschützwagen (E)

Krupp hatte eine 15-cm-Flak ohne Kreuzlafette ortsfest auf einem sechsachsigen Eisenbahnwagen lafettiert. Sie blieb ein Versuchsmuster.

8. 15-cm-Flak Gerät 55 (Rheinmetall) fahrbar auf Sonderanhänger, zweiachsig

Versuchsgeschütz von Rheinmetall-Borsig / Düsseldorf aus dem Jahr 1938. Für den Transport des in drei Lasten zerlegten Geschützes – Rohrwagen (11.200 kg), Sockelfahrzeug mit Wiege (16.000 kg) sowie Bettungsfahrzeug (11.600 kg) – waren drei Zugkraftwagen 12 t (Sd.Kfz. 8) notwendig. Die Entwicklung wurde 1940 eingestellt.

9. 15-cm-Flak Gerät 60 (Krupp)

Leistungsgesteigerte 15-cm-Flak aus dem Jahr 1941. Die Entwicklung wurde eingestellt.

10. 15-cm-Flak Gerät 60 Fest (Krupp)

Die in Aussicht gestellte ortsfeste Aufstellung bot die Möglichkeit, ohne Rücksichtnahme auf das höhere Gewicht die ballistischen Leistungen weiter zu erhöhen. Im September 1943 wurde diese Entwicklung eingestellt.

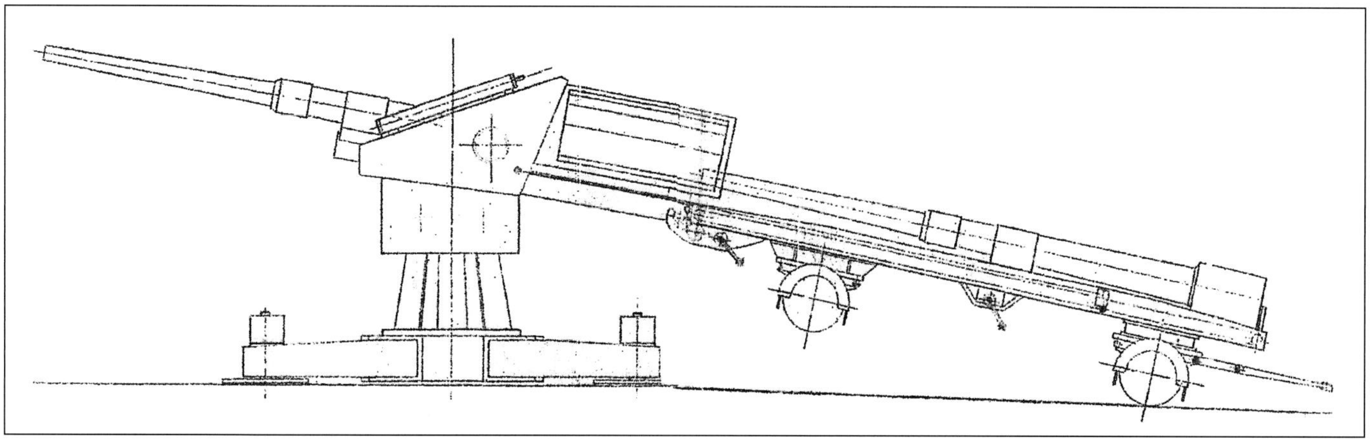

Der Aufbau der 15-cm-Flak Gerät 50 (Krupp) war arbeits- und zeitaufwändig. Um das Rohr einbauen zu können, musste zunächst der Rohrwagen mit Kettenwinden so weit hochgezogen werden, bis die Rohrklauen in die Wiege einrasteten. Danach konnte das Rohr in die Rohrwiege der Oberlafette gezogen werden.

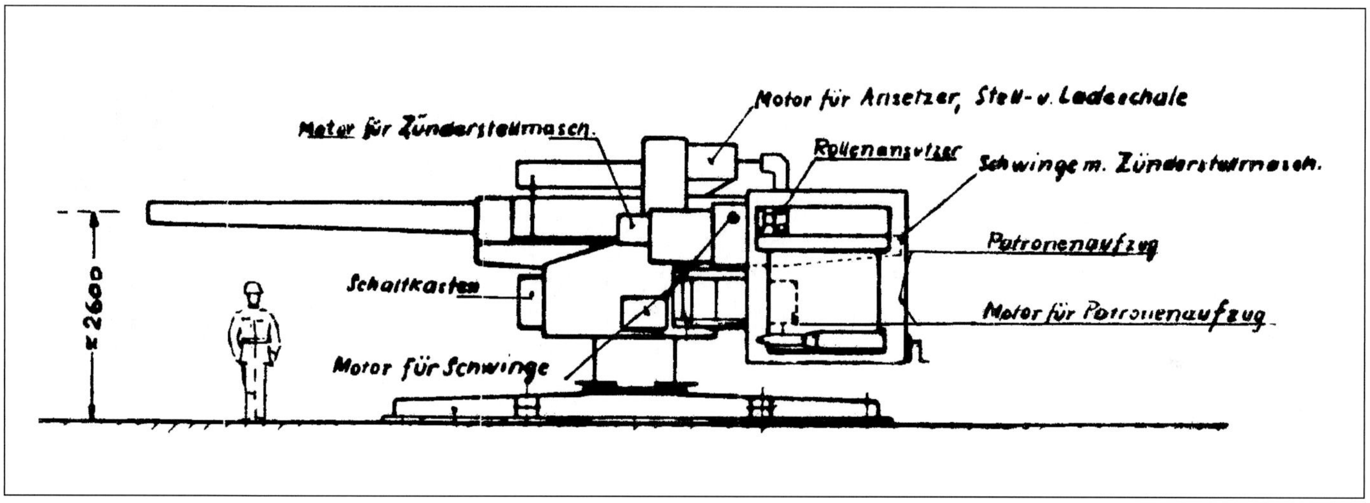

11. 15-cm-Flak Gerät 65

Entwurf der Firma Rheinmetall-Borsig / Düsseldorf aus dem Jahr 1941. Die Entwicklung ist eingestellt worden.

12. 15-cm-Flak Gerät 65

Leistungsgesteigerte 15-cm-Flak für die ortsfeste Aufstellung, ähnlich der 15-cm-Flak Gerät 50 Fest von Krupp. Die weiteren Arbeiten an dem Geschütz wurden im September 1943 eingestellt.

15-cm-Flak Gerät 55 (Rheinmetall). Das Geschütz unterschied sich von dem Krupp-Modell (Gerät 50) durch eine Kreuzlafette mit sechs Auslegern. Das Magazin besteht aus einem Kasten mit Aufzug an der linken Seite.

13. 20,3-cm-Flak

Das Projekt sollte unter Verwendung von Rohren der 20,3-cm-Schnellladekanone C/34 der Kriegsmarine verwirklicht werden. Es kam nicht zum Abschluss.

14. 24-cm-Flak Gerät 80 (Krupp)

Projekt einer ortsfesten schweren Flak aus dem Jahr 1942. Die Arbeiten sind im Oktober 1943 eingestellt worden.

15. 24-cm-Flak Gerät 85 (Rheinmetall)

Konkurrenzprojekt von Rheinmetall zum Entwurf der Firma Fr. Krupp / Essen aus dem Jahr 1942. Die Entwicklung wurde ebenfalls im Oktober 1943 eingestellt.

16. 24-cm-Flak Zwilling (Skoda)

Entwurf einer Zwillingsflak in einem 600 t schweren Panzerturm (Richtgeschwindigkeit 6°/Sekunde) entsprechend einer Forderung der Kriegsmarine. Das Vorhaben kam nicht über das Projektstadium hinaus. Die Arbeiten sind im Sommer 1943 beendet worden.

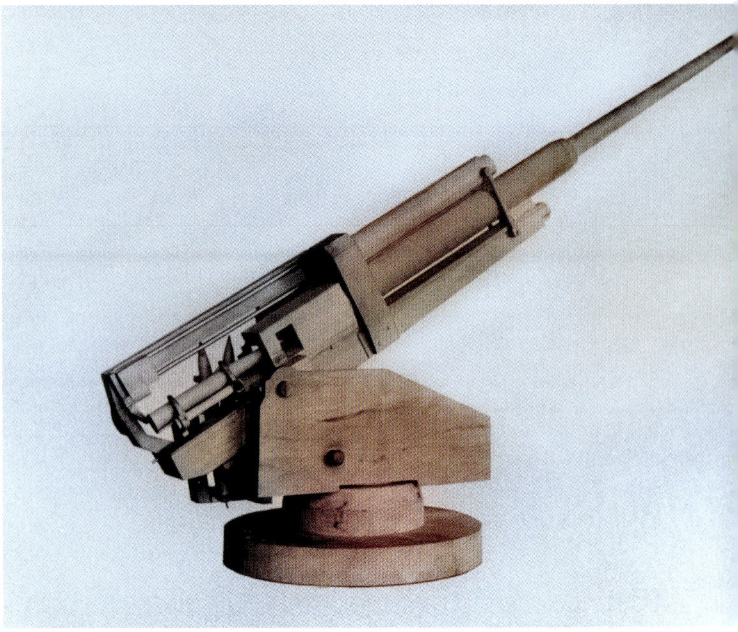

Holzmodell der 15-cm-Flak Gerät 65 (Rheinmetall). Aufnahme vom 19. August 1941.

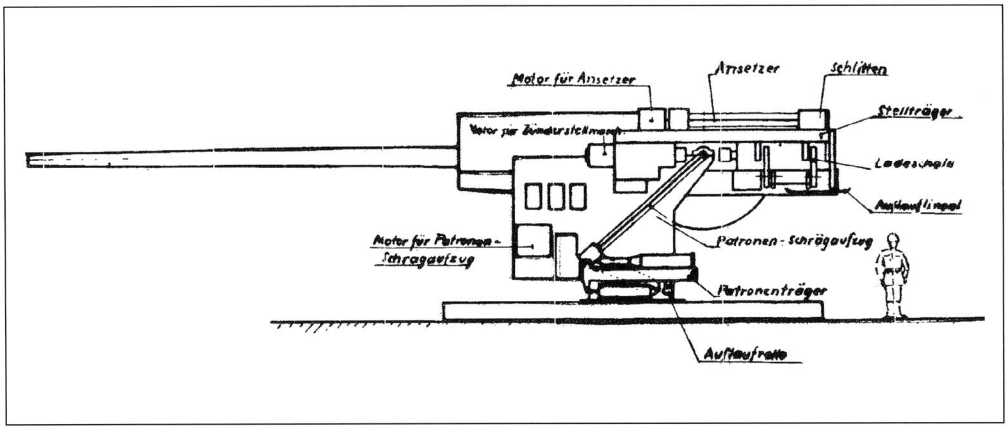

15-cm-Flak Gerät 85 F von Rheinmetall. Die Munition sollte mittels Ladetrommel für zwölf Granatpatronen zugeführt werden. Eine schussfertige Patrone wog 100 kg, das Geschoss 48 kg.

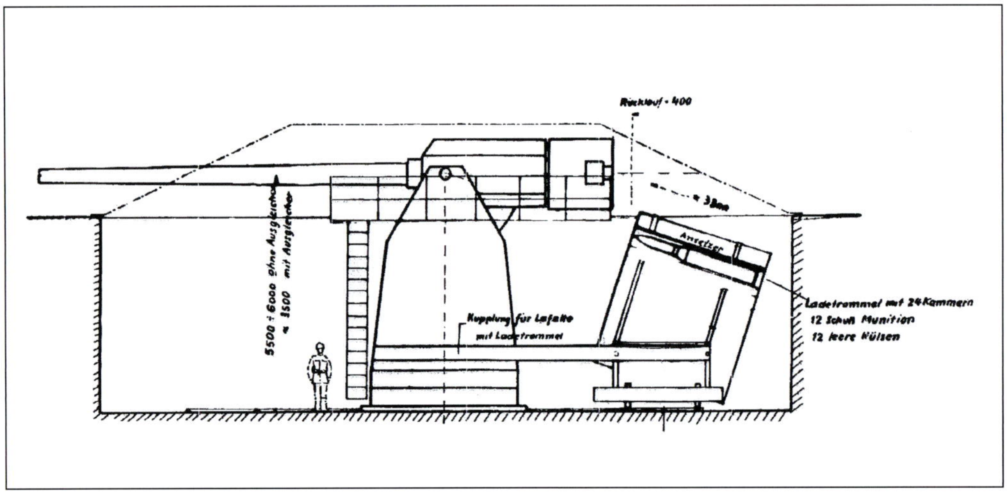

24-cm-Flak Gerät 85 F (Rheinmetall). Das Gewicht der schussfertigen Patrone ist mit 320 kg angegeben. Auch bei diesem Geschütz war geplant, die Munition mit einer Ladetrommel zuzuführen, die zwölf Patronen aufnehmen sollte.

Kapitel 12:

KASKADEN, LEUCHTBOMBEN UND RAUCHSIGNALE – SCHEINSIGNALRAKETEN IM LUFTSCHUTZ 1943-1945

Die zunehmende Wucht der Nachtangriffe des britischen Bomberkommandos auf Städte im deutschen Machtbereich sorgte 1943 für immer größere Zerstörungen. Albert Speer, Minister für Rüstung und Kriegsproduktion, zeichnete Ende Juli ein düsteres Bild der Lage. Die Fortsetzung der intensiven Bombardements, so seine Einschätzung, könnte zum Jahresende die deutsche Rüstung zum Erliegen bringen. Bis dahin hatte die Royal Air Force einen schweren Stand gehabt. Unter dem Eindruck der von der deutschen Flugabwehr verursachten Verluste war sie im Sommer 1940 zu Nachtangriffen übergegangen. Das brachte neue Probleme. Es fehlten leistungsfähige Bombenflugzeuge und Besatzungen; ihr Einsatz litt unter mangelhafter Navigation. Nicht einmal 10% der abgeworfenen Bombenmenge trafen die Ziele. Eine Wende zeichnete sich mit der Einführung von Funkpeilanlagen und Zielmarkierungsbomben ab. Dafür waren die Pfadfindergruppen zuständig, die den Bomberverbänden vorausflogen, die Zielgebiete finden und mit Leucht- sowie Signalmunition markieren sollten. Zunächst verwendete man dafür Flüssigkeits-Brandbomben INC 250 LB (= 113 kg). Sie brannten etwa 15 Minuten am Boden und zeigten eine intensive rote Farbe. An ihre Stelle traten ab Januar 1943 sogenannte »Hochleistungskerzen«. Das waren Bombenhüllen der INC 250 LB, gefüllt mit 30 Leuchtsätzen in den Farben weiß, rot, grün und gelb und 30 Elektron-Thermit-Brandbomben INC 4 LB (= 1,7 kg), dem Brennzeitzünder No. 848 mit auswechselbaren Verzögerungssätzen und einer Schwarzpulver-Ausstoßladung. Sie kamen in den unterschiedlichsten Varianten sowie Farbkombinationen unter der Bezeichnung »TARGET MARKER 250 LB« zum Einsatz. Die zu Boden fallenden Leuchtsätze brannten etwa drei Minuten, später auch länger, zwischen sieben und elf Minuten. Sie waren nach dem Aufschlag noch weithin gut sichtbar.

Zu den weiteren Aufgaben der Pfadfinder gehörte die Ausleuchtung der Zielgebiete. Dafür gab es die Fallschirmleuchtbomben »FLASH 19 LB« und »23 LB« (= 8,6 bzw. 11 kg). Sie wurden in Bündeln abgeworfen, sanken mit ihrer charakteristischen Traubenform und starken Leuchtwirkung (1,2 Millionen Hefnerkerzen[1]) langsam zu Boden[2]. In der Erinnerungskultur der Deutschen haben sie als »Christbäume« einen festen Platz gefunden. In Vorbereitung des Bombardements war es durchaus üblich, 1500 Fallschirmleuchtbomben 19 LB und 90 Zielmarkierungsbomben 250 LB abzuwerfen. 1945 wurden auch Zielmarkierungsbomben »TARGET MARKER 4000 LB« (= 1800 kg) eingesetzt, allerdings in geringerer Zahl: Die Briten erreichten mit Hilfe der Funkmesstechnik und der Abwurfmunition zur Zielmarkierung eine zuvor nie gekannte Präzision.

Deutscherseits war man sich der latenten Bedrohung schon vor Kriegsbeginn bewusst. So heißt es wörtlich in einem zeitgenössischen Aufsatz: »Das Hinterland mit seiner Bevölkerung wird sich in einem künftigen Krieg daran gewöhnen müssen, dass eine Luftoffensive … Tag und Nacht andauern kann«. Folgerichtig erhielt der Luftschutz einen besonderen Stellenwert. Er »erstreckte sich auf das Unsichtbarmachen oder Verschleiern des Wirklichen und Tatsächlichen und das Hervorrufen von Täuschung«, resümierte 1937 ein hochrangiger Beamter aus dem Reichsluftfahrtministerium.

Im Krieg waren Verdunklung und künstlicher Nebel Teil der Abwehrmaßnahmen, reichten aber schon bald nicht mehr aus. Es entstand ein kompliziertes System von Scheinanlagen, Scheinflakbatterien mit Knalldarstellungsgeräten, Brand- und Großbrandanlagen, Funkmess-Tarnkörpern sowie Erfolgsfeuern

---

[1] Das entspricht etwa 1480 60-Watt-Glühlampen (eine 60-Watt-Glühlampe von etwa 730 Lumen hat eine Lichtstärke von 811 Hefnerkerzen).

[2] Ihre Leuchtzeit lag bei 3,5 bis 4 Minuten, wobei die Fallschirmleuchtbomben etwa 500 m zu Boden schwebten.

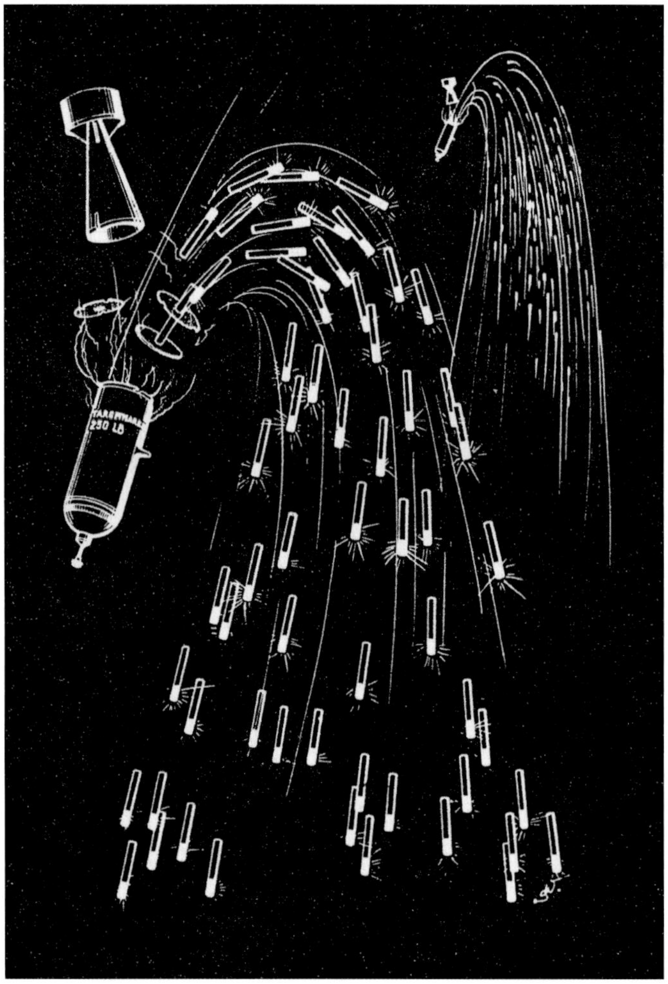

Links: Aufbau und Wirkungsweise der Zielmarkierungsbombe 250 LB: im hinteren Teil sind 30 Elektron-Thermit-Brandbomben INC 4 LB (= je 1,7 kg), davor 30 je 0,71 kg schwere Leuchtstäbe untergebracht. Nach Zündung der im Kopfteil des Bombenkörpers laborierten Schwarzpulverladung wurden das Ringleitwerk abgetrennt und die Brandbomben und Leuchtstäbe nach hinten ausgestoßen, letztere dabei gezündet. Sie fielen intensiv leuchtend »wie ein bunter Sternenregen ähnlich einem Wasserfall« nach unten. Die INC 4 LB brannten nach dem Aufschlag am Boden ab.

Rechts: Wirkungsweise der Fallschirmleuchtbomben 19 bzw. 23 LB: Bei Angriffen von Bomberverbänden erfolgte der Abwurf stets gebündelt. Die maximal 4,3 kg schweren Leuchtsätze wurden pyrotechnisch mit ihren Fallschirmen (7,7 m2 Schirmfläche) nach hinten ausgestoßen und sanken 3,5 min ruhig abbrennend und dabei stark leuchtend nach unten. Die leeren Bombenkörper, zylindrische Weißblechhülsen, fielen zu Boden.

zur Täuschung der alliierten Bomberbesatzungen. Trotz der Vielfalt waren die deutschen Reaktionen vergleichsweise passiv. Wesentlich aktiver wurden die Täuschungsmaßnahmen ab Juni 1943 mit der Einführung der 15-cm-Scheinsignalrakete (SSR) gestaltet. Ursprünglich als »15-cm-Scheinsignalgeschoß (RSsG)« bezeichnet[3], gab das Technische Amt im Reichsluftfahrtministerium im August 1943 die »Vorläufige Bedienungsanleitung« heraus und beschrieb deren Zweck wie folgt: »SSR sind die Täuschungsmittel, die vom Gegner aus Flugzeugen abgeschossenen (korrekt abgeworfenen – der Autor) Leuchtmittel zur Weg- und Zielmarkierung durch Abschuss ähnlicher Leuchtmittel von der Erde aus nachahmen. Sie haben den Zweck, die feindlichen Flieger zu verwirren, vom Angriffsziel abzulenken und zum wirkungslosen Bombenabwurf auf S-Anlagen zu veranlassen.«

Das Gewicht der 15-cm-Scheinsignalrakete (SSR) war abhängig von der Signalpatrone und lag bei 42 bzw. 43 kg. Es handelte sich um eine flügelstabilisierte, elektrisch gezündete Feststoffrakete mit der Zentraldüse, einer Treibladung aus Diglykolröhrenpulver 7 R und dem aufgeschraubten Patronenwerfer mit der Ausstoßladung für die erst nach dem Schussfertigmachen eingeschobenen Leuchtsignalpatrone mit ballistischer Haube.

[3] Die ursprüngliche Bezeichnung Scheinsignalgeschoß (RSsG) galt für eine 15-cm-Feststoffrakete mit Randdüsentriebwerk und Klappleitwerk (RSsG 4000) sowie für die hier beschriebene Variante mit Zentraldüse und feststehendem Leitwerk (RSsG).

Ihre Laborierung richtete sich nach den vom Gegner verwendeten Leuchtmitteln. Sie wurden aus deutscher Sicht wie folgt wahrgenommen und definiert:

- **a.** Leuchtbomben: einzelne, an Fallschirmen schwebende Leuchtsätze,
- **b.** Leuchttrauben: mehrere, dicht zusammen an Fallschirmen schwebende Leuchtsätze mit und ohne Ausstoß von Sternen
- **c.** Kaskaden: zahlreiche, aus Bombenhüllen ausgestoßene, brennend herabfallende Leuchtstäbe
- **d.** Bodenmarkierung: brennend auf der Erde liegende Leuchtsätze oder -stäbe, die auch aus einer Kaskade stammen konnte.

Dazu kamen am Tage:

- **e.** Leuchtzeichen: Leuchtbomben, Kaskaden oder Leuchtkugel und
- **f.** Rauchzeichen: Rauch- oder Nebelkörper in der Luft und am Boden.

Entsprechend diesen Leuchtmitteln kamen zur Irreführung der feindlichen Flieger Scheinsignalraketen mit verschiedenen Leuchtsignalen zum Einsatz:

- **a. Signalpatronen F** mit einem Leuchtsatz in roter, grüner, gelber oder weißer Farbe und einem Fallschirm. Der Leuchtsatz wurde mittels Pulvergasen aus dem aufgeschraubten Patronenwerfer ausgestoßen, die auch die Anfeuerung des Leuchtsatzes bewirkten.
- **b. Signalpatronen K** mit 28 Leuchtstäben in den jeweiligen Farben, die in vier übereinanderstehenden Lagen eingebaut waren. Auch hier erfolgte der Ausstoß mit Hilfe der Pulvergase der Ausstoßladung des Patronenwerfers, die gleichzeitig über eine Zündlunte die Anfeuerung der Leuchtstäbe auslöste. Signalpatronen K gab es auch gemischtfarbig. Ihre industrielle Herstellung wurde im Herbst 1944 eingestellt. Bei Bedarf sollte diese Aufgabe von der Truppe selbst gelöst werden, die im August und September entsprechende Richtlinien erhalten hatte.
- **c. Signalpatronen RZ** mit einem der Signalpatrone K vergleichbaren Aufbau. An Stelle der 28 Leuchtstäbe trat eine Rauchladung. Signalpatronen RZ kamen ab Herbst 1944 als Scheinrauchmarkierung zum Einsatz, um auf die Tagangriffe der US-Air Force reagieren zu können, die Rauchzeichen zur Zielmarkierung verwendete. Als Lieferant trat übrigens die Firma Pommersche Industriewerke GmbH in Barth (Codierung »gqv«) in Erscheinung, ein wichtiger Hersteller von Nebelkerzen, Nebelhandgranaten 39, 39 B, 41 sowie Nebel-Ei-Handgranaten 42.

Eine SSR-Stellung bestand aus einer Kaskaden-Feuerstellung mit zwölf Abschussgestellen. Die Abschussvorrichtungen mit Scheinsignalraketen für Fallschirmleuchtbomben waren zu je fünf Stück auf vier Feuerstellungen verteilt. Der Führer des 16köpfigen Kommandos hatte seinen Platz in einem besonderen Gefechtsstand mit entsprechenden Fernsprechanschlüssen. Art und Zahl der bereitgehaltenen Scheinsignalraketen waren – wie die der Signalpatronen – von taktischen Belangen abhängig und unterlagen laufenden Veränderungen, weshalb die nachfolgende Tabelle nur als Anhalt dienen kann (Stand Herbst 1944):

Ausstattung mit Scheinsignalraketen(SSR) sowie Anzahl, Art und Farbe der Signalpatronen	in einer SSR-Feuerstellung	in einer SSR-Wendepunkt-Feuerstellung
SSR (Stück)	16	8
Signalpatronen KS (Stück)	28	16
davon in den Farben		
– rot	6	2
– grün	6	2
– gelb	4	2
– weiß	4	2
– rot-grün	2	2
– rot-weiß	2	2
– grün-rot	2	2
– grün-weiß	2	2
Signalpatronen F (Stück)	32	16
davon in den Farben		
– rot	46	4
– grün	8	4
– gelb	4	4
– weiß	4	4
Signalpatrone RZ (Stück)	6	6

Transport, Verpackung, Lagerung und Abschuss der 15-cm-Scheinsignalraketen (SSR) erfolgten in bzw. aus Packkisten 15 ZD[4]. Sie wurden mit den nach den Anweisungen des Kommandoführers schussfertig gemachten und mit den Leuchtsignalpatronen versehenen Raketen in die Abschussgestelle eingehängt. Ursprünglich wurde angestrebt, die Gestelle drehbar auf Betonsockeln zu lagern. Später ging man davon ab, legte größeren

[4] 1944 traten an die Stelle der aufwendigen Packkisten 15 ZD die einfacheren Transportkisten TK 15 SSR, die zum Abschuss der 15-cm-Scheinsignalraketen (SSR) nicht mehr geeignet waren. Sie mussten dafür in Packkisten 15 ZD umgeladen werden.

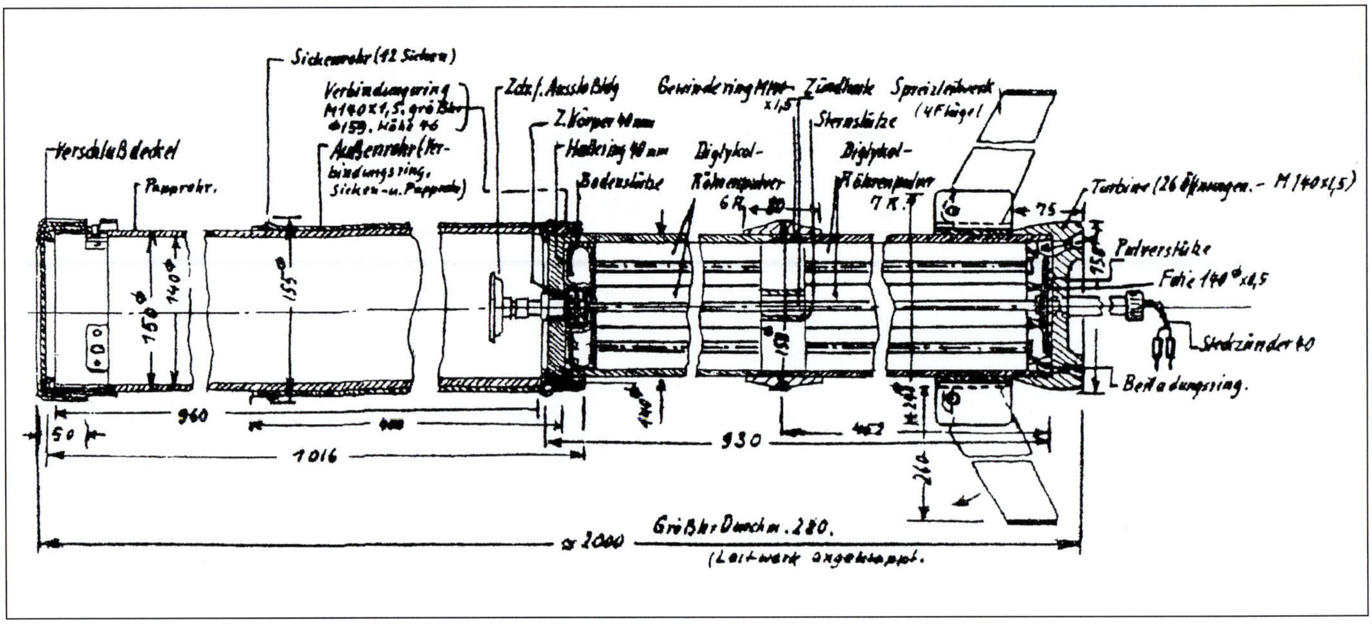

Schnittzeichnung des 15-cm-Raketen-Scheinsignal-Geschosses (15 RSsG 4000) mit Klappleitwerk (vier Flügel) und Randdüsentriebwerk (26 Düsen) -Versuchsmuster-.

Links: Die komplette 15-cm-Scheinsignalrakete (SSR, früher 15-cm-R-SsGs oder RSsG) mit eingeschobener Signalpatrone und aufgesetzter ballistischer Haube. Ihr Gewicht ist mit der Patrone K mit 42-, mit der Patrone F mit 43 kg angegeben, ihre Länge mit etwa 1900 mm.

Rechts: In der Signalpatrone F ist ein Leuchtsatz in roter, grüner, gelber oder weißer Farbe mit Fallschirm eingebaut. Der Ausstoß der Leuchtsätze erfolgte durch die Pulvergase der Ausstoßladung, die auch die Anfeuerung bewirkte.

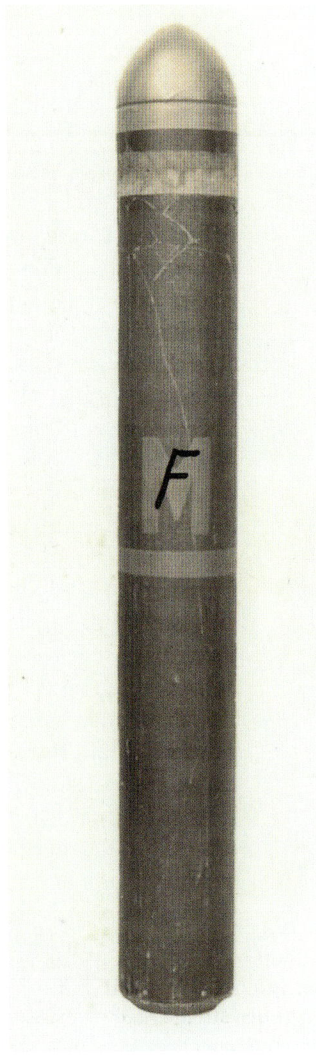

Wert auf einen einfacheren und flexibleren Ausbau der Feuerstellungen, den oftmals die Truppe selbst besorgen musste.

Nach Anschluss der Zündleitungen war die Feuerbereitschaft in den Scheinsignalraketen-Feuerstellungen hergestellt. Der Abschuss erfolgte auf Befehl des Kommandoführers, üblicherweise mittels Batterie-Zündapparat. Die Scheinsignalraketen stießen die Leuchtmittel nach 18 Sekunden Flugzeit in einer Höhe von 2000 m aus; sie wurden nach 24-25 Sekunden in etwa 1000 m Höhe zerlegt und erzeugten eine Leuchtwirkung oder Markierung. Entsprechend den vom Angreifer verfolgten Absichten unterschied man den Einsatz von Scheinsignalraketen:

a. als Flugmarkierung und Wendepunkt,
b. zur Abgrenzung des Angriffsraumes,
c. zur Zielmarkierung und
d. als Zeichen zum Auslösen der Bomben.

Die Entscheidung, wo Scheinmarkierungen eingesetzt werden sollten, lag bei der Luftwaffe in den Luftgaukommandos, im Bereich der Kriegsmarine in der Zuständigkeit der Marineoberkommandos. Taktische Einheiten waren die SSR-Kommandos, die zu den Luftschutzeinheiten z.b.V. gehörten. Den Komman-

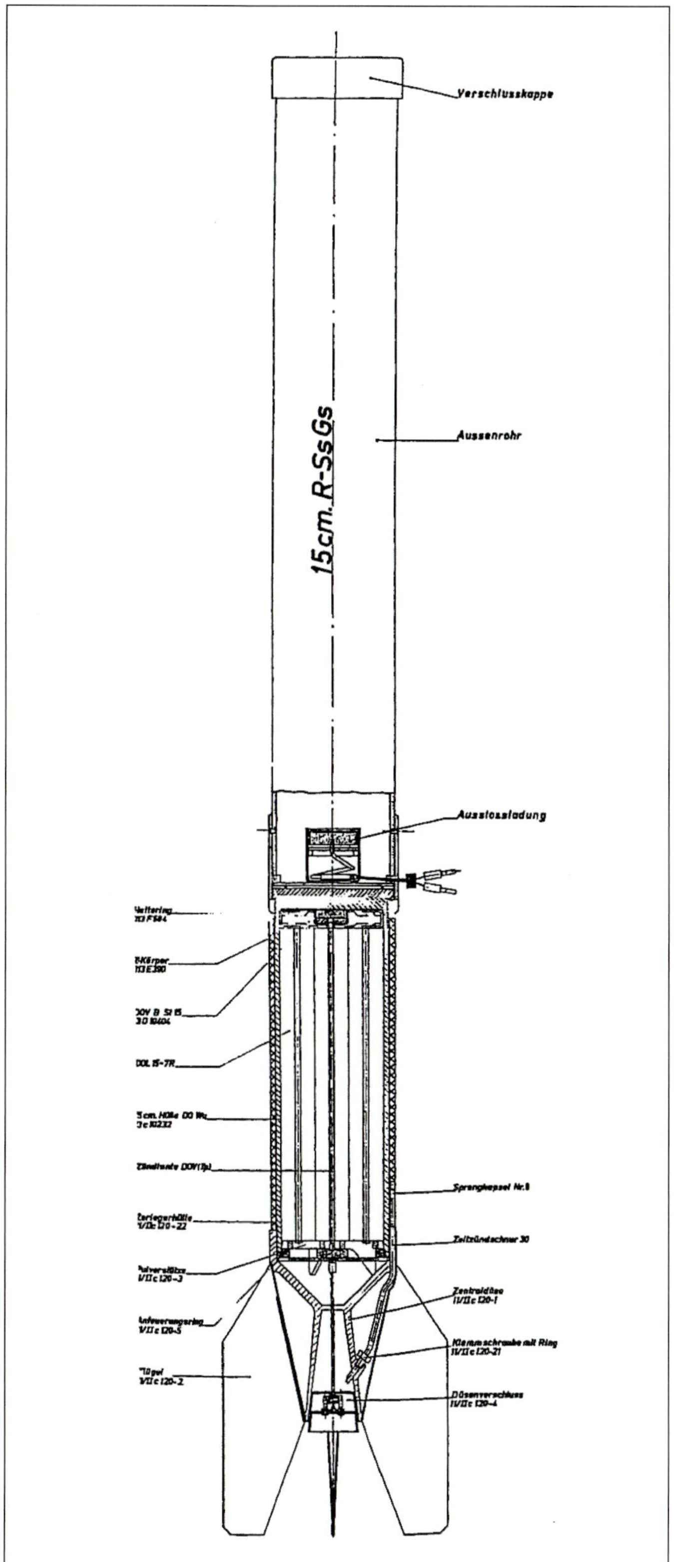

Schnittzeichnung der 15-cm-Scheinsignalrakete mit feststehendem sechsflügligen Leitwerk und Zentraldüse. Die Leuchtsignalpatrone ist – ohne ballistische Haube – in den aufgeschraubten Patronenwerfer eingeschoben.

Detailaufnahme einer 15-cm-Scheinsignalrakete (SSR) mit aufgeschraubtem Patronenwerfer.

15-cm-Scheinsignalrakete (SSR) ohne Patronenwerfer.

15-cm-Scheinsignalrakete (SSR) mit Signalpatrone RZ und ballistischer Haube. Der Signalpatrone war ein Packzettel beigefügt (gqv = Herstellerfirma Pommersche Industriewerke GmbH / Barth, Herstellerjahr 1944).

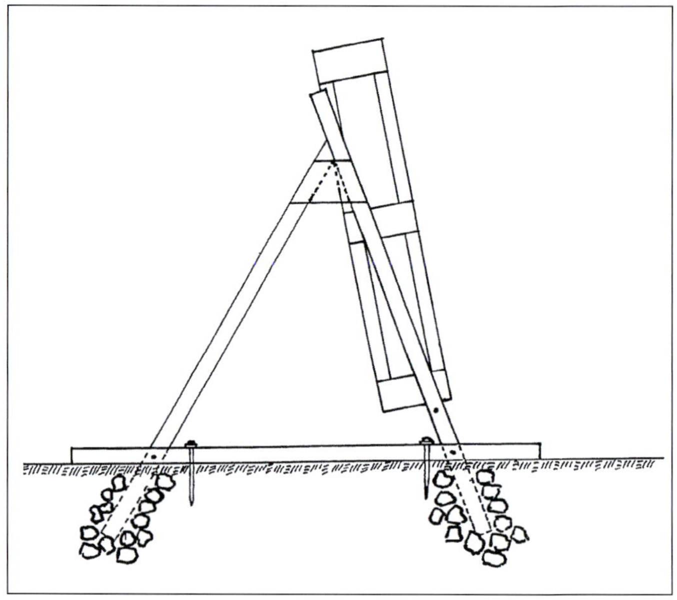

Das Abschussgestell AB 15 ZD für 15-cm-Scheinsignalrakete (SSR). Es wurde auf festem Untergrund aufgestellt. Die Bodenstützen wurden mit Steinen umlegt und fest eingestampft. Zum Schutz vor Wind, Regen und Schnee fanden Dächer aus Dachpappe Verwendung.

doführern unterstanden anfangs fünf Feuerstellungen mit 32 Abschussvorrichtungen. Im Kriegsverlauf löste man sich von diesen Grenzen. Entscheidend allein waren auch hier taktische Erfordernisse. So konnten zur Darstellung weiträumiger Zielgebiete eine beliebige Anzahl von Feuerstellungen unter einem SSR-Kommando zusammengefasst werden. Deren Führer war auf eine enge Zusammenarbeit mit den Kommandoführern der Scheinanlagen, insbesondere der Großbrandanlagen, angewiesen. Eine Kaskaden-Feuerstellung befand sich üblicherweise 500 m vom Mittelpunkt der Branddarstellung entfernt, eine Fallschirmleuchtbomben-Feuerstellung 1.000 bis 1.500 m davon. 1944 kamen Scheinsignalraketen-Wendepunkt-Feuerstellungen dazu. Sie wurden in der Regel im Umkreis von 7.000 bis 10.000 m von den Schutzobjekten eingerichtet. Die verschiedentlich in Berichten erwähnten »Rauchzeichen-Feuerstellungen« gab es nicht; aus den SSR-Feuerstellungen wurden bei Nacht Scheinleuchtmarkierungen und bei Tage Scheinrauch- und Scheinleucht- markierungen verschossen.

Der SSR-Kommandoführer steuerte alle zur Einheit gehörenden Feuerstellungen von seinem Beobachtungs- und Befehlsstand aus. Feuerbereitschaft wurde auf Befehl der vorgesetzten taktischen Dienststelle, spätestens aber bei Auslösung des Fliegeralarms hergestellt. Den Befehl über Zahl, Art und Farbe der abzuschießenden 15-cm-Scheinsignalraketen (SSR), den Feuerbefehl und den Befehl zum Nachladen gab ausschließlich der Führer des Kommandos. Dazu zwei Beispiele: Trafen die Beleuchter und Erstmarkierer der Bomberflotte über dem Zielgebiet ein und begannen, den Angriffsraum aufzuhellen und zu markieren, wurden Raketen mit Signalpatronen F (Fallschirmleuchtbomben) eingesetzt. Begann der Gegner dann, das Ziel mit grünen Leuchtsätzen zu markieren, mussten aus der Kaskaden-Feuerstellung sofort drei grüne S-Kaskaden (Signalpatrone KS) abgeschossen werden. Gleichzeitig erhielten die Leuchtbomben-Feuerstellungen Befehl zum Laden je einer grünen Kaskade und den Feuerbefehl. Der Abwurf roter Zielmarkierungsbomben zog den sofortigen Wechsel auf rote Signalpatronen K nach sich. Das von den schnellen Entscheidungen des Kommandoführers abhängige und den gut eingespielten Bedienungen in den Stellungen geprägte komplizierte Verfahren blieb immer eine Reaktion auf das gegnerische Handeln. »Je wirklichkeitsgetreuer durch den SSR-Einsatz das Bild des gegnerischen Leuchtmitteleinsatzes entsteht und je rascher der SSR-Einsatz dem gegnerischen Leuchtmitteleinsatz folgt, desto größer ist der Erfolg«, heißt es in der »Vorläufigen SSR-Kampfanweisung«. Weiter wird ausgeführt: »Grundsätzlich sind SSR so abzuschießen, daß sie über S-Anlagen oder über einem Gebiet zur Wirkung kommen, in dem der feindliche Bombenabwurf keinen oder möglichst nur geringen Schaden verursachen kann«.

Über die Dislozierung von SSR-Kommandos liegen nur bruchstückhaft überlieferte Angaben vor. Als quellenmäßig gesichert können die im Folgenden genannten Gebiete angesehen werden:

1.	Raum Flensburg (Flakregiment 66, Flakgruppe Flensburg) a. nordöstlich Flensburg b. nördlich Flensburg
2.	Raum Lübeck (Flakregiment 61, Flakgruppe Lübeck) a. westnordwestlich Lübeck
3.	Raum Rostock (Flakgruppe Rostock) a. südwestlich Warnemünde
4.	Raum Hamburg (3. Flakdivision, Luftschutzabteilung z.b.V. 1/XI) a. westlich Hamburg-Wilhelmsburg b. nördlich Süllort
5.	Raum Bremen (8. Flakdivision) a. südlich Blumenthal b. nordnordöstlich Bremen c. südöstlich Bremen
6.	Raum Hannover a. östlich Ricklingen b. nordöstlich Hannover c. südlich Hannover
7.	Raum Salzgitter-Braunschweig (Flakbrigade 8) a. westlich Braunschweig b. südwestlich Braunschweig
8.	Raum Osnabrück (Flakbrigade 15) a. westnordwestlich Osnabrück
9.	Raum Fallersleben (Flakbrigade 8) a. nordwestlich Fallersleben
10.	Raum Essen (Flakregiment 44, Flakgruppe Essen) a. südöstlich Essen in Verbindung mit dem Scheinziel Krupp-Werksanlagen bei Velbert
11.	Raum Berlin (1. Flakdivision) a. nordwestlich Berlin im Krämer Forst in Verbindung mit dem Scheinziel »Neu-Berlin«
12.	Raum Dresden (Flakbrigade 4 / Flakregiment 138) a. Dresden-Nord (Alaunplatz)[5] b. nördlich Dresden-Trachau[5] c. Pesterwitz, westlich Dresden[6]
13.	Raum Stuttgart (Flakbrigade 9, Flakregiment 75, Flakgruppe Stuttgart) a. nordwestlich Stuttgart (Gerlingen, Ditzingen, Korntal)
14.	Raum Innsbruck (Flakregiment 130, Flak- bzw. Flakuntergruppe Innsbruck) a. südöstlich Innsbruck (Ampass)

[5] Zeitzeugenberichte
[6] Bodenfunde

Das Abschussgestell mit der Packkiste 15 ZD in Ladestellung. Dazu musste die Kiste eingehängt und der Klappsteg ausgeklinkt werden.

Schussfertiggemachte Scheinsignalrakete nach dem Einschieben der Signalpatrone. Sie wurde so in Schussposition gebracht. Die Zündung erfolgte mit Zündmaschine oder – mit eingebautem Unterbrecherkontakt – mit Batterie- oder Netzstrom.

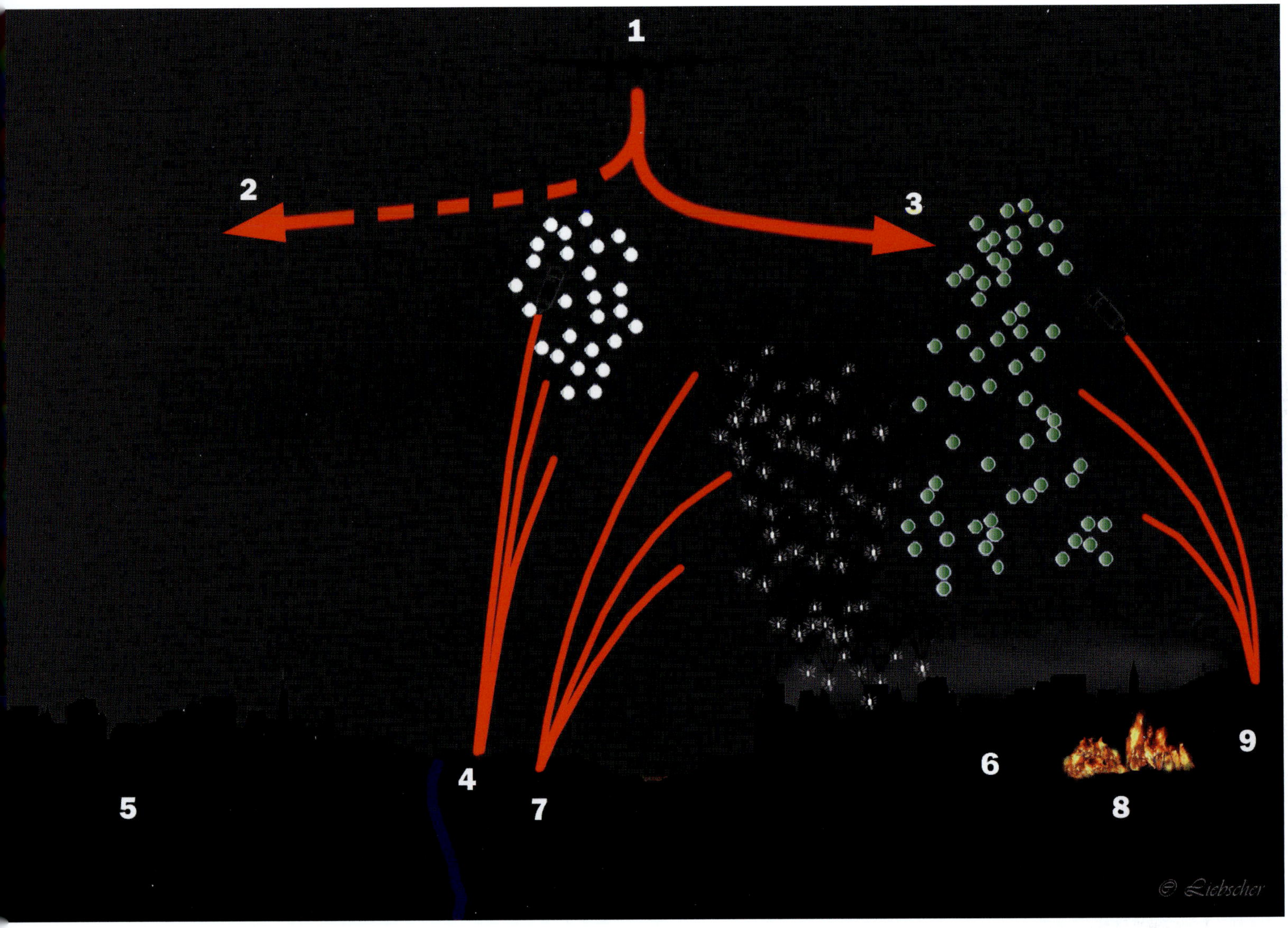

Der Einsatz von 15-cm-Scheinsignalraketen (SSR) bei einem Nachtangriff des Bomberkommandos der Royal Air Force (stark vereinfachte Darstellung):

1. Anflugrichtung und Wendepunkt des Bomberstroms
2. geplanter Anflug auf das Zielgebiet
3. tatsächlicher Anflug der Bomberformation auf das Scheinziel (vgl. Nr. 6)
4. SSR-Wendepunkt-Feuerstellung
5. Zielgebiet entsprechend der Einsatzplanung des Bomberkommandos
6. von den Deutschen aufgebautes Scheinziel
7. SSR-Feuerstellung F (Fallschirmleuchtbomben)
8. Großbrandstelle
9. SSR-Feuerstellung K (Kaskaden)

Bei der Kriegsmarine fanden 15-cm-Scheinsignalraketen in den Bereichen der Marine-Oberkommandos Nord- und Ostsee Verwendung.

Es bleibt die Frage, welche Rolle die 15-cm-Scheinsignalraketen (SSR) im Konzert der deutschen Täuschungsmaßnahmen spielten. Mit ihrer Hilfe konnten die alliierten Bombenangriffe zwar nicht verhindert werden, die damit verbundene Absicht, deren Wirkung zu vermindern, ist jedoch nachvollziehbar. Wiederholt gab es allgemein gehaltene Meldungen, dass Scheinsignale und die Fernzündung vorbereiteter »Erfolgsfeuer« zu Fehlwürfen nachts angreifender Bomberverbände geführt hatten. Albert Speer protokollierte nach der Rüstungskonferenz mit Hitler am 12. Oktober 1944: »Dem Führer über die Fortschritte auf dem Gebiet der Entwicklung von Mitteln zur Ablenkung von Bombenabwürfen und den dadurch erzielten Erfolg berichtet. Der Führer legt besonderen Wert darauf, daß diese Arbeiten auch weiterhin größte Unterstützung finden«. Die Scheinsignal-

Fundstücke aus der Kampfmittelbeseitigung: 15-cm-Scheinsignalraketen (SSR) von den Höhenzügen nahe der Ortslage Pesterwitz westlich von Dresden.

Die Packkiste 15 ZD in der Ansicht von oben. Sie war 1970 mm lang, 370 mm breit und 330 mm hoch. Ihr Gewicht ist leer mit 53 kg, mit verpackter 15-cm-Scheinsignalrakete (SSR) mit 83 kg angegeben.

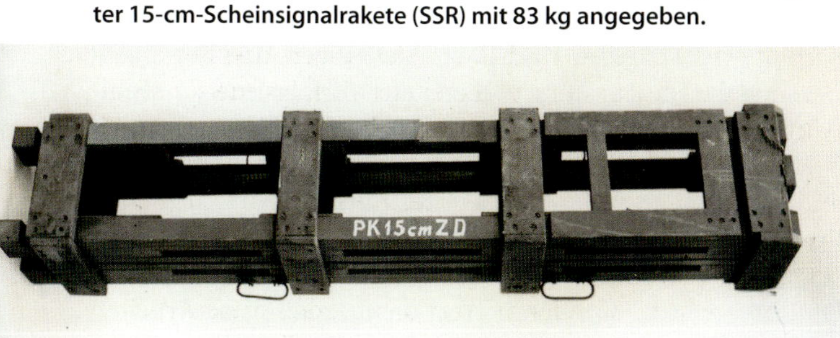

Die Bilanz des unterschiedslosen Bombenkrieges der Alliierten gegen das Deutsche Reich einschließlich Österreichs und der besetzten Gebiete: fast 500.000 Tote und gewaltige Sachschäden. Im Bild der Neumarkt mit der zerstörten Frauenkirche in der Dresdner Altstadt (Nachkriegsaufnahme).

raketen wurden allerdings nicht gesondert erwähnt, was die Beantwortung der Frage erschwert.

Fehlwürfe von Bomben sind in großer Zahl dokumentiert – auf Luftbildern, in Einsatz- und Zeitzeugenberichten sowie aus der verdienstvollen Arbeit der Kampfmittelräumdienste. Um Bomben auf weit entfernte Ziele und aus großer Höhe abwerfen zu können, bedurfte es der Lösung zahlreicher, sehr komplex miteinander verbundener taktisch-technischer Probleme. Sie betrafen die Angriffsplanung und -durchführung, die Flugzeugkonstruktion und -ausrüstung, die Abwurfmunition und ihre Bezünderung. Eine zentrale Bedeutung kam den Flugzeugbesatzungen, deren Ausbildung und Einsatzerfahrung und – um es nicht zu vergessen – der materiellen und moralischen Wirkung der gegnerischen Flugzeugabwehr zu. Letztlich hing die Treffgenauigkeit von den Fähigkeiten der Bombenschützen ab, ihre Munition im richtigen Augenblick fallen zu lassen. Fehlinformationen, Irritation, Verwirrung, ausgelöst durch den Einsatz von SSR und anderen Täuschungsmaßnahmen, halfen gelegentlich diesen Punkt auf der Zeitachse zu verschieben und so dem Bombardement die Präzision zu nehmen. Zahlenmäßig belegen lässt sich die Wirkung solcher Störmaßnahmen bislang aber nicht.

Kapitel 13:

ANMERKUNGEN ZUR GESCHICHTE BODENGESTÜTZTER RAKETEN DER DEUTSCHEN FLUGABWEHR 1932-1945

Die militärischen Konflikte der Gegenwart vermitteln dem aufmerksamen Beobachter ein Bild von den Veränderungen im modernen Militärwesen. Auffällig sind die über die Medien verbreiteten Erfolge bei der Abwehr von Drohnen, Kampfflugzeugen und Marschflugkörpern – ein Ergebnis der Verbindung von Raketen mit einem digital programmierten System der Aufklärung, Überwachung und Steuerung. Die Anfänge dieser technischen Entwicklung liegen in Deutschland. Daran soll mit diesem Beitrag erinnert werden.

An Raketen zur Flugabwehr wurde schon seit Anfang der 1930er Jahre »gebastelt«. In der Denkschrift über die zukünftige Bewaffnung und Ausrüstung des Reichswehrministeriums vom 6. Dezember 1932 sind Sperrfeuerraketen und Raketen mit an Fallschirmen angehängten Sperrkabeln ausdrücklich gefordert worden[1]. Die Frage nach dem Einsatz von Fla-Raketen wurde vom Generalstab der Luftwaffe aber erst 1941 wieder gestellt. Dafür gab es gute Gründe:

1. Moderne Kampfflugzeuge wurden immer schneller und konnten sich dem Beschuss der Flakartillerie durch Ausweichen in größere Flughöhen entziehen.
2. Darauf reagierte die Abwehr mit der Vergrößerung des Kalibers[2]. Dem waren allerdings schon wegen des Gewichtes der Flugzeugabwehrgeschütze Grenzen gesetzt.

Studien, Projekte und Modelle entstanden im Auftrag der Luftwaffe, aber auch des Heeres. Am 11. September 1941 befahl Hitler, alle langfristigen Entwicklungsvorhaben einzustellen. Der Sicht von oben schloss sich das C-Amt im Reichsluftfahrtministerium mit einer Studie an, in der die Erfolgsaussichten bodengestützter Fla-Raketen negativ bewertet wurden. Trotzdem beschäftigte sich die Industrie weiter mit den entsprechenden Projekten, darunter Rheinmetall-Borsig mit der »Rheintochter« und die Elektromechanischen Werke GmbH / Karlshagen auf der Insel Usedom mit der »Wasserfall«-Rakete.

Im April 1942 hatten der Generalstab der Luftwaffe und die Flak-Inspektion ein neues Flakprogramm vorgelegt. Bestandteil waren Richtlinien für die Entwicklung von Fla-Raketen. Göring ließ sich Zeit und gab erst am 1. September 1942 seine Zustimmung. Um die Arbeit zu bewältigen, wurde bei der Amtsgruppe für Flakentwicklung (GL/Flak-E) eine eigene Abteilung gebildet. Erstmalig formulierte man konkrete Forderungen bezüglich Reichweite (40.000 m) und Gipfelhöhe (16.000 m). Für unverzichtbar hielt man Abstandszünder und die Fernlenkung vom Boden aus. Die damit verbundenen Probleme zu lösen war im Kompetenzgerangel zwischen Heer, Luftwaffe und Ministerium für Rüstung und Kriegsproduktion, in Zusammenarbeit mit Forschung und Industrie, keine leichte Aufgabe. Widerstand gab es genug. Entscheidungen auf höchster Ebene waren der Sache nicht zuträglich. So befahl Hitler während der Rüstungskonferenz vom 19. bis 22. August 1943: »Die Entwicklung und Fertigung der Sonderausführung des 21-cm-Nebelwerfers für die Flakabwehr ist mit allem Nachdruck zu beschleunigen. Vor allen Dingen ist die Weiterentwicklung der Schusshöhe von 4000 über 7000 auf 14.000 Meter mit aller Energie voranzutreiben«. Mit Hilfe der Nebelwerfer sollte bei gleichzeitiger Feuerauslösung auf Anflugwegen ein Sperrriegel gebildet werden. Entsprechende

[1] später als 8,6-cm-Leuchtgeschosse und 8,6-cm-Raketen-Sprenggranaten L/4,8 sowie als Drahtseilraketen 400 bzw. 1000 bei der Kriegsmarine eingeführt (vgl. M.Dv. Nr. 190, 10 A1, Berlin 1942 und M.Dv. Nr. 190, 7 A8, Berlin 1943).

[2] in Entwicklung 15-cm-Flak (Gerät 50 und 55) mit einem Gewicht von 22.000 kg, in Projektierung 24-cm-Flak (Gerät 80 und 85) mit einem Gewicht von 38.000 bis 152.000 kg. Alle Arbeiten wurden im Herbst 1943 endgültig eingestellt.

Das vierrohrige Abschussgerät »Luftfaust« A mit vier Geschossen, bestehend aus vier Minengranaten mit Zerlegerzünder 1505 A, Holzschaft, Treibladung mit Pappscheibe und Glühbrückenzünder. Der Werfer wog leer 2,341 kg und besaß eine Länge von 1000 mm. Das Geschossgewicht lag (ohne Sprengladung und Holzfüllstück) bei 0,097 kg.

Versuche endeten, wie vorauszusehen, mit Misserfolgen. Ähnlich verhielt es sich mit dem »Föhn«-Gerät. Die dafür verwendeten 7,3-cm-Raketensprenggranaten gingen auf den »Rauchzylinder« zurück, eine drallstabilisierte Rakete mit Schwarzpulvertreibsatz, mit der das Heer Anfang der 1930er Jahre in Kummersdorf experimentiert hatte. Mit der Absicht, die Leistungen der Luft-Luft-Rakete zu verbessern, wurden die Arbeiten in der Zuständigkeit der Luftwaffe fortgesetzt. An die Stelle der Treibladung aus Schwarzpulver trat rauchschwaches Diglykol. Eine HA-41-Sprengladung sowie neue Aufschlag-, Zeit- und Zerlegezünder waren Teil der Leistungssteigerung. Auf dem Versuchsgelände Tarnewitz wurden mehrere Flugzeugmodelle mit verschiedenen Abschussvorrichtungen erprobt. Unzufrieden war man mit der Treffgenauigkeit, weshalb die Arbeiten, auch die an den Nachfolgemodellen, zugunsten flügelstabilisierter Bordraketen eingestellt worden sind. So stand der Modifizierung für den Einsatz als Boden-Luft-Rakete zur Abwehr tieffliegender Kampfflugzeuge bis 1200 m Höhe nichts entgegen. Diese Aufgabe hatte sich im Kriegsverlauf zu einem der vordringlichen Probleme entwickelt. Bei der Suche nach einer Lösung trat das Leipziger Unternehmen Hugo Schneider AG (HASAG) federführend hervor. Es war in der Rüstung breit aufgestellt und hatte sich mit der Entwicklung der »Panzerfaust« einen Namen gemacht. Die Neuentwicklung lief unter der Bezeichnung »Luftfaust / Fliegerfaust« und sollte zur Flugzeugabwehr bis auf 500 m Entfernung beitragen.

Der Vergleich der Schussweiten und -höhen von Flakgeschützen mit den Reichweiten und Gipfelhöhen der Fla-Raketen zeigt, dass beide entsprechend ihrer Eignung zur Bekämpfung von Luftzielen in geringen, mittleren und großen Höhen klassifiziert sind. In der letzten Kategorie zeichneten sich die Vorteile der Raketen ab. Folgerichtig kristallisierte sich 1944 als Entwicklungsschwerpunkt die Arbeit an Fla-Raketen heraus, die auf ihrer Flugbahn Gipfelhöhen von 5.000 bis 18.000 m erreichen konnten. Ihre Hauptzielgruppe waren alliierte Bomberverbände, die Tag und Nacht im Luftraum über dem Reichsgebiet ihre zerstörerische Macht demonstrierten.

Zu den ehrgeizigsten Projekten gehörte zweifelsfrei die Fla-Rakete »Wasserfall«, deren Reichweite mit 26.500 m, ihre Gipfelhöhe mit 17.700 m angegeben ist. Sie blieb 1945 Teil des Notprogrammes. Die meisten Entwicklungsvorhaben waren bis dahin nicht über Forschungs- und Versuchsmuster hinausgekommen. Einfachere Konstruktionen wie das »Föhn«-Gerät befanden sich im Truppenversuch. Verglichen mit der Streuung und der Geschossflugzeit unter fünf Sekunden lagen die Vorteile immer noch bei den Kanonen. Ohne Verbesserung der Trefferaus-

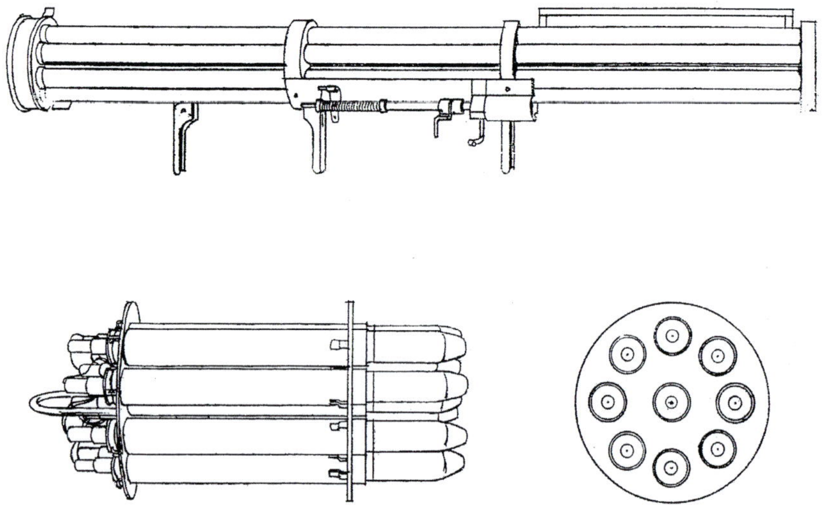

Das neunrohrige Abschussgerät »Luftfaust« B mit dem Verbrauchsmagazin (Entwicklungsstand vom 22. März 1945). Geladen wog es 8,5 kg, wovon 2,5 kg auf das Magazin mit neun Geschossen entfielen. Mit dem Magazin ergab sich eine Länge von 1630 mm.

Bodenfund eines Abschussgerät »Luftfaust« B (»Fliegerfaust«). Zwei dieser Werfer gehörten im April 1945 zur Bewaffnung eines SS-Begleitkommandos für den sächsischen Gauleiter Martin Mutschmann.

sichten konnte der Einsatz von Raketen zur Luftzielbekämpfung nicht verantwortet werden.

Ungesteuerte Feststoffraketen eigneten sich für den Einsatz mit den Kommandogeräten der Flakartillerie. Optisch ferngelenkte Raketen waren ein zweiter Schritt, gefolgt von elektrisch gesteuerten Raketen, die in Flugzeugnähe das Ziel selbst suchten und mittels Annäherungszündern gezündet wurden. Darüber hinaus galt es, weitere grundsätzliche Probleme zu klären, u.a. die Startvorrichtungen, Treibsätze, Fragen der Aerodynamik und Flugstabilität. Kriegsbedingte Verlagerungen der Entwicklungsbüros und Herstellerfirmen entfalteten, wie auch Personal- und Materialengpässe, eine verzögernde Wirkung. Schließlich muss-

Das drallstabilisierte Raketengeschoss »Fliegerfaust« zeigte mit dem Aufschlagzünder (AZ 50 bzw. AZ 48) eine Länge von 255 mm. Über einen Brand- und einen Übertragungssatz wurde nach Abbrand des Raketensatzes (nach etwa 800 m) die Selbstzerlegung ausgelöst.

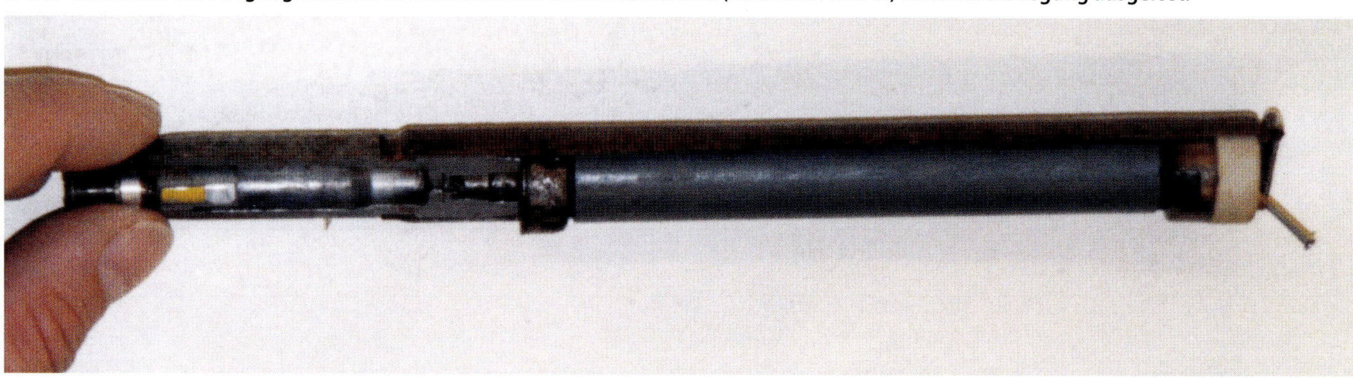

ten die Arbeiten an den meisten Projekten am 6. Februar 1945 auf Weisung des SS-Brigadeführers Dr. Ing. Heinrich Kammler (Sonderbeauftragter des Reichsführers SS Heinrich Himmler) und des Generals Walter Dornberger (Kommandeur der Versuchsanstalt für Raketenwaffen / Peenemünde) eingestellt werden. Der bis dahin erreichte Entwicklungsstand bildete die Grundlage für die Vervollkommnung der neuen Waffe in Ost und West.

Die nachfolgende Tabelle der taktisch-technischen Parameter zeigt teils stark abweichende Angaben. Der Weg bis zum Erreichen der Truppenbrauchbarkeit war noch weit.

Deutsche Boden-Luft-Raketen 1933-1945 (Auswahl)

Bezeichnung	Kaliber / Durchmesser	Geschwindigkeit, maximal	Gipfelhöhe	Flugweite, maximal	Länge	Spannweite	Gewicht Rakete bzw. Gefechtskopf (Sprengladung)	Stabilisierung Lenkung	Bemerkungen
Luftfaust A	20 mm	280 m/s bis 310 m/s		unter 500 m	114 mm	32 mm	0,103 kg 0,0062 kg Nitropenta	Flügel ungelenkt	Feststofftriebwerk Werfer 2,34 kg (leer)
Luftfaust B (»Fliegerfaust«)	20 mm	250 m/s	500 m	2.000 m Zerleger 800 m	255 mm		0,22 kg 0,019 kg Nitropenta	Drall ungelenkt	Feststofftriebwerk Werfer 8,5 kg (geladen)
7,3-cm-RSprGr 4609 »Föhn«	73 mm	360 m/s bis 380 m/s	800-1.200 m (Gebrauchsentfernung)	4.500 m	330 m		2,74 kg bis 3,75 kg	Drall	Feststofftriebwerk
8,6-cm-DSR 400	86 mm		300 m bis 400 m		412 mm		4,95 kg	Drall ungelenkt	100 m Drahtseil am Fallschirm
8,6-cm-DSR 1000	86 mm		800 m bis 1.000 m				5,30 kg	Drall ungelenkt	100 m Drahtseil am Fallschirm
8,6-cm-RSprGr L/4,8	86 mm		1.100 m		419 mm		8,10 kg	Drall	verschiedene Zünder, auch ein Leuchtgeschoss
10,5-cm-Rakete	105 mm	700 m/s					19 kg	Flügel	Feststofftriebwerk
15-cm-SSR	150 mm		4.000 m	5.000 m bis 7.000 m	1.950 mm		42-44 kg	Flügel ungelenkt	Feststofftriebwerk Signal- und Leuchtsätze
15,2-cm-DSR Kz 1000 kp	152,4 mm		900 m				73,7 kg ca. 1 kg	Flügel ungelenkt	Feststofftriebwerk Drahtseil mit Sprengladung am Fallschirm
Fla-Rakete »Taifun« F/P	100 mm	1.000 m/s bis 1.260 m/s	13.000 m		1.890 mm bis 1.930 mm	240 mm	19-24,8 kg	Flügel ungelenkt	zuerst Feststoff-, dann Flüssigkeitstriebwerk
Fla-Rakete »Feuerlilie« F 25	250 mm	200 m/s			1.896 mm bis 2.100 mm	1.500 mm	120 kg	Flügel, Kurskreiselstabilisierung	Feststofftriebwerk
Fla-Rakete »Feuerlilie« F 55	550 mm	416 m/s	5.000 m bis 7.500 m		4.800 m	2.500 mm	470 kg	Flügel	zuerst Feststoff-, dann Flüssigkeitstriebwerk
Fla-Rakete »Schmetterling«	335 mm	210 m/s bis 300 m/s	9.000 m bis 10.000 m	32.000 m	3.600 mm bis 4.280 mm	2.000 mm bis 2.800 mm	420-450 kg 23-40 kg	Flügel Funklenkung	
Fla-Rakete »Rheintochter«	540 mm	456 m/s	9.000 m bis 10.000 m	12.650 m	6.300 mm	2.220 mm	1.750 kg 100-150 kg	Flügel Funklenkung	zweistufiges Feststofftriebwerk
Fla-Rakete »Enzian«	880 mm bis 915 mm	270 m/s	9.900 m bis 12.500 m	24.500 m	3.016 mm bis 3.500 mm	4.000 mm	1.505-1.800 kg 300 - 500 kg	Flügel Funklenkung	
Fla-Rakete »Wasserfall«	880 mm bis 885 mm	760 m/s bis 800 m/s	17.700 m bis 18.000 m	26.900 m bis 32.000 m	7.835 mm	2.510 mm	3.520-3.580 kg 235 kg	Flügel kombinierte Fern- und Leitstrahllenkung	Flüssigkeitstriebwerk

1. »Luftfaust« A

Mit Nachdruck wurde nach neuen waffentechnischen Lösungen für die Abwehr von Tieffliegern durch die Infanterie gesucht. Dem Vorschlag, dafür die 8,8-cm-Raketenpanzerbüchse 54 »Panzerschreck« mit spezieller »Fliegerschreck«-Munition zu nutzen, blieb bis zum Kriegsende der Erfolg versagt. Größere Hoffnungen verbanden sich mit der im Juli 1944 vom Heer bei der Forschungs- und Entwicklungsabteilung der Hugo Schneider AG (HASAG) in Leipzig-Altenburg in Auftrag gegebenen Einmannwaffe zur Tieffliegerbekämpfung. Gefordert waren:

1. eine rückstoßfreie Einmann-Waffe, ähnlich der »Panzerfaust«,
2. ein Gewicht in Feuerposition von 2 kg,
3. die Wirkung im Fächer- oder Schrotschuss,
4. eine maximale Geschwindigkeit von 300 m/s,
5. eine wirksame Schussweite von 500 m bei 10%iger Streuung einer Flugbahnlänge der Salve
6. die Selbstzerlegung nach 800 m Flugbahn und
7. die Wiederladefähigkeit.

Letztere war zu spät in die Forderungsliste aufgenommen worden und konnte erst bei der »Luftfaust« B umgesetzt werden.

Die HASAG-Ingenieure hielten sich eng an das Konzept der »Panzerfaust«. Sie verwendeten Geschosse der 2-cm-Flak mit anschließender Brennkammer und Flügelstabilisierung, die aus einem vierrohrigen Werfer mit Klappvisier als Fächer verschossen wurde. Versuche zeigten die grundsätzliche Eignung der »Luftfaust« zur Tieffliegerbekämpfung. Die geforderten Leistungen konnten allerdings nicht erreicht werden – die Waffe hatte eine zu geringe Schussweite und zu große Streuung.

2. »Luftfaust« B, ab 4. Februar 1945 »Fliegerfaust«

Der Übergang zu einem elektrischen Glühbrückenzünder sowie zur Drallstabilisierung mittels Diglykol-Treibsatz und Porzellandüse brachte erstaunliche Verbesserungen der Flugeigenschaften. Geschossen wurde aus einem neunrohrigen Werfer, dessen Magazin neun Raketen für eine Salve aufnahm. Ab 26. November 1944 war die Bezeichnung »Luftfaust« B gültig, die ab 4. Februar 1945 in »Fliegerfaust« geändert worden ist. Gemäß Verfügung (Chef H Rüst Nr. 889/44 g.K. vom 5. Dezember 1944) war das Heereswaffenamt / WaPrw 11 endgültig als federführend für die weitere Entwicklung bestimmt worden. Ein erster Auftrag umfasste 10.000 Werfer und 1.000.000 Schuss. Drei Herstellerfirmen hat man festgelegt. Gleichzeitig war man bemüht, die vielen Mängel abzustellen. Trotzdem konnte die geforderte Streuung von 10% bis April 1945 nicht erreicht werden. Sie lag bei 15-20%. Schließlich gelang es noch, 100 »Fliegerfaust« und 1000 Magazine fertigzustellen. 80 wurden für einen Truppenversuch ausgeliefert.

3. 7,3-cm-»Föhn«-Gerät (Fla-Raketenwerfer »Föhn«)

Nach Jahren endloser Versuche des Heeres – ab 1936 bei der Luftwaffe – war im Dezember 1942 die Fertigung des verbesserten »Rauchzylinders« aufgenommen worden. Vor allem der hohe Aufwand und die große Streuung der drallstabilisierten Luft-Luft-Rakete führten dazu, dass man sich bei der Luftwaffe flügelstabilisierten Raketen (R 4M) zuwandte und die Weiterentwicklung der 7,3-cm-Bordrakete aufgab. Es lag auf der Hand, die bereits geleistete Arbeit und geschaffene Kapazitäten für die bodengestützte Flugzeugabwehr zu nutzen. Schon im Herbst 1943 hatten in Brünn (Brno) Werksbeschüsse stattgefunden. Das 35rohrige Abschussgestell auf zweiachsigem Sonderanhänger konnte 35 7,3-cm-Raketensprenggranaten 4609 (insgesamt 131,25 kg Geschoss- und 35 kg Sprengstoffgewicht) gleichzeitig abschießen. Die weitere Erprobung oblag der Flak-Versuchsstelle der Luftwaffe in Tarnewitz bei Boltenhagen. Mit 1200 m Gipfelhöhe eigneten sie sich lediglich zur Abwehr von Tieffliegern. Die Geschwindigkeit von 380 m/s und die große Streuung schränkten die Erfolgsaussichten weiter ein. Im Flak-Notprogramm vom September 1944 waren 1000 »Föhn«-Geräte gefordert worden (für Oktober 1944 bis April 1945). Danach sollte die Fertigung mit monatlich 75 Stück weiterlaufen. Das Ziel konnte nicht erreicht werden. Im Februar 1945 standen 59 bei der Truppe, zuerst in drei Batterien der Flak-Lehr- und Versuchsabteilung 900 (Rerik an der Ostsee). Jede Batterie verfügte über 24 35rohrige

Bilder: hier unten und oben auf gegebüberliegender Seite. Die 7,3-cm-Raketensprenggranate 4609 »Föhn« mit Raketenaufschlagzünder 51. Der Werfer nahm fünf Magazine mit je sieben Schuss auf. Für 50 der insgesamt an die Luftwaffe gelieferten »Föhn«-Geräte gab es fahrbare Lafetten. Sie wogen 1350 kg. In ortsfester Aufstellung ergab sich ein Gewicht von 650 kg.

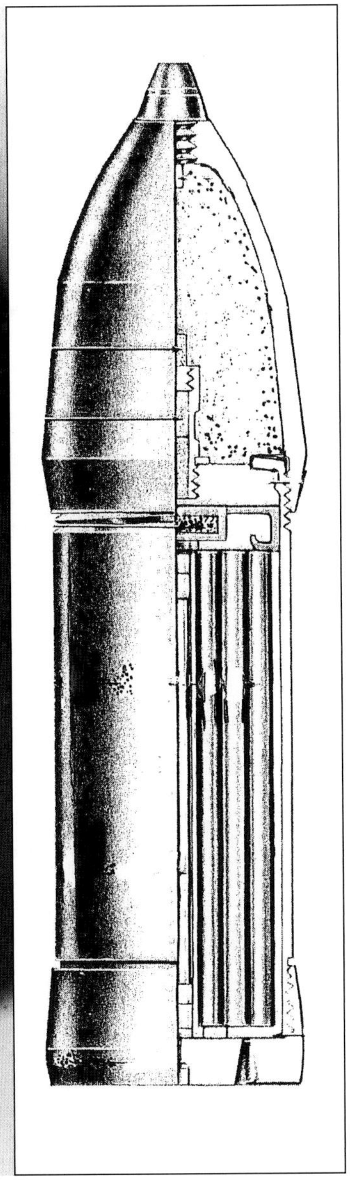

Werfer. Sie waren aus Personalresten ehemaliger V-1- und V-2-Einheiten aufgestellt worden. Die 3./900 hat man im Februar eiligst von Mecklenburg in den Brückenkopf von Remagen gebracht. Ihr Einsatz endete in einem Fiasko. Mit dem einzigen LKW gelang es nur drei Werfer zu bergen, der Rest ging verloren. 10.000 Geschosse wurden gesprengt. Bekannt geworden ist die Verwendung von »Föhn«-Geräten zum Schutz von Talsperren im bergischen Land, der Mole auf der Insel Helgoland und in ortsfester Aufstellung auf Feldflugplätzen.

»Föhn«-Geräte gab es weiterhin mit 28 Abschussrohren auf Karren mit Protze montiert (Festungswerfer), als »Volkswerfer-Föhn« für Volksgrenadierdivisionen und als »Eisenbahn-Föhn«. Von letzterem – 48schüssig – wurden bis Ende Januar 1945 zwei Stück, auf Betontürmen eines Eisenbahnwaggons montiert, fertiggestellt.

4. 8,6-cm-Drahtseilrakete 400 (8,6-cm-DSR 400) mit Abschussgerät, ab 29. Januar 1943 8,6-cm-Raketendrahtgeschoss (8,6-cm-RDg 400)

Eine vorläufige Beschreibung kam von der Inspektion der Marineartilleriezeugämter (gemäß A WaA 1 Ab 12016/42 geh. V. 11. Mai 42). Drahtseilraketen wurden aus einrohrigen Abschussgeräten gestartet. Sie bestanden aus dem Rohr mit Schlaghammer, der Gabel mit Lagerzapfen und dem an der Schiffswand oder Reling befestigten Säulenrohr. Die Rakete stieß in 300 bis 400 m Höhe einen Fallschirm mit einer Drahtseilspule aus. Diese spulte, langsam schwebend, ein etwa 100 m langes Drahtseil ab. Mit seiner Hilfe sollte der Angriff tieffliegender Kampfflugzeuge (Torpedoflieger) behindert werden. Drahtseilraketen gehörten u.a. zur Ausstattung von Minenräumbooten der Serie R 130 bis 150.

5. 8,6-cm-Drahtseilrakete 1000 (8,6-cm-DSR 1000) mit Abschussgerät, ab 29. Januar 1943 8,6-cm-Raketendrahtgeschoss (8,6-cm-RDg 1000)

Sie entsprach grundsätzlich der 8,6-cm-DSR 400. Mit der stärkeren Treibladung wurden Ausstoßhöhen zwischen 800 und 1000 m erreicht.

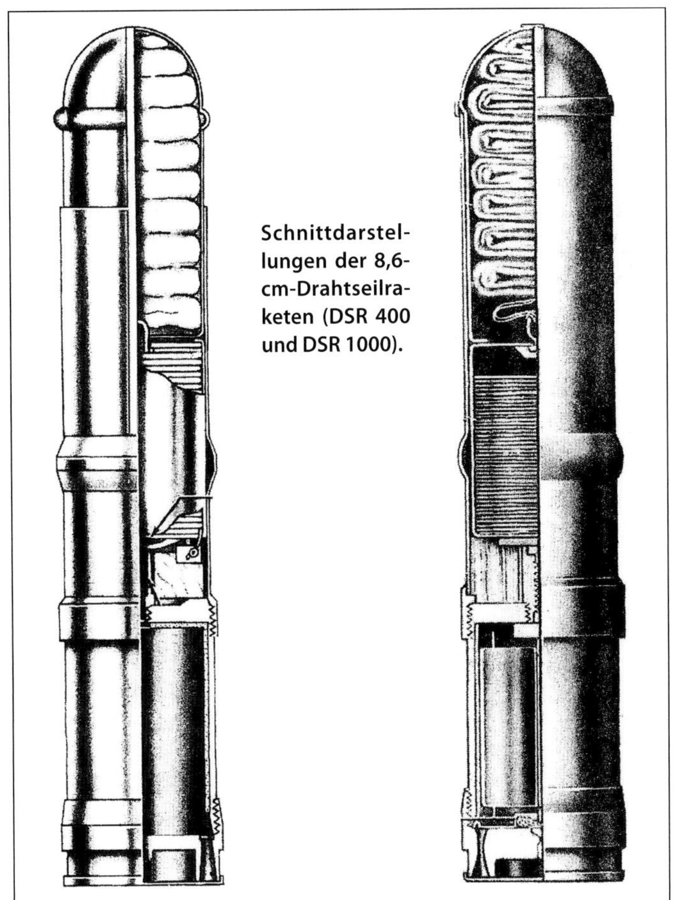

Schnittdarstellungen der 8,6-cm-Drahtseilraketen (DSR 400 und DSR 1000).

6. 8,6-cm-Raketenleuchtgeschosse und 8,6-cm-Raketensprenggranaten mit 8,6-cm-Raketenabschussgerät M42

Das Abschussgerät – unterschieden in Werfer älterer und neuerer Fertigung – glich grundsätzlich dem der 8,6-cm-Drahtseilraketen 400 und 1000. Gerät und Munition wurden 1943 in der von der Artillerieinspektion der Kriegsmarine verfassten Vorläufigen Beschreibung (M.Dv. Nr. 190, 7 A8) vorgestellt. Verschossen wurden 8,6-cm-Raketensprenggranaten L/4,8 kz, 8,6-cm-Raketensprenggranaten 400 mit Zündladung A Marine sowie 8,6-cm-Raketenleuchtgeschosse.

Sie fanden auf Schiffseinheiten und Stützpunkten der Kriegsmarine zur Beleuchtung und zum Schießen von Sperrfeuer gegen Luftziele bis 1200 m Entfernung Verwendung.

7. 10,5-cm-Raketenwerfer auf Sonderanhänger, zweiachsig (Sd.Ah. 202)

Versuchsmuster auf der Lafette der 8,8-cm-Flak 36, auf Sonderanhänger fahrbar. Der Raketenwerfer mit 16 Startschienen kam aus den Skoda-Werken / Pilsen. Bis 1945 wurde nur ein Stück fertiggestellt. Weitere Entwürfe für den Einsatz auf Schiffen und auf dem Fahrgestell des Panzerkampfwagens V »Panther« befanden sich in Entwicklung.

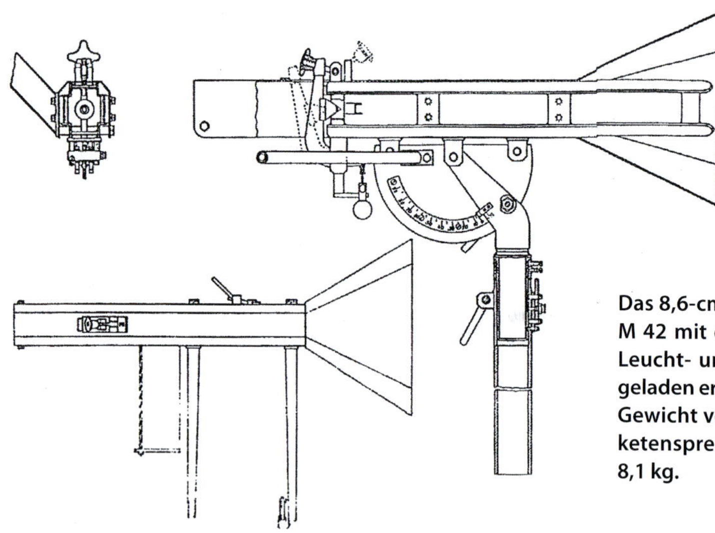

Das 8,6-cm-Raketenabschussgerät M 42 mit der dafür vorgesehenen Leucht- und Sprengmunition. Ungeladen ergab sich für das Gerät ein Gewicht von 36 kg. Die 8,6-cm-Raketensprenggranate Kz wog etwa 8,1 kg.

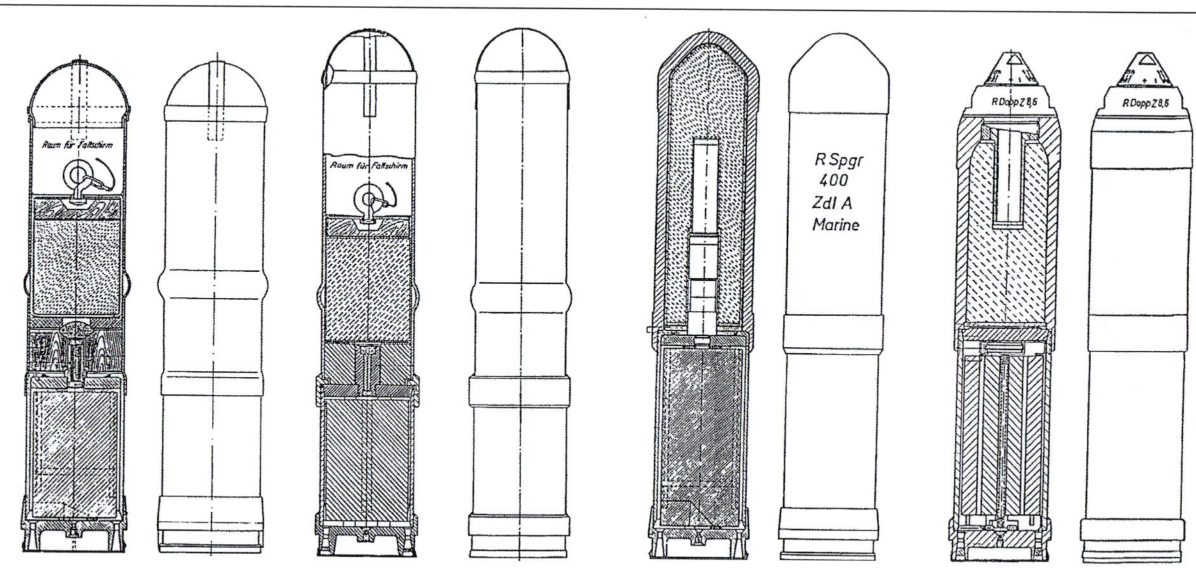

8. 15-cm-Scheinsignalrakete (SSR), ortsfest (vgl. Kapitel 12)

Diese Raketen waren Bestandteil der Luftabwehr, dienten aber nicht dem Abschuss gegnerischer Kampfflugzeuge. Sie wurden aus auf Gestellen gelagerten Packkisten gestartet. Mit Hilfe der verschieden farbigen Signal- und Leuchtsätze sollten sie als Täuschungsmittel die Abflug- und Zielmarkierungen alliierter Bomberverbände imitieren, sie vom Ziel weg- und zu den Scheinzielen hinführen.

9. 15,2-cm-Drahtseilrakete Kz 1000 (Kp)

Über diese Entwicklung der Friedr. Krupp AG / Essen liegen nur wenige Angaben vor. Grundlage ist eine Führerforderung, nach der sich Seilsperren in der Flugzeugabwehr bewährt haben. Ende 1944 forderte der General der Flakartillerie Körper mit 50 g Sprengstoff und allseitigem Aufschlagzünder, die nach dem Ausstoß aus der Rakete, an einem Fallschirm (Ø 3,35 m) mit 900 m Seil langsam zur Erde schwebend, von damit in Kontakt kommenden Flugzeugen herangezogen und gezündet wurden (Seilmine). Weitere Angaben sind nicht bekannt.

10. Fla-Rakete »Taifun« F und P (»Taifun« I)

Mit den Arbeiten an dieser Boden-Luftrakete war im Frühjahr 1944 in Peenemünde begonnen worden. Das Oberkommando der Luftwaffe forderte die Eignung zur Bekämpfung von Luftzielen bis 10.000 m Höhe. Die im September des Jahres bestellten Raketen bereiteten während der Erprobung erhebliche Probleme, vor allem wegen des Flüssigkeitsantriebes (Ausführung F).

15-cm-Scheinsignalrakete (SSR) mit Packkiste und Startgestell. Die Raketen wurden in 15-cm-Scheinsignal (SsGs) umbenannt.

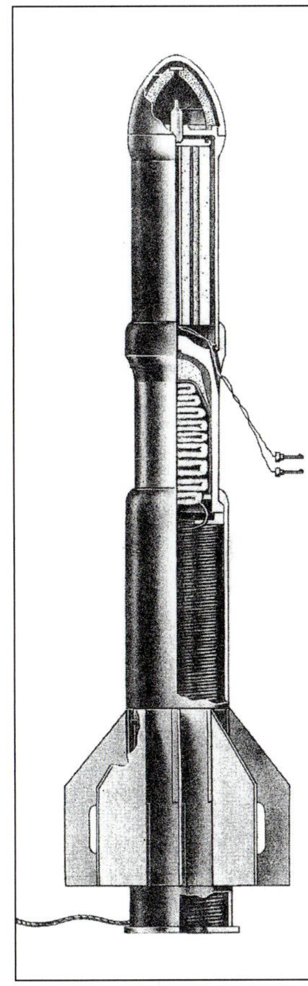

Rechts: Schnittdarstellung der 15,2-cm-Drahtseilrakete mit Kopfzünder, vorn angeordnetem Feststoffantrieb, Fallschirm und Drahtseil. Die 50 g schwere Sprengladung war vor dem Fallschirm angeordnet.

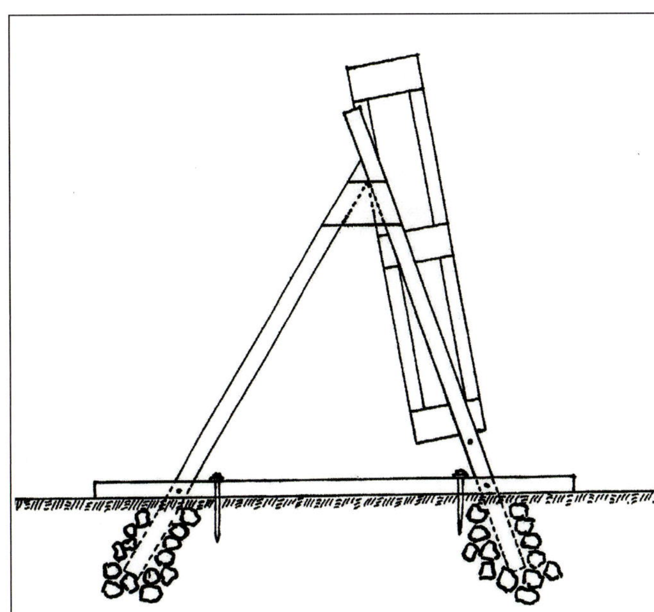

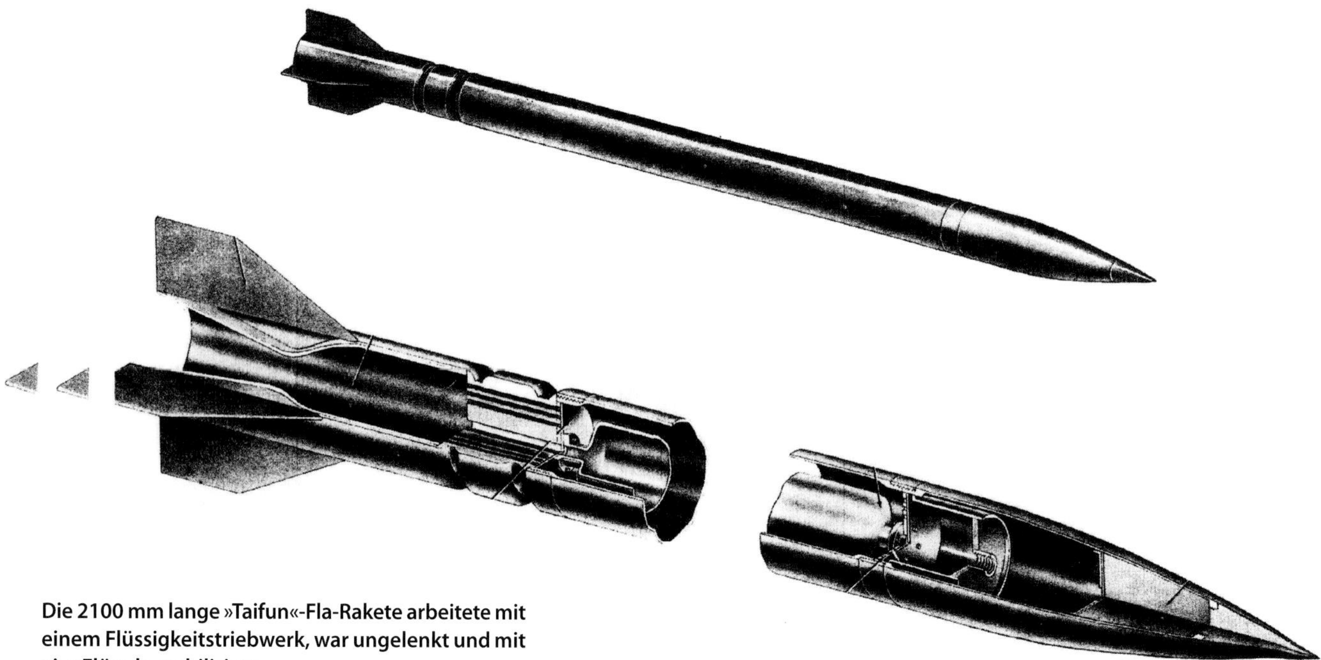

Die 2100 mm lange »Taifun«-Fla-Rakete arbeitete mit einem Flüssigkeitstriebwerk, war ungelenkt und mit vier Flügeln stabilisiert.

Alternativ gab man eine Feststoffrakete (Ausführung P) in Auftrag, die allerdings nur die Gipfelhöhe von 13.000 m erreichte (Ausführung F 15.400 m). Obwohl noch weit von der Serienreife entfernt, gab man 20.000 Stück bei zwei Herstellern in Auftrag. Trotz zahlreicher Rückschläge ist an ihrer Weiterentwicklung mit Vorrang gearbeitet worden. Fertiggestellte Teile lagerte man in die Stollen im Himmelberg bei Bischofferode aus, wo sie im April 1945 Beute der Alliierten wurden.

11. Fla-Rakete »Feuerlilie« F 25

Am Projekt »Feuerlilie« arbeitete die Luftfahrtforschungsanstalt »Hermann Göring« seit 1940. Zunächst führte man mit verkleinerten Modellen Windkanalversuche durch. Anschließend gab das Reichsluftfahrtministerium 25 Versuchsmuster der Ausführung F 25 in Auftrag. Erste Starts fanden im Juli 1943 in Leba an der Ostsee statt. Der Raketenantrieb erwies sich als sehr unzuverlässig, weshalb man auf das Triebwerk der Raketenbombe SC-500 Rs zurückgreifen musste. Das Projekt wurde wegen unzureichender Leistungen eingestellt.

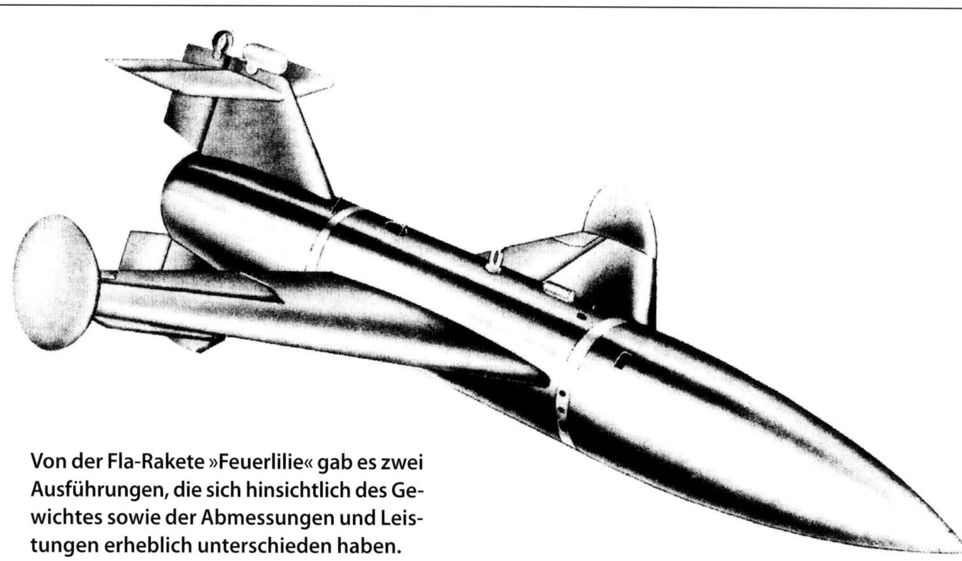

Von der Fla-Rakete »Feuerlilie« gab es zwei Ausführungen, die sich hinsichtlich des Gewichtes sowie der Abmessungen und Leistungen erheblich unterschieden haben.

12. Fla-Rakete »Feuerlilie« F 55

Auch diese leistungsgesteigerte Version der »Feuerlilie« kam über das Stadium einer Forschungsrakete nicht hinaus. Die Luftfahrtforschungsanstalt hatte 1942 mit der Entwicklung begonnen. Im Januar 1943 erhielt die Maschinenfabrik Ardeltwerke in Breslau (Wroclaw) den Auftrag, fünf Raketen der Ausführung F 25 A herzustellen. Er wurde im März des Jahres

Die Fla-Rakete »Schmetterling« auf dem Startgerät, das unter Verwendung des Sockels der 8,8-cm-Flak 36 entstanden ist. Parallel zur technischen Weiterentwicklung der Fla-Raketen beschäftigte man sich im Generalstab der Luftwaffe mit Fragen zur Einsatztaktik und Organisation. Vorgeschlagen wurde die Zusammenfassung von sieben bis zehn Fla-Raketenbatterien zu einem Regiment, das ringförmig um ein Schutzobjekt oder in einer Luftverteidigungszone in Stellung gebracht werden sollte.

um weitere 50 »Feuerlilien« F 55 A 2 und A 3 erweitert. Hauptproblem war der Antrieb, weshalb man vom Feststofftriebwerk mit Starthilfe auf einen Flüssigkeitsantrieb wechselte. Beim ersten Start der Ausführung F 55 A 1 am 12. Mai 1944 legte die Rakete 7500 m in 69 s zurück. Weitere Versuche verliefen weniger erfolgreich. Immer wieder bereiteten der Antrieb und das Flugverhalten Probleme. Zunächst reduzierte die Luftwaffe das Auftragsvolumen, um schließlich im Januar 1945 die Einstellung aller weiteren Arbeiten anzuordnen.

13. Fla-Rakete »Schmetterling« (8-117) (Henschel Hs-117) mit Startvorrichtung auf Sonderanhänger, zweiachsig, sowie in ortsfester Aufstellung

Für diese Boden-Luft-Rakete war die Henschel-Flugmotorenbau GmbH / Kassel zuständig. Mit Entwürfen hatte sich das Unternehmen schon Ende 1941 beschäftigt. Richtig Fahrt nahmen die Arbeiten mit dem neuen Flakprogramm der Luftwaffe im Jahr 1942 auf. Ausgehend von der Gleitbombe Hs-293 A 1 führte die Entwicklung zu einer Fla-Rakete mit verbesserter Steuerung. Ihre Erprobung zeigte, wie viele Aufgaben noch zu bewältigen waren. Geändert werden mussten u.a. die Flügel, der Antrieb sowie die Absprengvorrichtung für die beiden Starthilfsraketen. Mit dem Versuchsmuster Hs-117 (V 3) testete man eine Fernlenkvorrichtung, die auch in den folgenden Monaten viele Sorgen bereitete. Man ging davon aus, dass der Lenkschütze die Rakete 20 s nach dem Start in etwa 5000 m Entfernung so einlenken konnte, dass sie in weniger als 7 m das Ziel passieren würde. Für die Zündung der 23-40 kg schweren Sprengladung waren Hochfrequenz- oder akustische Annäherungszünder (»Meise«) zuständig. In der Praxis wurden allerdings Ablagen zwischen 20 und 30 m gemessen. Verbesserungen erhoffte man von elektrischen Ortungs- und Zielsuchgeräten.

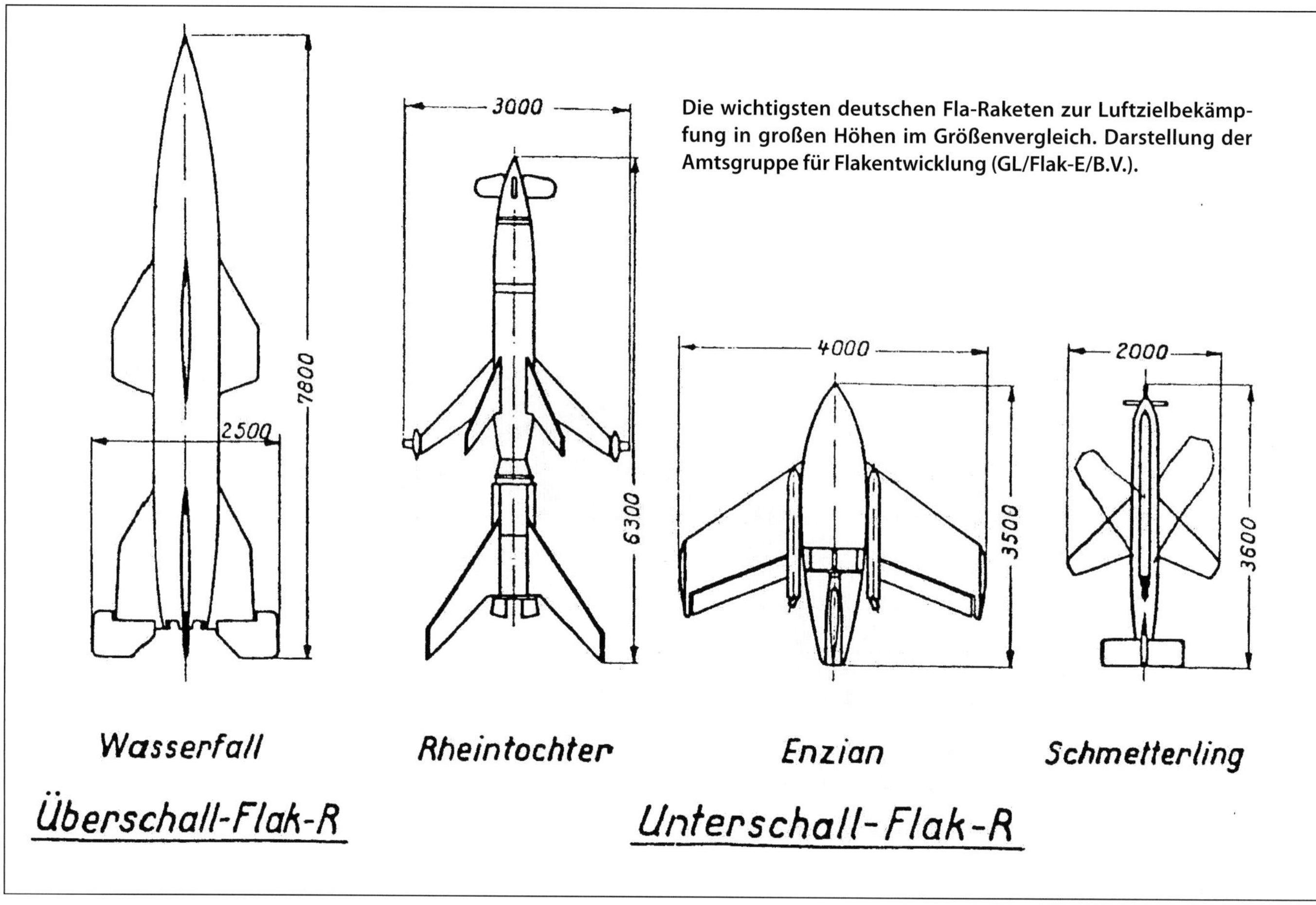

Die wichtigsten deutschen Fla-Raketen zur Luftzielbekämpfung in großen Höhen im Größenvergleich. Darstellung der Amtsgruppe für Flakentwicklung (GL/Flak-E/B.V.).

Am 30. Oktober ordnete der Oberbefehlshaber der Luftwaffe, Reichsmarschall Hermann Göring, bei seinem Besuch der Erprobungsstelle Karlshagen an, die Fla-Raketen »Enzian« und »Schmetterling« mit größtem Nachdruck zur Serienreife zu bringen. Um monatlich 3000 Stück liefern zu können, war bei Bischofferode (Thüringen) mit dem Bau unterirdischer Anlagen (Tarnname »Anhydrit«) begonnen worden. Sie konnten nicht mehr fertiggestellt werden. Wie unrealistische die Pläne waren zeigt schon allein die Tatsache, dass von 150 für alle möglichen Tests gebauten HS-117 nur 25 vollständig gestartet werden konnten. Auf Grund der langen, noch abzuarbeitenden Mängelliste rechnete man mit ersten Gefechtseinsätzen nicht vor dem Sommer 1945. Hitler drängte im Verlauf der Rüstungskonferenz Anfang Januar des Jahres auf Forcierung der Arbeiten an den neuen bodengestützten Flugzeugbekämpfungsmitteln mit dem Schwerpunkt Raketen zur Abwehr von Bomberverbänden in großen Höhen. Wie verwirrend sich die Gesamtlage damals entwickelt hat, illustrieren Anweisungen Kammlers und Dornbergers, mit denen am 6. Februar 1945 ihre Einstellung angeordnet worden war. Der Reichsführer SS Heinrich Himmler forderte im März wiederum, monatlich wenigstens 300 Stück herzustellen. Damit endet die Geschichte der »Schmetterling«, einem der vielversprechendsten Fla-Raketen-Projekte für die deutsche Luftwaffe.

14. Fla-Rakete »Rheintochter« F-P-1 bis F-P-3 und R-1 bis R-3 mit Startvorrichtung auf Sonderanhänger, zweiachsig (Sd.Ah. 202) sowie auf ortsfester Aufstellung

Rheinmetall war schon Ende 1941 mit Plänen für eine Fla-Rakete an das Reichsluftfahrtministerium herangetreten. Daraus ergab sich im März des Folgejahres der Auftrag für eine zweistufige, im Unterschallbereich fliegende Feststoffrakete. Göring hatte sich am 1. September 1942 bei Unterzeichnung des neuen Fla-Programmes aber für eine Fla-Rakete im Überschallbereich ausgesprochen. Das wirkte sich nachteilig auf den ohnehin schwierigen Entwicklungsverlauf aus. Die ersten sechs Starts der leistungsgesteigerten Variante R-1 (R-1/1 bis R-1/6) fanden im November und Dezember 1943 in Leba statt. Sie überzeugten ebenso wenig wie die im Januar 1945 gestarteten »Rheintochter« R-1/7 und R-1/8. Insgesamt kam es bis zum 5. Februar 1945 zu 58 Starts. Darunter befanden sich auch Raketen mit Steuergeräten. Probleme gab es mit der Festigkeit der Raketenzellen und der Triebwerksleistung. Erst im Dezember 1944 glückte der Start einer R-3 mit Flüssigkeitstriebwerk. Sie flog bei einer Gipfelhöhe von 9.650 m in eine Entfernung von 12.650 m. Trotz einiger erfreulicher Fortschritte erzwang auch hier die sich verschlechternde Kriegslage am 6. Februar 1945 die Einstellung aller Ar-

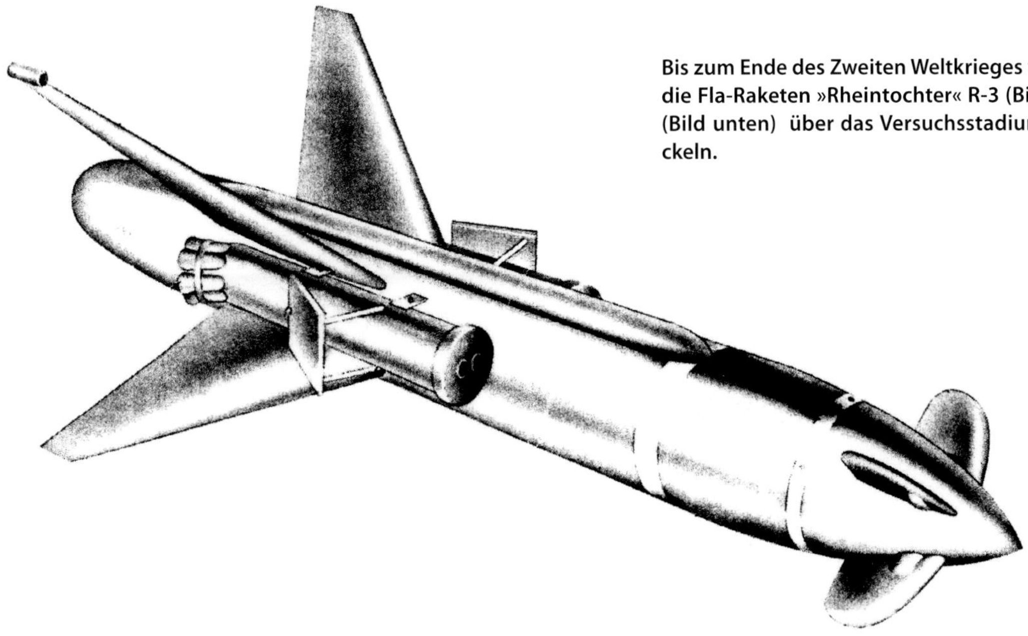

Bis zum Ende des Zweiten Weltkrieges war es nicht gelungen, die Fla-Raketen »Rheintochter« R-3 (Bild oben), »Enzian« E-4 (Bild unten) über das Versuchsstadium hinaus fortzuentwickeln.

beiten. Mit Hilfe erbeuteter Unterlagen wurde die Entwicklung in der Sowjetunion fortgesetzt (Raketenkomplex R-112 B).

15. Fla-Rakete »Enzian« E-1 bis E-6 mit Startvorrichtung auf Sonderanhänger, zweiachsig (Sd.Ah. 202)

Der funkgelenkte Unterschall-Flugkörper galt als eine der erfolgversprechenden Entwicklungen von Fla-Raketen zur Bekämpfung von in großen Höhen anfliegenden alliierten Bomberverbänden. Weit über ein Jahr lang – zwischen Frühjahr 1942 und Herbst 1943 – beschäftigte man sich mit mehreren Entwürfen. Aus ihnen kristallisierte sich mit der Version FR-5 der Ausgangspunkt für die spätere Fla-Rakete »Enzian« heraus. Die Messerschmidt AG / Augsburg hatte dafür erst im Herbst 1943 einen Auftrag erhalten. Ab Februar 1944 arbeitete man in Augsburg an Mustergeräten, was allerdings in Folge alliierter Luftangriffe in Sonthofen fortgesetzt werden musste. Die Rakete sollte mit Unterstützung von vier Feststoff-Starthilfen einen 500 kg schweren Gefechtskopf mit über 900 km/h in 17.000 m Höhe bringen. Als Startgerät diente eine 6800 m lange Schiene auf Kreuzlafette der 8,8-cm-Flak 36. Mitte April 1944 gelang der erste Start einer »Enzian« von der Greifswalder Oie. Es folgten Mitte November des Jahres 15 »Enzian« E-1 sowie zwei E-2. Verbesserungswürdig war die Antriebsleistung des Triebwerkes. Das gehörte zu den Arbeitsschwerpunkten. Am 17. Januar 1945 verlangte das Oberkommando der Luftwaffe die Einstellung des Projektes. Von insgesamt 60

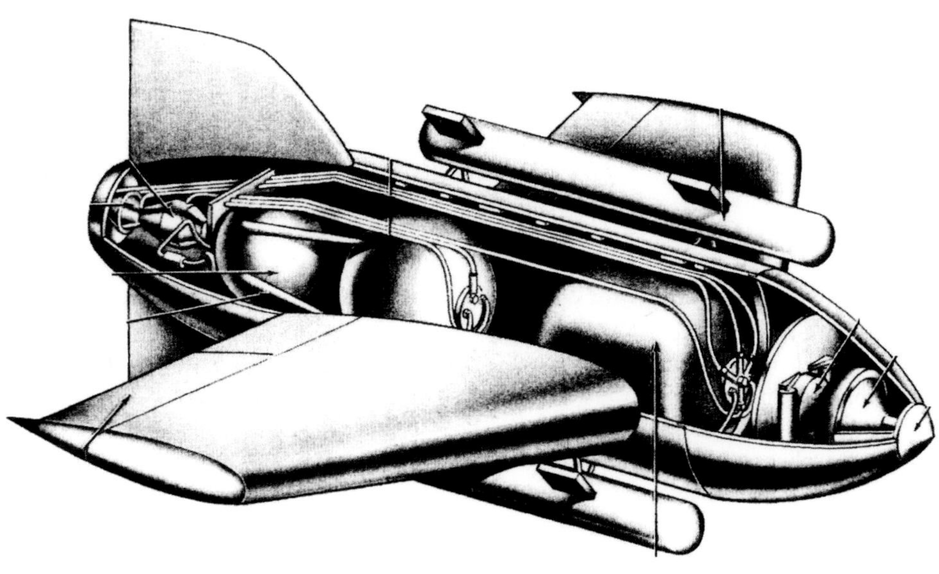

Bis zum Ende des Zweiten Weltkrieges war es nicht gelungen, die Fla-Rakete »Wasserfall« über das Versuchsstadium hinaus fortzuentwickeln.

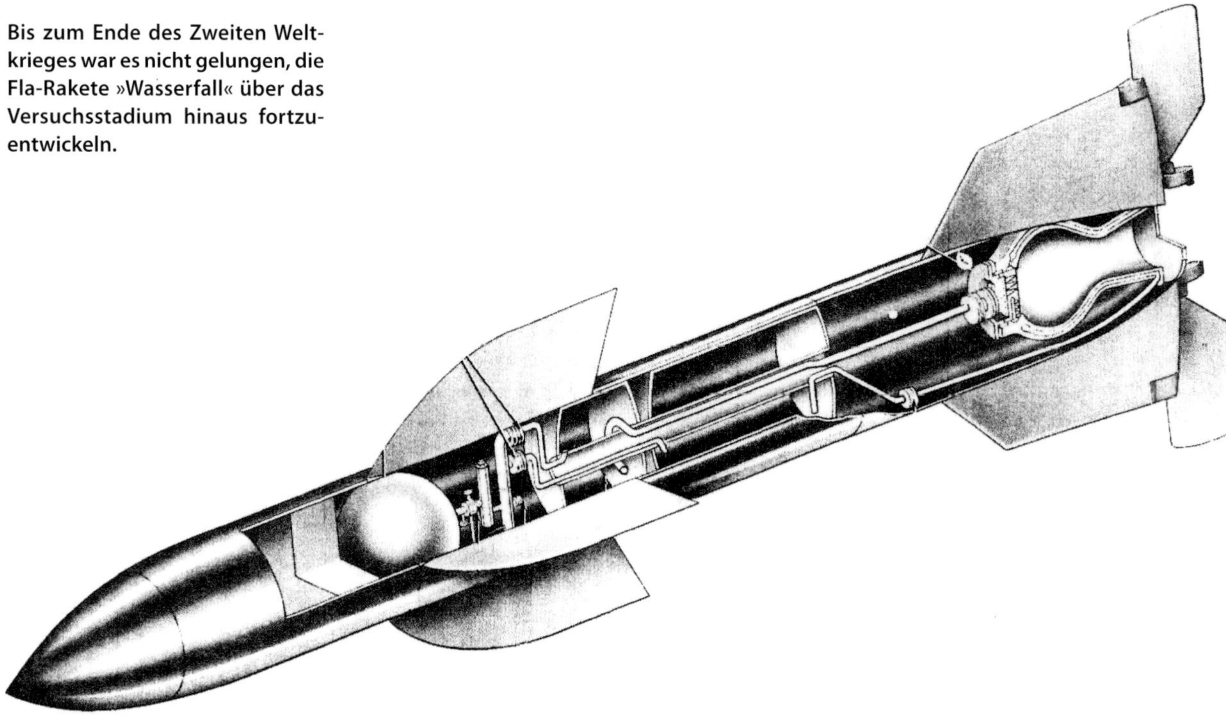

Raketen waren bis dahin 24 gestartet worden (70% Versager), zehn dienten der Bodenerprobung und 15 zerstörten eigene Truppen am 26. April 1945 in Sonthofen. Musterstücke und Unterlagen gelangten trotzdem in amerikanische Hand.

16. Fla-Rakete »Wasserfall« W-1 bis W-10

In den Elektromechanischen Werkstätten GmbH / Karlshagen war 1942 mit der Entwicklung von Fla-Raketen begonnen worden. Auf der Grundlage der mit dem Aggregat 4 (Vergeltungswaffe 2) gesammelten Erfahrungen gab es rasch Fortschritte. Deshalb wurde im März 1943 der Beginn des Serienanlaufes auf Mitte 1944 vorverlegt. Die Produktion sollte von monatlich 250 (September 1944) auf 7500 (März 1945) gesteigert werden. Angesichts der vielen noch nicht gelösten technischen Probleme und der angespannten rüstungswirtschaftlichen Lage war das sehr optimistisch.

Am 8. Januar 1944 explodierte die erste »Wasserfall«-Rakete (W-1/1) bei einem Bodenversuch. Die nächste Rakete (W-1/2) war ein Erfolg. Im April kürzte man die Zahl der für Versuchszwecke bestimmten Raketen auf 500. Davon waren 80 für Versuchsstarts, 20 für Boden- und Materialprüfungen und 400 für den Truppenversuch vorgesehen. Vor der Räumung der Heeresversuchsstelle in Peenemünde (HWA / WaPrw 11) vor der Roten Armee (17. Februar 1945) wurden insgesamt 38 »Wasserfall« gestartet, wovon 27 mit Fernsteuerung und Kreiselstabilisierung ausgestattet waren. Einzig die aus der W-5 hervorgegangene Variante W-10 durfte noch weiterentwickelt werden. Im Notprogramm vom 13. März 1945 stellte sich die Serienfertigung noch bescheidener dar, sie ist mit 30 Stück ab April 1945 beziffert. Experten vertraten die Meinung, dass die Fla-Rakete »Wasserfall« erst 1946 die Serienreife erreicht hätte. Die Produktionsplanung sah nicht mehr den Standort Dora-Mittelbau, sondern Bleichrode vor.

Vor der abschließenden Bewertung soll der Flugkörper charakterisiert werden. Die Überschall-Fla-Rakete (Vmax 1370 km/h) besaß ein einstufiges Flüssigkeitstriebwerk, war als Kreuzflügler ausgebildet und hob senkrecht von einem Starttisch ab. Zunächst sollte sie mit Knüppelsteuerung bis auf 15.000 m Höhe an das Ziel herangeführt werden. Später sah man dafür Leitstrahlführung mit automatischer Endphasensteuerung vor.

Mit dem Projekt »Wasserfall« verband sich die komplizierteste, aufwendigste, größte und zugleich fortschrittlichste der deutschen Raketen für die Luftverteidigung. Erbeutetes Material gelangte in die Sowjetunion, um dort zur Fla-Rakete StschR R-101 weiterentwickelt zu werden.

Kapitel 14:

QUELLEN UND LITERATUR

DIENSTVORSCHRIFTEN, AMTLICHE QUELLEN, AUSBILDUNGSUNTERLAGEN

H.Dv. 298/2a, Ausbildung und Einsatz der Panzergrenadier-Kompanie (gp), vom Oktober 1944.

H.Dv. 462, Flugabwehr durch Maschinengewehr und Gewehr, vom 18.1.1935.

Anlage zur H.Dv. 469/3d, Panzerbeschußtafel 8,8-cm-Flak 18, 36 und 37, vom 19.4.1943.

H.Dv. 481/541, Merkblatt für die Munition der 8,8 cm Flugabwehrkanone 18 (8,8 cm Flak 18) und der 8,8 cm Flugabwehrkanone 36 (8,8 cm Flak 36), vom 20.5.1942.

D 128, Vorläufige Beschreibung des Zwillingssockels 36, vom 21.6.1937.

D 222/1, Die 8,35-cm-Flak 22 (t). Vorläufige Gerätbeschreibung, vom 29.11.1939.

D 226/4, Merkblatt für die Bekämpfung der schweren englischen Panzerkampfwagen. Heft 4: Flak-Artillerie (Heer und Luftwaffe), vom 1.6.1941.

D 1869/3, Gebrauchsanleitung für die 2-cm-Erdkampflafette 44, vom 10.7.1944.

D (Luft) T. 1001, 2-cm-Flakvierling 38. Lafette. Vorläufige Beschreibung, Wirkungsweise und Behandeln, vom Dezember 1936.

D (Luft) T. 1040, 2-cm-Gebirgsflak 38.

D (Luft) T. 1040/1, Teil 1: Lafette. Beschreibung, Wirkungsweise, Bedienungsanleitung und Behandeln, vom Mai 1936.

D (Luft) T. 1040/2, Teil 2: Tragtier- und Mannschaftsverlastung, vom Mai 1942.

D (Luft) T. 1040/4, Teil 4: Verlasten auf Kamelen, vom Mai 1943.

D (Luft) T. 1154, Schaltpläne für die elektrische Ausrüstung der 12,8-cm-Flak 40, vom August 1942.

D (Luft) T. 6256, Fla-SL 151, Flaksockellafette 151 – Waffenhandbuch –, vom Juni 1942.

L.Dv. 400/3c, Ausbildungsvorschrift für die Flakartillerie. Einzelausbildung, Heft 3c: Ausbildung an der 12,8cm Flak 40 (mit Anhang: Ausbildung an der 12,8 cm Flakzwilling 40), vom 26.10.1942

L.Dv. 436 8,8-cm Flak 18, Beschreibung, Wirkungsweise und Handlung, vom November 1936.

L.Dv. 440, 2-cm-Flak 30

L.Dv. 440/1, Teil 1: Beschreibung und Behandeln, vom November 1937.

L.Dv. 440/2, Teil 2: Lafette. Beschreibung, Wirkungsweise und Behandeln, 1937.

L.Dv. 440/3, Teil 3: Schutzschild. Beschreibung und Anbauanleitung, vom November 1941.

L.Dv. 631 (Entwurf), 10,5-cm-Flak 38. Vorläufige Beschreibung, Wirkungsweise und Behandlung (Firmenbeschreibung), Düsseldorf 1938.

L.Dv. 652/1, Beladeplan für eine Flakbatterie zu 9 Geschützen 3,7-cm-Flak 18 (motZ), vom 2.2.1939.

L.Dv. 665, 2-cm-Flak 38

L.Dv. 665/1, Teil 1: Waffe. Beschreibung, Wirkungsweise und Behandeln, vom 22.2.1940.

L.Dv. 665/2, Teil 2: Lafette. Beschreibung, Wirkungsweise und Behandeln, vom 17.6.1940.

L.Dv. 665/3, Teil 3: Rücklaufeinrichtung. Beschreibung, Wirkungsweise und Behandeln, vom 6.2.1940

L.Dv. 665/4, Teil 4: Schutzschild. Beschreibung und Anbauanleitung, vom 19.10.1940.

L.Dv. 1001/2, 2-cm-Flakvierling 38. Teil 2: Schutzschild. Beschreibung und Anbauanleitung, vom Januar 1942.

L.Dv.1004, Geschützwagen II (E) leichte Flak. Beschreibung und Bedienungsanleitung, vom Oktober 1944.

L.Dv. 4402, Die Munition der Flakartillerie

L.Dv. 4402/1 Teil 1: Allgemeiner Aufbau der Flakmunition, vom Februar 1942

L.Dv. 4402/2 Teil 2: Munition der 2-cm-Flak 30, 38 und des Flakvierlings 38, vom März 1942

L.Dv. 4402/3, Teil 3: Munition der 3,7-cm-Flak 18 und 36, vom 14.3.1942.

L.Dv. 4402/4, Teil 4: Munition der 5-cm-Flak 41, vom Oktober 1942.

L.Dv. 4402/5, Teil 5: Munition der 8,8-cm-Flak 18, 36 und 37, vom Juli 1942.

L.Dv. 4402/6, Teil 6: Munition der 10,5-cm-Flak 38 und 39, vom 11.7.1942.

L.Dv. 4402/7, Teil 7: Munition der 12,8-cm-Flak, vom 12.7.1942

L.Dv. 4402/8, Teil 8: Munition der 8,8-cm-Flak 41, vom Mai 1943.

L.Dv. 4403, Die Munition der 7,5 cm Flak M 36 (f), M 33 (f), M 30 (f) und M 17/34 (f). Beschreibung und Behandeln, vom April 1943.

L.Dv. 4414/1, Die Munition der 8,8-cm Flak 18, 36 und 37, vom Dezember 1942.

L.Dv. T. 1054/1 und 1054/2, 3,7-cm-Flak 43 und Zwillingsflak 43, vom April 1944.

L.Dv. T. 1122, 8,8-cm-Flak 41

L.Dv. T. 1122/1, Teil 1: Allgemeine Beschreibung, Behandeln und Justieranleitung, vom 11. November 1942.

L.Dv. T. 1122/2, Teil 2: Elektrische Ausrüstung, vom 26.10.1944.

L.Dv. T. 1122/3, Teil 3: Ausführliche Beschreibung und waffentechnische Anleitung für das Zerlegen, Prüfen, Instandsetzen und Justieren der Zünderstellmaschine 41 und 41 Ausf. B mit Justierpatrone 41 und 41 Ausf. B, vom 30.11.1944.

L.Dv. T. 1129, 7,62-/8,8-cm-Flak M.31 (r). Beschreibung, Wirkungsweise und Behandeln, vom August 1944.

L.Dv. T. 1152/1, 10,5-cm-Flak 39. Teil 1: Allgemeine Beschreibung und Behandeln, vom August 1941.

L.Dv. T. 1156/1, 12,8-cm-Flak 40. Teil 1: Allgemeine Beschreibung und Behandeln, vom Mai 1943.

L.Dv.T.g. 5207, Verladung von Waffen und Gerät der Fallschirmtruppe, vom April 1942.

M.Dv. Nr. 170,2, Merkbuch über die Munition für die 2-cm-Flak Madsen, Berlin 1942.

M.Dv. Nr. 190, 7 A 8, Vorläufige Beschreibung der 8,6-cm-Raketen-Leuchtgeschosse, 8,6-cm-Raketensprenggranaten L/4,8 sowie des 8,6-cm-Raketen-Abschußgerätes M 42 mit Bedienungsvorschrift, Berlin 1943.

M.Dv. Nr. 190, 10 A 1, Vorläufige Beschreibung der Drahtseilrakete 400 und Drahtseilrakete 1000 sowie des Abschußgerätes mit Bedienungsvorschrift, Berlin 1942.

2-cm-Infanterie-und Fliegerabwehr-Geschütz »Oerlikon« Type JLaS. Werkbeschreibung, o.O., o.J.

Betriebsanweisung für Gerät Luftfaust, Leipzig 1945.

Bildermappe Eingeführte Waffen und Gerät, Stand 6.10.1943.

Entwurf 3-cm-Flak 103/38. Beschreibung, Wirkungsweise, Bedienungsanleitung und Behandeln, Entwurf vom Januar 1945.

Verfügungen, Erfahrungen und Richtlinien des Generals der Flakwaffe (VER-FLAK), Ausgaben August bis November 1944.

Vorläufige Bedienungsanweisung für die 15 cm Scheinsignalrakete (15 cm SSR), vom Juni 1943.

Vorläufige SSR-Dienstanweisung, vom 16.9.1943.

Literatur

Aujas, Pierre-François: L'Oerlikon 20 mm CA 39. In: Histoire de guerre, blindés & matériel (GBM) Nr. 126. Paris 2018, S. 53-61.

Bailey, Ronald H.: Der Luftkrieg in Europa. Amsterdam 1981.

Bergander, Götz: Dresden im Luftkrieg. Weimar, Köln, Wien 1994.

Berndt, Alfred-Ingmar: Panzerjäger brechen durch! München 1940.

Blöthner, Hans: Deutsche Flak im 2. Weltkrieg. In: Wehrkunde. Zeitschrift für alle Wehrfragen, Heft Oktober 1969. München 1969, S. 534-538.

Boelke, Willi A.: Deutschlands Rüstung im Zweiten Weltkrieg. Hitlers Konferenzen mit Albert Speer 1942-1945. Frankfurt a.M. 1969.

Boog, Horst: Die deutsche Luftwaffenführung 1935-1945. Stuttgart 1982.

Braun, Matthias: Handbuch der Flugzeug-Bordwaffenmunition. o.O., o.J.

Breyer, Siegfried: Die Deutsche Kriegsmarine 1935-1945, Band 2. Augsburg 1994.

Chinn, George M.: The Machine Gun. Washington 1951.

Eichelbaum, Hans: Das Buch von der Luftwaffe. Berlin o.J.

Entwicklung und Einsatz der deutschen Flakwaffe und des Luftschutzes im Weltkriege. Berlin 1938.

Feodrowitz, Michael: Die Flaktürme in Berlin, Hamburg und Wien 1940-1950. Wölfersheim-Berstadt 1996.

Finazzer, Enrico / Riccio, Ralph: Italian artyllery of WW II. Sandomierz 2015.

Franke, Hermann: Handbuch der neuzeitlichen Wehrwissenschaften. Dritter Band, 2. Die Luftwaffe. Berlin 1939.

Friedrich, Jörg: Der Brand. Deutschland im Bombenkrieg 1940-1945. München 2002.

Fuhrmeister, Jörg: Der Westwall – Geschichte und Gegenwart. Stuttgart 2003.

Gander, Terry J. / Chamberlain, Peter: Enzyklopädie deutscher Waffen 1939-1945. Handwaffen, Artillerie, Beutewaffen, Sonderwaffen. Stuttgart 1999.

Gaub, Konrad: Lehrbuch für den Luftschutz gegen Brisant-, Gas-, Brandbomben. Frankfurt a.M. 1934.

Gehring, Egid: Abbeville. Erinnerungsbuch der Division Blümm. München 1941.

German explosive ordonance. Vol.: Bombs, Rockets, Grenades, Mines, Fuzes & Igniters. Washington 1946.

Griehl, Manfred: Deutsche Raketen und Lenkwaffen bis 1945 (Typenkompass). Stuttgart 2015.
Grimme, Hugo / Haken, Werner: Ehrenblätter der deutschen Flakwaffe. Berlin 1940.
Groehler, Olaf: Geschichte des Luftkrieges. Berlin (Ost) 1981.
ders.: Bombenkrieg gegen Deutschland. Berlin 1990.
Gronau, Wolfgang von: Luftfahrt voran! Das deutsche Fliegerbuch. Berlin [1932].
Hahn, Fritz: Waffen und Geheimwaffen des deutschen Heeres 1933-1945, Bd. 2: Panzer- und Sonderfahrzeuge, »Wunderwaffen«, Verbrauch und Verluste. Koblenz 1987.
Hoeppner, Ernst von: Deutschlands Krieg in der Luft. Ein Rückblick auf die Entwicklung und die Leistungen unserer Heeres-Luftstreitkräfte im Weltkriege. Leipzig 1921.
Hogg, Ian: Deutsche Artilleriewaffen im Zweiten Weltkrieg. Stuttgart 1978.
Hohm, Fritz: Die Waffen der Luftstreitkräfte. Berlin 1935.
Hummel, Karl-Heinz: Die deutsche Flakartillerie 1935-1945. Ihre Großverbände und Regimenter. Zweibrücken 2010.
Jaeckel, Gerhard: Flak – Grundlagen, Waffen und Einsatz der Flakartillerie, Berlin [1941]
ders.: Luftmacht und Volk. Berlin o.J.
Janoušek, Jiří: Československé dělostřelectvo 1918-1939. Prag 2007.
Knothe, Herbert: Tarnung und Verdunkelung. In: Knipfer, Kurt / Hampe, Erich (Hrsg.): Der zivile Luftschutz. Ein Sammelwerk über alle Fragen des Luftschutzes. Berlin 1937.
Koch, Horst-Adalbert: Flak – Die Geschichte der deutschen Flakartillerie 1935-1945. Bad Nauheim 1954.
Kroulík, Jiří; Růžička, Bedřich: Vojenské rakety. Praha 1985.
Kusnetzow, Konstantin: Vse rakety vtoroy mirovoy voyny. Moskau 2015.
Lippmann, Harry (Hrsg.): Die Regelbauten des Heeres im Atlantikwall. Köln 1990.
Mattey: Luftwaffe – Flakartillerie. Leipzig 1938.
Michels, Jürgen: Peenemünde und seine Erben in Ost und West. Bonn 1997.
Meinhardt, Fritz: Luftschutz Band 11: Konventionelle Abwurfmunition. Berlin o.J.
Müller, Werner: Die Geschütze, Ortungs- und Feuerleitgeräte der schweren Flak. Friedberg 1988.
Müller, Werner: Die leichte und mittlere Flak 1906-1945. Friedberg 1990.
Muntsch, Otto / Wirth, Fritz: Die Gefahren der Luft und ihre Bekämpfung im täglichen Leben, in der Technik und im Krieg. Berlin 1940.
Muther, Alfred: Das Gerät der leichten Artillerie vor, in und nach dem Weltkrieg, IV. Teil, Flugzeugabwehrwaffen. Berlin 1929.
Oesen: Geschichte der Kriegskunst. Die Luftverteidigung Berlins im Verlauf des 2. Weltkrieges. Dresden 1964.
Pataj, Stefan: Artyleria Ladowa 1871-1970. Warschau 1975.
Patzki, Hans Werner: Vom Train zum Roland. Eine Geschichte der deutschen Flugabwehrtruppe. Berg am See 1988.
Pickert, Wolfgang: Unsere Flak-Artillerie. Berlin 1942.
Pielakiewicz, Janusz: Die 8,8 Flak im Erdkampf-Einsatz. Stuttgart 1999.
Reichmuth, Walter: Britische Luftangriffsmittel. In: Deutscher Feuerschutz Nr. 11-12 vom 10. Juni 1943. Berlin 1943.
Renz, Otto Wilhelm von: Deutsche Flug-Abwehr im 20. Jahrhundert. Berlin und Frankfurt a.M. 1960.
Rohden, Hans Detlef Herhudt von: Vom Luftkriege. Gedanken für Führung und Einsatz moderner Luftwaffen. Berlin 1938.
Scheiber, Friedrich: Die Wehrtechnik bei der HANOMAG aus Hannover von 1914-1967. Altwarmbüchen 2013.
Schilffahrt, Ludwig / Sachs, Günther: Der Unterführer der Flakartillerie. Handbuch für Offiziere, Unteroffiziere und deren Anwärter im aktiven Dienst und im Beurlaubtenstand (Der Dienst in der Luftwaffe, Bd. 9). Berlin 1937 und 1943.
Schirmer, Friedrich: Scheinsignalraketen in der Luftverteidigung, Teil I-III. In: Feldgrau, Heft 1-3 / 1960. Lehrte 1966.
Schüttel, Lothar: Luftsperren – Sperrballone, Luftminen und Drachen. München, Berlin 1939.
Seel, Wolfgang: Mauser – Von der Waffenschmiede zum Weltunternehmen. Zürich 1989.
Senger und Etterlin, Ferdinand Maria von: Die deutschen Geschütze 1939-1945. München 1960 und 1966.
Spielberger, Walter J.: Deutsche Flak-Panzer bis 1945. München 1982.
Soltau, G.: Die Feldabteilung I./12. Berlin 1989.
Schliephake, Hanfried: Flugzeugbewaffnung. Stuttgart 1977.
Speer, Albert: Erinnerungen. Frankfurt am Main 1989.
Spielberger, Walter J.: Deutsche Flak-Panzer bis 1945. München 1982.
Stehr, Werner F.G. / Breyer, Siegfried: Leichte und mittlere Artillerie auf deutschen Kriegsschiffen. Marine Arsenal Sonderheft 18. Wölfersheim-Berstadt 1999.
Steinböck, Erwin: Österreichs militärisches Potential im März 1938. Wien 1988.